WinActor
シナリオ作成
テクニック
徹底解説

溝口健二【著】

秀和システム

◉ サンプルのダウンロードについて

サンプルファイルや PowerPoint マクロなどの追加情報は秀和システムの Web ページからダウンロードできます。

◉ サンプル・ダウンロードページURL

http://www.shuwasystem.co.jp/support/7980html/6962.html

ページにアクセスしたら、下記のダウンロードボタンをクリックしてください。ダウンロードが始まります。

ダウンロード

サンプルファイルにはパスワードがかかっています。ダウンロードしたファイルを解凍する際は本書のカバーの折り返し部分に記載されたパスワードを入力してください。PowerPoint マクロ追加情報はパスワード不要です。

一部のサンプルファイルは利用期間に制限がある WinActor 評価版で作成されているため、シナリオに有効期限が設定されています。しかし、WinActor 評価版で作成されたサンプルファイルは正式ライセンス版で開いて保存すれば有効期限を解除できます。

注意

1. 本書は著者が独自に調査した結果を出版したものです。

2. 本書は内容において万全を期して制作しましたが、万一不備な点や誤り、記載漏れなどお気づきの点がございましたら、出版元まで書面にてご連絡ください。

3. 本書の内容の運用による結果の影響につきましては、上記 2 項にかかわらず責任を負いかねます。あらかじめご了承ください。

4. 本書の全部または一部について、出版元から文書による許諾を得ずに複製することは禁じられています。

商標等

・本書に登場するシステム名称、製品名は一般に各社の商標または登録商標です。

・本書に登場するシステム名称、製品名は一般的な呼称で表記している場合があります。

・本文中には ©、™、® マークを省略している場合があります。

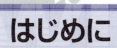

はじめに

　ここでは、私がどうしてWinActor解説本を書こうと思い立ったかの経緯と本書のセールスポイントを簡単に説明します。

　私は、某通信会社の営業部門に勤務する会社員でした。営業部門といっても私自身の仕事は顧客を開拓する仕事ではなく、営業成果を毎月PowerPointプレゼン資料やExcelに取りまとめるバックヤード業務です。

　毎月営業成果を約200ページのPowerPointプレゼン資料にまとめる仕事があり、サイトを使ってグラフを作成し、PowerPointプレゼン資料に転記後、グラフのサイズや配置調整を行います。そしてExcelを使って数値データを集計して結果をPowerPointプレゼン資料に貼り付けていました。これらを手作業でコピー&ペーストして繰り返し行うのにうんざりしていました。

　そこで出会ったのがWinActorです。WinActorを使うと、私がかつて手作業でやっていた仕事を自動化できました。PowerPoint マクロと連携させると、PowerPointスライドの画像やテキストを自動削除できるなど、できることの幅が広がりました。他のRPAツールも使ってみてわかったのですが、WinActorは他のRPAツールと比較してもPowerPoint操作が簡単です。私のノウハウを読者のみなさんと共有して、毎月手作業でレポートを作成している人を支援したいと考えたのがこの本を書いた最初の動機です。

　その後、転職してWinActor開発業務を幾つか経験しました。普段事務用に使っているPC上で会議やランチなど自分のPCが空いている時間にシナリオを動かす使い方（小規模な使い方）と、WinActor実行専用PC上で複数のシナリオを自動実行させる使い方（中・大規模環境での使い方）では、シナリオの作り方が異なることに気づきました。そこで、中・大規模環境でシナリオを実行させたい読者にノウハウを共有しようと考えたのがこの本を書いた2番目の動機です。

　既刊のWinActor解説本はXPathやWinActorノートについて簡単にしか説明がされていなかったため、本書では詳細に解説しました。

はじめに

本書のセールスポイントをまとめますと、次のようになります。

● WinActorを使ったPowerPointプレゼン資料作成方法が理解できる！
● 中・大規模環境でシナリオを実行させることができるノウハウがわかる！
● XPathの設定方法が詳細にわかる！
● WinActorノートの代表的な使い方がわかる！

巷間には「WinActor研修」なるものが数多く提供されており、私も幾つかの研修に参加しましたが、「どれかひとつの研修に参加すればWinActorのすべてがわかる」というような便利な研修は存在しませんでした。複数の研修に参加し市販の解説書を読み、自分でシナリオをデバッグできない場合は詳しい人に相談する、ということの繰り返しで自分のスキルを高めてきました。

本書をお読みになるみなさんは非常にラッキーな方です。その理由は本書をお読みになることで、あちこちの「WinActor研修」に行かなくてもエッセンスをこれ1冊で習得できるからです。

また本書には、シナリオ作成において私が今までしくじったことや、これは知っておいた方がよいと思われることはすべて盛り込みました。本書はみなさんがWinActorでつまずいたときの知恵袋になってくれることでしょう。

WinActorにはユーザーフォーラムがあり、その中で日々活発に技術的な情報交換がなされています。そのやり取りを見ていると、ひとつの課題に対してさまざまな解決法があることがわかります。

テキストデータの処理を例に挙げると、スーパーエンジニアは独自ライブラリを作成して複雑な問題を簡単に解決できますし、初心者はWinActorに内蔵されているテキストデータ編集ツール「WinActorノート」を使えば、独自ライブラリを作成できなくても、複雑なテキストデータ編集が実現できます。

その意味でWinActorは初心者からスーパーエンジニアまで、幅広いレベルのエンジニアが使うことができる懐の深いツールだと思います。

またWinActorは他のRPAツールと比較してもスピーディーにシナリオが作成できます。

数年前にRPAの展示会がありましたが、そこでひとつの課題に対し、どのRPAツールが最も速くロボット（シナリオ）を完成できるか競争をしていました。そのレース

でいちばん速くシナリオが完成できたのがWinActorでした。これはマウスでフローチャートを作成すればシナリオができてしまうWinActorのわかりやすいUI(User Interface)に起因するものと思います。

　読者のみなさんは、本書を手に取ってWinActorでスピーディーに業務自動化を実現し、ぜひ日々の繰り返し業務から解放されてください。

　話はそれますが最近「デジタル人材がいない中小企業のためのDX入門(著者：長尾 一洋・出版：KADOKAWA)」という本を読みました。その中でノーコードツール導入が中小企業のDX入門のために必要だという趣旨のことが書いてありました。WinActorはノーコードに近いローコードです。完全ノーコードにはなりませんが、図形でプログラミングできるため、ノーコードに近い感覚で業務の自動化を実現できます。特にデジタル人材がいない中小企業の方に、WinActorを一度使ってみることをお勧めします。

　RPAツールの勉強は、座学の講習会に参加してもあまり身につきません。できるだけ他人が作成したコード事例(シナリオ事例)を見て頭に入れ、実際に手を動かして自らの手でシナリオを作ってみるのが、RPAツール習得の近道です。本書では著者が作成した9つのコード事例を紹介しています。読者のみなさんには、本書に収録した9つのコード事例を見て、実際に手を動かしてシナリオ作成技術を習得していただくことを期待します。

目次

CHAPTER 01

WinActor理解編

1-1 WinActorってどんなツール? ... 2
- 1-1-1 動作環境 ... 3
- 1-1-2 フォルダー構成 ... 4
- 1-1-3 ライセンス種別と利用できる機能 ... 5

1-2 WinActorのインストール ... 6
- 1-2-1 WinActorトライアル版のインストール ... 6
- 1-2-2 トライアル版からライセンス版への変更方法 ... 14
- 1-2-3 サンプルファイルのダウンロード ... 18

1-3 WinActorの基礎知識 ... 18
- 1-3-1 WinActorの起動と終了 ... 18
- 1-3-2 WinActorの画面 ... 21
- 1-3-3 WinActor Ver.7.4.0以降のブラウザ操作 ... 22
- 1-3-4 プログラムや各種ドライバーソフトの オンラインアップデート機能について ... 30

1-4 シナリオの基礎知識 ... 32
- 1-4-1 シナリオとは ... 32
- 1-4-2 シナリオを作成するための4つのソフトウェア部品 ... 32
- 1-4-3 シナリオ作成から実行、デバッグまでの流れ ... 34

シナリオ作成基本知識編

2-1 シナリオ作成概論　68
- 2-1-1 シナリオ作成事前準備 68
- 2-1-2 シナリオ設計書作成の勧め 68
- 2-1-3 わかりやすいシナリオを作成するためのノウハウ 71

2-2 シナリオ制御方法　74
- 2-2-1 Excelの行番号の上から下へ処理実行 74
- 2-2-2 通し番号順にデータを読み取る 78
- 2-2-3 ジグザグ処理(二次元移動) 81
- 2-2-4 シナリオでの「待ち」の作り方 85
- 2-2-5 中断・再開方法を考慮に入れよう 94
- 2-2-6 複雑なシナリオは分割しよう 100
- 2-2-7 サブルーチンについて 102
- 2-2-8 「手抜き多分岐グループ」の作成方法 108

2-3 外部との連携　111
- 2-3-1 Chromeの起動 111
- 2-3-2 Chromeの終了 119
- 2-3-3 Excel/Word/PowerPointのファイルオープンとクローズ 120
- 2-3-4 メモ帳やペイントの起動方法 124
- 2-3-5 社内ネット／会員制サイトログイン方法 125

2-4　その他の基本知識　127

- 2-4-1　「画像マッチング」ノードで画像がマッチしない
  場合の対処事例 127
- 2-4-2　自動操作手段 129
- 2-4-3　「スクリプト内変数」と「変数一覧」変数の間の
  データの渡し方 137
- 2-4-4　ウィンドウ識別エラーの回避方法 141
- 2-4-5　シナリオのスケジュール起動について 146

2-5　V7.3.0〜7.4.4で追加された主な新機能について　157

- 2-5-1　新ブラウザ拡張機能 157
- 2-5-2　画面状態確認機能 158
- 2-5-3　ライブラリ等のオンラインアップデート機能 163
- 2-5-4　CloudLibrary検索機能 163

CHAPTER 03
著者が現場で習得した様々なシナリオ作成TIPS

3-1　設定　166

3-2　コード　168

3-3　変数　169

3-4 ユーザーライブラリ　171
3-5 正規表現　181
3-6 Excel操作　183
3-7 WinActor操作　184
3-8 シナリオ制御　186
3-9 デバッグ　194

CHAPTER 04

Case Study

4-1 シナリオ作成前の準備　198
- 4-1-1 Webスクレイピングとは？ 198
- 4-1-2 Webスクレイピング可能な対象サイト 198
- 4-1-3 本書で扱うブラウザの種別 198
- 4-1-4 WinActorノートとは何か 199
- 4-1-5 Case Studyで使用するユーザライブラリの
出自について 199

4-2 Webスクレイピングのシナリオ作成　201
- 4-2-1 Case Study1 テーブルスクレイピング事例 201
- 4-2-2 Case Study2 Webページ内の
指定文字列存否チェック 232

4-2-3　Chrome デベロッパーツール操作法および
XPath 設定方法. 252

4-2-4　Case Study3 XPathの規則性に着目した
Web スクレイピング 259

4-2-5　WinActor ノートの代表的な使い方TOP3 288

4-3　Microsoft365と連携するシナリオの作成　302

4-3-1　Case Study4 Excelを使った販売管理表作成. 302

4-3-2　Case Study5 PowerPoint プレゼン資料自動作成 344

4-3-3　Case Study6 PowerPoint プレゼン資料内の
全情報削除マクロ実行 423

4-3-4　Case Study7 グラフの上で右クリックしても
グラフをコピーできない場合の対策. 434

4-3-5　Case Study8 大量ファイル名一括変更シナリオ. 470

4-4　中・大規模シナリオ作成のためのサンプルコード　480

4-4-1　WinActorでGmail送信するための事前準備 480

4-4-2　Case Study9 中・大規模環境で運用する
WinActor シナリオサンプルコード 492

4-4-3　中・大規模環境でWinActorを運用するための
技術的なポイント. 525

おわりに　527

索引　529

WinActor理解編

　WinActorは、わが国で最も売れているRPAツールの1つです。
　RPAとはRobotic Process Automationの略で、「ロボットによる定型業務の自動化ツール」のことです。このように書くと、工場でのロボットを使った業務オートメーションも含まれそうですが、実際には「PC業務の自動化ツール」の意味で使われることが多いです。

1-1 WinActorってどんなツール?

WinActorは、わが国で最も売れているRPAツールの1つです。

RPAとはRobotic Process Automationの略で、「ロボットによる定型業務の自動化ツール」のことです。このように書くと、工場でのロボットを使った業務オートメーションも含まれそうですが、実際には「PC業務の自動化ツール」の意味で使われることが多いです。

WinActorができること

WinActorは、データ転記以外に、画像認識や、マウス操作やキーボード操作の記録実行機能を組み合わせて、高度な自動実行機能を実現しています。これらの機能を実現するため、「画像マッチング」、「エミュレーションモード」、「ユーザーライブラリ」の3つの手法を用いています。

● 画像マッチング

主にWebサイトに表示されている画像を認識するために使います。RPAツールで画像を認識できると、Webサイトに指定画像が表示されている間シナリオの進行を一時停止させる、Webサイトの指定画像をクリックさせるなど、いろいろなことができます。

● エミュレーションモード

マウスやキーボード操作をシナリオに記憶させて、自動再生させる技術です。RPAツールによっては「レコーディング」と呼んでいる場合もあります。

● ユーザーライブラリ

スクリプトのコードを機能別に「箱」にまとめて分かりやすくしたものです。例えば、「ブラウザを起動する」とか「ウィンドウを閉じる」といった機能が「ユーザーライブラリ」として用意されており、これをフローチャートの中に追加することにより、スクリプトのコードを知らなくてもこれらの機能をシナリオで容易に実行させることができます。

なお、スクリプトを知らなくてもシナリオ開発はできますが、スクリプトが理解できると、自分で既存のユーザーライブラリを修正したり、新たに既存にはない新規ユーザーライブラリを作成できます。

1-1-1 動作環境

WinActorをインストールして実行するためのハードウェアの推奨スペックを以下に示します。

■表1-2-1：推奨スペック

項目	推奨スペック
CPU	Core i3-6100（2コア 3.7GHz）以上のx86またはx64プロセッサ
メモリ	2.0GB以上
HDD	空き容量3.0GB以上
画面	FHD（1920×1080）が表示可能であるもの
サウンド	シナリオ中で音を出すためのサウンド機能（音を出さない場合は不要）

なお、この推奨スペックは、WinActorを単体で起動した場合を想定しています。WinActorと同時に起動させるアプリケーションで、CPU、メモリ、HDD等を消費することが想定される場合は、ハイエンドなハードウェアをご準備ください。CPU、メモリ、HDDの使用率が高い状態で動作させた場合、応答性能が著しく低下する可能性があります。

また、ソフトウェアの環境条件は以下のとおりです。

■表1-2-2：ソフトウェアの環境条件

項目	概略仕様
オペレーティングシステム	Microsoft Windows 10 Pro
	Microsoft Windows 11 Pro
	Microsoft Windows Server 2016
	Microsoft Windows Server 2019
	Microsoft Windows Server 2022 Datacenter
実行環境	Microsoft.NET Framework 4.8以上
Webブラウザ	自動記録/自動操作対応：Microsoft Internet Explorer 11, Google Chrome, Mozilla Firefox, Microsoft Edge(Chromium) 対象となる業務アプリケーションが Internet Explorer を使用する場合、対象ブラウザは Microsoft Internet Explorer(以下、IE)のバージョン11を使用する必要があります。

Chapter01　WinActor理解編

| アプリケーション | WinActorでは、処理の自動実行時に外部ファイルから読み込んだ値をシナリオ中で利用する変数に格納したり、実行結果を外部ファイルに書き出したりすることができます。 |
| | 外部ファイルの形式には、CSV形式とExcel形式（拡張子が xls、xlsx、xlsm）を利用できます。Excel形式を利用する場合は、Microsoft Office Excel 2016、2019、2021 のいずれかをインストールする必要があります。 |

1-1-2　フォルダー構成

　WinActorのフォルダー構成は、以下のとおりです。標準ユーザー用インストーラーには、アンインストーラーが含まれません。

■ 表1-3-1：WinActor フォルダー構成

フォルダ名	ファイル名	説明
WinActor\	WinActor7.exe	WinActorの実行ファイルです。
	unins000.exe	アンインストーラーです（標準ユーザー用インストーラーには含まれません）。
WinActor\lib\	-	ライブラリ配置用です。
WinActor\webdriver\	-	Web操作モジュール配置用です。
WinActor\libraries\	-	WinActorに同梱のユーザーライブラリ配置用です。
WinActor\WinActor_Documents\Japanese\	-	日本語版マニュアル配置用です。
同上	Tutorial.html	マニュアル等での説明に利用するサンプルファイルです。
WinActor\WinActor_Documents\Japanese\Hands-On_Training\	-	ハンズオントレーニングの資材配置用です。

WinActorをインストールすると、以下に示すユーザーフォルダーが作成されます。PCの故障交換や、WinActorのバージョンアップ時には、ユーザーライブラリフォルダーの内容を手作業でコピーする必要がありますので、ユーザーライブラリの場所は知っておいた方が良いでしょう。

■ 表1-3-2：WinActor ユーザーフォルダー構成

フォルダ名	説明
ドキュメント \WinActor\	WinActorのユーザー向けフォルダーです。
ドキュメント \WinActor\libraries\	ユーザーライブラリ配置用です。

1-1-3 ライセンス種別と利用できる機能

WinActorのライセンスには、「ノードロックライセンス」と「フローティングライセンス」の2種類があります。

ノードロックライセンスとは、WinActorをインストールしたPCでライセンス情報を管理する方式（略称はNL）です。フローティングライセンスは、ライセンス管理用のサーバでライセンス情報を管理する方式（略称はFL）です。前者は、ライセンスとPCが紐づくのに対し、後者はライセンスの同時利用者数を管理する方式です。

両者は、さらに、利用期間制限があるものとないもの、利用機能制限があるものとないものに分かれます（詳細は下表参照）。

■ 表1-4-1：ライセンス種別

	NL（ノードロックライセンス）				FL（フローティングライセンス）			
	利用方法	シナリオ編集	シナリオ実行	利用期間	利用方法	シナリオ編集	シナリオ実行	利用期間
フル機能版	固定の端末で利用可能	○	○	契約期間	端末を限定せず複数台でシェアが可能	○	○	契約期間
実行版		×	○	契約期間		×	○	契約期間
評価版	固定の端末で利用可能	○	○	制限あり	端末を限定せず複数台でシェアが可能	○	○	制限あり

1-2 WinActorのインストール

1-2-1 WinActorトライアル版のインストール

WinActorを使うためには、まずWebページ（https://winactor.com/web_trial）から、トライアル版を申込み、トライアル版を入手したら自分のPCにインストールします。なお、評価版はWinActor販売店へ申込むことで利用できます。

トライアル版は、評価期間中（インストール後30日）はフル機能が使えますが、ユーザーライブラリの追加ができない、作成したシナリオの試用期限が設定されるなどの制限があります。シナリオの試用期限は正式ライセンス版でシナリオを保存すると解除することができます。

トライアル版をライセンス版に変更するためには、自分で、製品IDファイルをWinActorライセンス発行サイトで送付してライセンスを送信してもらう必要があります。

WinActorの価格は個人が趣味で使える価格ではありません。会社で正式に業務用ソフトとして購入した方が良いでしょう。価格体系は、ライセンスに対して毎年利用料金を支払うサブスクリプションモデルです。

インストーラーには「管理者ユーザー用」と「標準ユーザー用」の2種類あります。利用するユーザーの役割に応じたインストーラーを選択してください。

また、WinActor Ver.6を既にお使いの場合、WinActor Ver.7をインストールするフォルダーは、WinActor Ver.6とは異なるフォルダーを指定してください。フォルダ名の初期値は、WinActor Ver.6は「WinActor」、WinActor Ver.7は「WinActor7」です。

①ノードロックライセンス（NL）トライアル版のインストール

ここでは、管理者ユーザー向けのインストール方法について説明します。標準ユーザー用のインストーラーについても操作方法はほとんど同じです。注意が必要なところには補足を追加しています。

1-2 WinActorのインストール

● WinActorのインストーラーを起動

WinActor NLトライアル版インストーラーのファイル名は下記のようなzipファイルになっています。

- WinActor_v743_i_expire_20240430_30days.zip
  ※バージョン(7.4.3)は執筆当時のものです。発刊後バージョン番号が変更されている可能性があります。

WinActorのバージョンやトライアル版インストーラーの有効期限終了日によって多少ファイル名は異なります。

これを任意の場所に配置してダブルクリックを複数回継続すると、このzipファイルの中身は下記のフォルダー構成になっていることが分かります。

```
WinActor_v743_i_expire_20240430_30days.zip
    └─ WinActor_v743
        └─ WinActor_Installer
            └─ WinActorSetup.exe
```

WinActorSetup.exeがWinActorインストーラーになります。これを任意のフォルダーに解凍します。今回はCドライブのマイドキュメントに配置しました。

■ 図1-2-1-1：WinActor インストーラー

◉「ユーザーアカウント制御」ダイアログ

マイドキュメントに配置されたWinActorSetup.exeをダブルクリックします。「ユーザーアカウント制御」ダイアログが表示された場合は[はい]ボタンをクリックします。

■図1-2-1-2：「ユーザーアカウント制御」ダイアログ

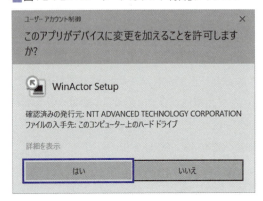

◉ セットアップに使用する言語の選択

WinActorセットアッププログラムが起動します。「セットアップに使用する言語の選択」ダイアログが表示された場合は、日本語を選択して、[OK]ボタンをクリックしてください。

■図1-2-1-3：セットアップに使用する言語の選択

◉ ソフトウェア使用許諾契約書の同意

ソフトウェア使用許諾契約書を最後まで読み、「同意する」にチェックを入れて、[次へ]ボタンをクリックします。

管理者ユーザー用インストーラーを起動した場合は、インストーラーのタイトルに「**管理ユーザー用インストーラー**」、標準ユーザー用インストーラーを起動した場合は、インストーラーのタイトルに「**標準ユーザー用インストーラー**と表示されます。

1-2 WinActorのインストール

■ 図1-2-1-4：ソフトウェア使用許諾契約書への同意

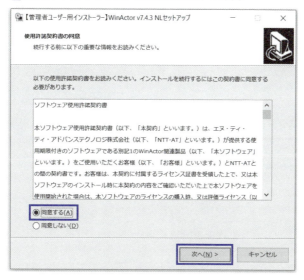

● インストール先の指定

インストール先を指定する画面が表示されます。インストール先のフォルダーを指定し、[次へ]ボタンをクリックします。フォルダ名の初期値は「WinActor7」です。このとき、古いバージョンのWinActor（WinActor Ver.6 のフォルダー）に、上書きインストールしないように注意してください。また、標準ユーザーの場合は、インストール先は、標準ユーザーが書き込み権限のあるフォルダーを指定してください（例：デスクトップ）。

■ 図1-2-1-5：WinActorのインストール先指定

● スタートメニューフォルダーを指定

スタートメニューフォルダーを指定する画面が表示されます。スタートメニューフォルダーを入力し、[次へ]ボタンをクリックします。スタートメニューフォルダーを作成しない場合は、「スタートメニューフォルダーを作成しない」チェックを付けてください。

図1-2-1-6：スタートメニューフォルダーの指定

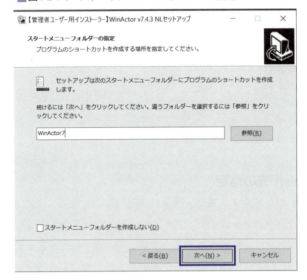

● 追加タスクの選択

追加タスクの選択画面が表示されます。デスクトップ上のアイコンの作成およびスクリーンセーバー解除機能用ドライバーのインストールをチェックボックスで選択し、[次へ]ボタンをクリックします。

1-2 WinActor のインストール

■ 図1-2-1-7：追加タスクの選択（管理者ユーザー用のインストーラー）

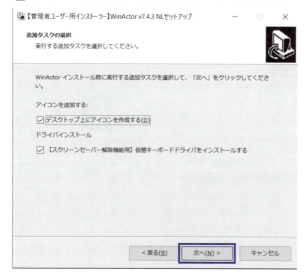

● インストール内容の確認

インストール内容の確認画面が表示されます。設定内容を確認して[インストール]ボタンをクリックします。

■ 図1-2-1-8：インストール内容の確認

● インストール進行状況

インストールの進行状況が表示されます。

■図1-2-1-9：インストール状況の確認

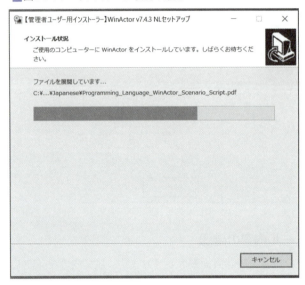

● インストール完了

インストールが完了すると、以下の完了画面が表示されます。「完了」ボタンをクリックします。

■図1-2-1-10：インストール完了

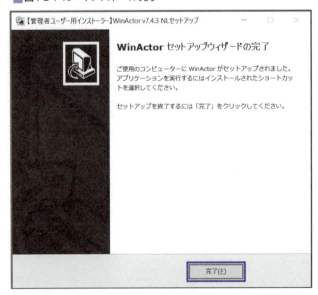

以上でWinActorノードロックライセンス(NL)トライアル版のインストールができました。

② WinActor フローティングライセンス(FL)トライアル版のインストール

ここでは、管理者ユーザー向けのインストール方法について説明します。標準ユーザー用のインストーラーについても操作方法はほとんど同じです。注意が必要なところには補足を追加しています。

● WinActor インストーラー起動

WinActor FLトライアル版インストーラーのファイル名は下記のようなzipファイルになっています(WinActorのバージョンによって多少ファイル名は異なります)。

WinActor_v743_FL_i.zip

このzipファイルの中身は下記のフォルダー構成になっていることが分かります。

こちらもWinActorSetup.exeがWinActorインストーラーになります。WinActorSetup.exeを任意の別のフォルダーに解凍します。今回はCドライブのマイドキュメントに配置します。

■図1-2-1-11：WinActorインストーラー

　以降の作業の流れは、WinActorノードロックライセンス(NL)トライアル版のインストールと同じですので、詳しくは前項目の図1-2-1-2以降をお読みください。

　以上で、WinActorトライアル版インストールが完了しました。詳細は、製品に付属しているマニュアル(WinActor_Installation_Manual.pdfの1ページ以降)も併せてお読みください。

1-2-2　トライアル版からライセンス版への変更方法

　WinActorトライアル版インストールが終わったら、次にトライアル版をライセンス版に変更しますが、ノードロックライセンス(NL)とフローティングライセンス(FL)で手順が異なります。

　ここでは、ユーザ数が多いノードロックライセンス版の方式を説明します。フローティングライセンスをライセンス版として利用する際は、ライセンスサーバ接続情報の設定が必要ですが、詳細は、マニュアル(WinActor_Installation_Manual.pdfの71ページ辺り)を確認するか、販売代理店に相談してください。

　WinActorノードロックライセンスのトライアル版をライセンス版に変更するためには、WinActor ライセンス発行サイト https://nl-license.winactor.biz/issue/ でのライセンス登録とWinActor(Ver.7.4.0以降)から直接実行するオンラインライセンス登録の2種類の手順があります。本書では、製品IDの入力が不要で操作が簡易な後者の方法を解説します。

1-2 WinActorのインストール

WinActor起動後、メニューバー［ヘルプ(H)］-［バージョン］をクリックします。

■図1-2-2-1：メニューバーの[バージョン]をクリック

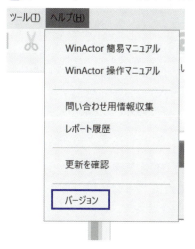

［ライセンス登録］ボタンをクリックします。

■図1-2-2-2：［ライセンス登録］ボタンをクリック

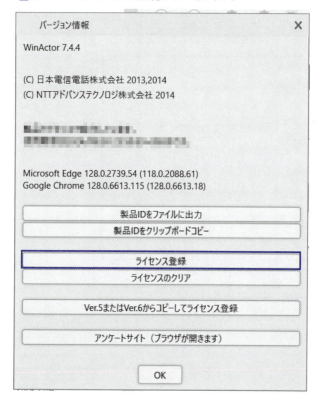

Chapter01　WinActor理解編

［オンライン］でのライセンス登録方式を選択します。

■ 図1-2-2-3：［オンライン］ボタンをクリック

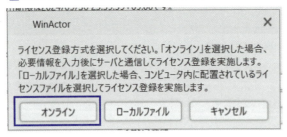

「オンラインライセンス登録」画面で保守契約ID、ライセンス終了日、ライセンス種別および任意のPC名を入力した後、［登録］ボタンをクリックします。

■ 図1-2-2-4：オンラインライセンス登録

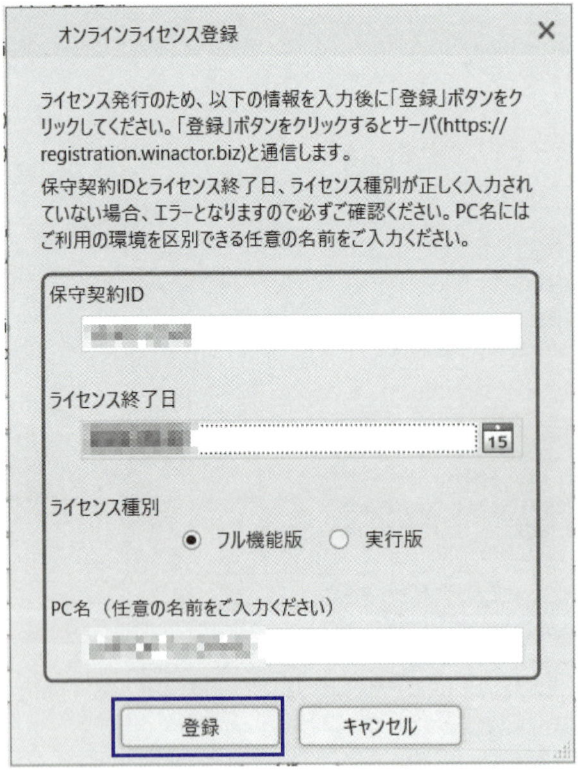

[OK]ボタンをクリックします。

■図1-2-2-5：[OK]ボタンをクリック

WinActorのライセンスを反映させるため、WinActorを終了し、再度起動します。
WinActor再起動後、メニューバー［ヘルプ(H)］－［バージョン］をクリックします。製品ライセンスで動作していることを確認します。

■図1-2-2-6：製品ライセンスで動作していることを確認

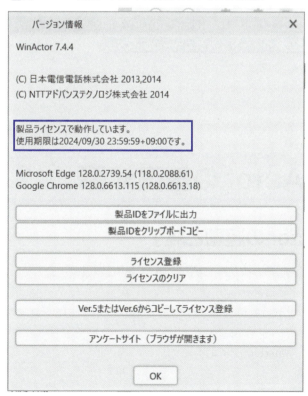

以上で、WinActorライセンス登録が完了しました。詳細は、製品に付属しているマニュアル（WinActor_Installation_Manual.pdfの28ページ以降）も併せてお読みください。

1-2-3 サンプルファイルのダウンロード

本書では、様々なサンプルファイルを用いて各項目で解説しています。
サンプルファイルは本書のサポートページよりダウンロードできます。
以下のURLからサンプルファイル（sample.zip）をダウンロードしてください。

https://www.shuwasystem.co.jp/support/7980html/6962.html

ダウンロード後は適当なフォルダーへ解凍してください。サンプルはChapterごとに分かれて配置されています。
本文中でサンプルファイルを使う場合は、以下のように表記していますので、実際に操作しながら学習したい場合は、サンプルを開いてください。

　サンプルファイル　Chrome起動して3つのURLを開くグループ.ums7
　サンプルファイル　ウィンドウ識別エラーの回避方法

1-3　WinActorの基礎知識

1-3-1 WinActorの起動と終了

WinActorの起動方法と終了方法について説明します。
WinActorを起動するため、デスクトップに配置された「WinActor7」アイコン、または展開されたWinActorフォルダー内の「WinActor7.exe」をダブルクリックします。

図1-3-1-1：「WinActor7」アイコン

デスクトップにWinActorの起動アイコンがない場合は、WIndowsの「スタート」メニューからWinActor7を起動してください。

なお、標準ユーザー用インストーラーでインストールした場合、WinActorをインストールしたフォルダー内のWinActor7.exeをダブルクリックして起動します。

■図1-3-1-2：「WinActor7」スプラッシュウィンドウ

試用期間内に評価ライセンスがついたバージョンをインストールすると、次の警告画面が表示されます。以下、評価ライセンスがついたバージョンをトライアル版と表記する場合があります。

ライセンス登録する前は、評価ライセンス版が最初にインストールされます。試用期間が終了した場合は「評価ライセンスの試用期限が切れました。製品を購入して、ライセンスを登録してください。」というメッセージが代わりに表示されます。

■図1-3-1-3：評価ライセンスが適用された状態の警告画面

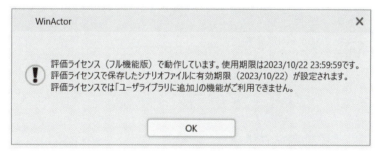

標準ユーザー用インストーラーでインストールした場合、初回の起動時のみ、ソフトウェア使用許諾契約書が表示されます。ソフトウェア使用許諾契約書を最後まで読み、[同意する]ボタンをクリックします。

WinActorが起動し、以下のような「ようこそ画面」ページが表示されます。

■図1-3-1-4：「ようこそ画面」ページ

WinActorを終了するには、[ファイル]メニューから[終了]を選択します。画面右上の[?]をクリックして終了することもできます。また、タスクトレイアイコンの終了メニューから終了することもできます。

■図1-3-1-5：WinActorの終了

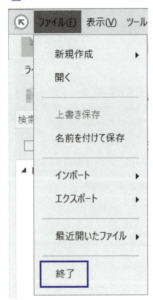

1-3-2 WinActorの画面

WinActorの基本的な画面構成について説明します。

■ 図1-3-2-1：WinActorの基本的な画面構成

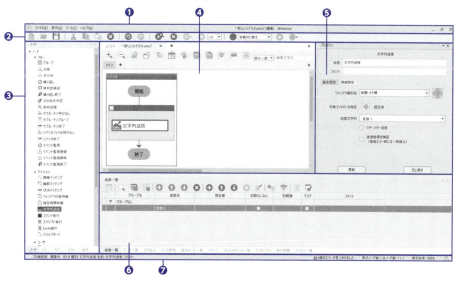

■ 表1-3-2-1：WinActorの画面構成

画面名	役割
メニューバー	WinActorの基本メニュー選択できます。
ツールバー	シナリオの実行、編集、記録の操作に関するアイコンが表示されています。
パレットエリア	「ノード」「ライブラリ」のタブを切り替えて表示できます。
シナリオ編集エリア	シナリオを編集する画面です。複数のシナリオを切り替えるためのタブ、フローチャートツールバー、フローチャートエリアで構成されています。
プロパティエリア	シナリオを編集エリアで現在選択しているノードのプロパティを編集するためのエリアです。
	プロパティ以外に、シナリオ情報や条件式などもこのエリアに表示されます。
	プロパティエリアが表示されている場合、フローチャート表示エリアをクリックすると、プロパティエリアを閉じてシナリオ編集エリアを広く表示することができます。
機能編集エリア	シナリオ編集エリアで現在選択しているシナリオの機能を編集するためのエリアです。それぞれの機能はタブを切り替えて表示します。
ステータスバー	ライセンス種類、シナリオの状態、シナリオ実行の経過時間が左に表示されます。また、右にシナリオのエラー数、表示ノード数と全ノード数、表示倍率が表示されます。

Chapter01　WinActor理解編

1-3-3　WinActor Ver.7.4.0 以降のブラウザ操作

　次項から詳しく説明しますが、WinActorでブラウザを操作するには、事前に
WinActor7 Browser Agent（ブラウザ拡張機能）もしくはWebDriverのインストー
ルが必要になります。

　Google Chromeを例に、ブラウザの操作方法を説明します。

　本書では、Chromeを採り上げますが、Edge/Firefoxも同様の方法で対応可能
です。

WebDriverとChrome拡張機能の相違点

　WinActor Ver.7.4.0以降と、それ以前のバージョンでは、Chrome操作方法が異
なりますので、最初にこのことを説明します。

　Ver.7.3.1以前では、WebDriverでChromeを操作していました。WinActor
Ver.7.4.0以降では、WebDriverでのChrome操作とChrome拡張機能でのChrome
操作のいずれかを選択できます。

　両者の機能上の相違点は下記になります。

　※初期値はWebDriverでのChrome操作が設定されています。WebDriverとChrome拡
　　張機能の切り替え方法はWinActor操作マニュアル参照。

■ 表1-3-3-1 ブラウザ操作に於けるWebDriverとChrome拡張機能の相違点

WebDriver	Chrome拡張機能
・Chrome起動〜Chrome終了までブラウザ名でブラウザを識別して一連のChrome操作を行います。 ・起動済みのChromeに対する操作はできません。	・シナリオ実行前に手動でWebサイトの認証処理を済ませておくことにより、シナリオに認証情報を記述することなく、Webサイトの操作が可能になります。別の言い方をすると、起動済みのChromeに対する操作が可能です。

　本書のCase Studyでは、すべてChrome操作はWebDriverで実施しています。

　Ver.7.3.1以前のバージョンでは、Chrome拡張機能は、自動記録モード（**Chrome
モード**とも言います）で、マウスクリックや、文字列設定、リスト選択などの作
業をChrome上で行うと、対応するライブラリを自動生成するような機能でした。
Ver.7.4.0以降のバージョンでは、これに、Chromeを操作する機能が追加されたと
考えることもできます。

ただ、Ver.7.3.1以前のバージョンのChrome拡張機能とVer.7.4.0以降のバージョンのChrome拡張機能は別のソフトウェアですのでご注意ください。旧バージョンを新バージョンに上書きなどはできません。Ver.7.3.1以前のバージョンのChrome拡張機能を、Ver.7.4.0以降のバージョンのChrome拡張機拡にアップグレードする際は、必ず旧バージョンのChrome拡張機拡をアンインストール後、新バージョンをインストールしてください。

■図1-3-3-1：WinActorバージョンによるブラウザ操作法の相違点

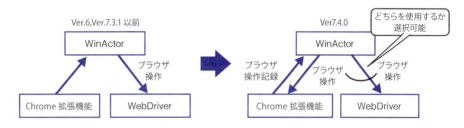

WinActor7 Browser Agent（Chrome拡張機能）インストール方法

Chromeでシナリオを実行する前に「WinActor7 Browser Agent」（Chrome拡張機能）をブラウザに、WebDriverをPCにインストールしておく必要があります。

「WinActor7 Browser Agent」を使うためには、拡張機能として、このプラグインソフトをブラウザに組み込むことが必要です。

Chrome版WebDriverとは、WinActorでChromeを操作する際に利用しているファイルです。

それでは、WinActor7 Browser AgentとWebDriverのインストール方法を説明します。

WinActorを起動し、「ツール」→「拡張機能をインストール」→「Chrome拡張機能をChromeにインストール」をクリックします。

■図1-3-3-2：Chrome拡張機能をChromeにインストール

下記の確認ウィンドウが表示されるので、OKボタンをクリックします。

■図1-3-3-3：OKボタンをクリック

1-3 WinActor の基礎知識

下記の確認ウィンドウが表示されるので、OKボタンをクリックします。

図1-3-3-4：OKボタンをクリック

Chromeウェブストアが自動で起動するので、「Chromeに追加」ボタンをクリックします。

図1-3-3-5：「Chromeに追加」ボタンをクリック

下記のウィンドウが開くので、「拡張機能を追加」をクリックします。

図 1-3-3-6：「拡張機能を追加」ボタンをクリック

Chromeのウィンドウをすべて閉じて、再度、Chromeを起動します。
Chrome右上に表示されている拡張機能アイコンをクリックします。

図 1-3-3-7：拡張機能アイコンをクリック

拡張機能ウィンドウの「WinActor7 Browser Agent」のピン止めアイコンが白い場合は、クリックして青い色に変更して表示を固定します。

図 1-3-3-8：「WinActor7 Browser Agent」のピン止めアイコンを青色に設定

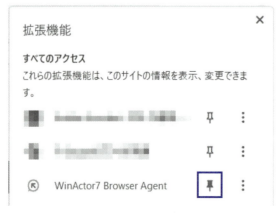

Chromeのアドレスバーの右端にWinActorのアイコンが表示されていることを確認します。

■ 図1-3-3-9：WinActorのアイコン表示を確認

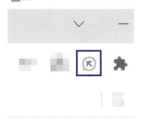

時々、Chrome利用中にシナリオとWinActor7 Browser Agentが通信できないエラーが発生することがあります。その場合には、WinActor7 Browser Agentのアンインストール後、再インストールをお願いします。

WinActor7 Browser Agentのアンインストール方法は次のとおりです。

Chromeで「chrome://extensions/」のページを表示し、「WinActor7 Browser Agent」拡張機能が表示されていることを確認します。

■ 図1-3-3-10：「WinActor7 Browser Agent」拡張機能表示を確認

「削除ボタン」をクリックします。

■図1-3-3-11:「削除ボタン」をクリック

WebDriverインストール方法

ChromeのWebDriverのバージョンは、操作可能なGoogle Chrome・Microsoft Edge (Chromium)・Mozilla Firefoxのバージョンに依存します。本書ではWindows版のChromeを使用しています。bit数は設定画面の「Chromeについて」から確認します。下図の場合、バージョン番号に続いて64ビットと記載されています。

■図1-3-3-12：Chromeのバージョンの確認

次に、WebDriverをインターネットからダウンロードするために、次のURLを開きます。

https://googlechromelabs.github.io/chrome-for-testing/

※以下の情報は執筆時点の情報です。WebDriverをインターネットからダウンロードするサイトの構成は今後変更される可能性があります。

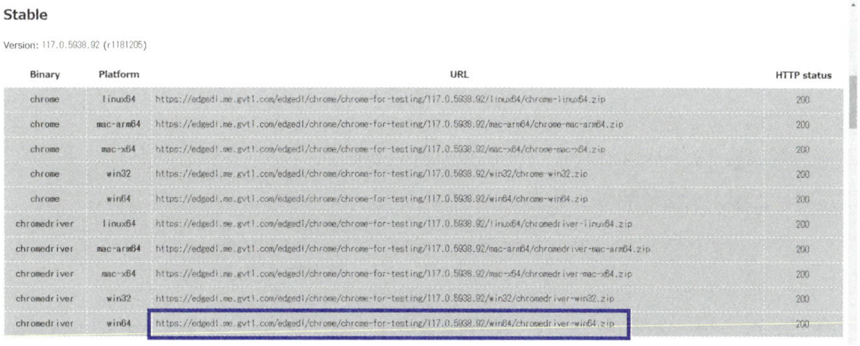

本書ではWindows版の64bitを使用しているため、画面をスクロールし下記の画面から囲み(「chromedriver win64」欄のURL)部分をクリックして選択します。Ctrl+Cを押してURLをコピー後、ブラウザのURL入力欄にCtrl+VしてURLを貼り付け、ENTERキーを押します。

図1-3-3-13：Chrome WebDriverのダウンロード

Stable

Version: 117.0.5938.92 (r1181205)

Binary	Platform	URL	HTTP status
chrome	linux64	https://edgedl.me.gvt1.com/edgedl/chrome/chrome-for-testing/117.0.5938.92/linux64/chrome-linux64.zip	200
chrome	mac-arm64	https://edgedl.me.gvt1.com/edgedl/chrome/chrome-for-testing/117.0.5938.92/mac-arm64/chrome-mac-arm64.zip	200
chrome	mac-x64	https://edgedl.me.gvt1.com/edgedl/chrome/chrome-for-testing/117.0.5938.92/mac-x64/chrome-mac-x64.zip	200
chrome	win32	https://edgedl.me.gvt1.com/edgedl/chrome/chrome-for-testing/117.0.5938.92/win32/chrome-win32.zip	200
chrome	win64	https://edgedl.me.gvt1.com/edgedl/chrome/chrome-for-testing/117.0.5938.92/win64/chrome-win64.zip	200
chromedriver	linux64	https://edgedl.me.gvt1.com/edgedl/chrome/chrome-for-testing/117.0.5938.92/linux64/chromedriver-linux64.zip	200
chromedriver	mac-arm64	https://edgedl.me.gvt1.com/edgedl/chrome/chrome-for-testing/117.0.5938.92/mac-arm64/chromedriver-mac-arm64.zip	200
chromedriver	mac-x64	https://edgedl.me.gvt1.com/edgedl/chrome/chrome-for-testing/117.0.5938.92/mac-x64/chromedriver-mac-x64.zip	200
chromedriver	win32	https://edgedl.me.gvt1.com/edgedl/chrome/chrome-for-testing/117.0.5938.92/win32/chromedriver-win32.zip	200
chromedriver	win64	https://edgedl.me.gvt1.com/edgedl/chrome/chrome-for-testing/117.0.5938.92/win64/chromedriver-win64.zip	200

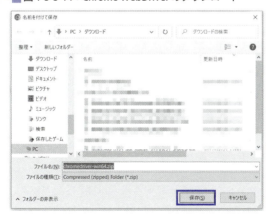

「名前を付けて保存」ウィンドウが開くため、保存先フォルダーを指定して保存します。

図1-3-3-14：Chrome WebDriverのダウンロード

Chapter01　WinActor理解編

保存先フォルダーに"chromedriver-win64.zip"が保存されますので、zipファイルを解凍します。

■ 図1-3-3-15：Chrome WebDriverのダウンロード

> ダウンロード > chromedriver-win64.zip > chromedriver-win64

名前	種類
chromedriver.exe	アプリケーション
LICENSE.chromedriver	CHROMEDRIVER ファイル

ドキュメント\WinActor\webdriverの下に、ダウンロードした「chromedriver.exe」を配置します。

以上で、新しいバージョンのWebDriverの導入手順は完了です。

1-3-4　プログラムや各種ドライバーソフトのオンラインアップデート機能について

WinActor Ver.7.4.0以降には、起動時に、WinActorのサイトにアクセスして、WinActor、WebDriver、ユーザーライブラリ、サブシナリオ、CloudLibraryについて更新があるか確認し、更新があればオンラインアップデートをしてくれる便利な機能があります。

初期値はこの機能はOFFになっていますので、古いドライバーやライブラリを使わざるを得ない特別な事情がない限り、是非ONにして使いましょう。特に、WebDriverは常に最新にしておかないとWinActorからブラウザ操作できなくなるため、必ずONにすることを推奨します。

オンラインアップデートをONにする設定は下記のとおりです。

WinActorメニューバーの「ツール」→「オプション」→「更新タブ」をクリックします。

起動時にバックグランドで更新を確認する場合は囲みをクリックします。

更新方針は、「更新しない」「手動更新」「自動更新」から選択します。

「更新しない」の場合、何もしません。「手動更新」の場合、更新があるとステータスバーのベル型のアイコンで通知し、手動更新を促します。「自動更新」の場合、更新があると自動的に更新を行います。

下図は、WebDriverのみ「自動更新」を設定し、それ以外は「手動更新」を設定した事例です。

■図1-3-4-1：更新タブの設定

1-4 シナリオの基礎知識

1-4-1 シナリオとは

シナリオとは、一般的に「プログラムのソースコード」と呼ばれるともものと同じです。

プログラミング言語では、一般的にテキストエディターや、統合開発環境に内蔵されたエディターで、プログラムのソースコードを書いて、プログラムを実行させますが、WinActorでは、シナリオ編集画面でシナリオを作成し実行させます。

プログラムのソースコードは文字列を並べて記述しますが、シナリオは、ノードパレットやライブラリパレットから必要な部品をマウスでフローチャート編集エリアに配置して作成していきますので、「プログラムのソースコード」を視覚的に表現でき、より生産性が高いのが特徴です。

他のRPAツールでは、フロー、ワークフロー、ソフトウェア・ロボット等と呼ばれる場合もあるようですが同じものです。

1-4-2 シナリオを作成するための4つのソフトウェア部品

WinActorには、シナリオを作成するための部品カテゴリーが大きく分けて下記の4種類あります。部品はWinActor起動画面の左側のパレットエリアに配置されています。

シナリオは、パレットエリアからフローチャート表示エリアの「開始」と「終了」の間にソフトウェア部品をマウスでドラッグ＆ドロップして作成していきます。

1-4 シナリオの基礎知識

■ 表1-4-2-1：シナリオを作成するためのソフトウェア部品カテゴリー

No.	部品カテゴリー	説明
1	UI識別型	画面上の入力欄やボタンに通し番号を付けて管理します。WinActorは何番目の入力欄が操作されたかを番号として覚えて自動操作を行います。シナリオには、「画面上3番目のボタンを押す」「画面上5番目の入力欄に文字入力する」といった番号情報が記録されます。このような管理方法なので、ズーム比率が異なるブラウザ間でシナリオが共有できます（しかし、ノードごとにズーム比率が異なると、シナリオ実行中に見栄えが悪くなるため、WinActorが動作するPCではズーム比率は統一することをお勧めします）。「IEモード」「イベントモード」「Chromeモード」「Firefoxモード」「Edgeモード」「UIオートメーションモード」という記録モードを使ってシナリオに記録します。
2	画像マッチング	画像認識技術を使って、シナリオを操作します。フォントサイズや表示倍率が変更できる画面を自動操作する場合は、記録時と実行時でフォントサイズや表示倍率を統一する必要があります。特定の画像を起点に相対位置を計算して右クリックなどのマウス操作が可能です。「画像マッチング」というノードを使用してシナリオに操作を記録します。
3	エミュレーションモード	マウスが画面上でどのように動いたか、どのタイミングでキーボード操作やクリック操作されたのかを覚えて自動操作を行います。シナリオには、「画面の左上を基点にして右に10ピクセル、下に5ピクセルの位置をクリックする」「キーボードでCtrl+Vキーを押す」といった情報が記録されます。画面の大きさが変わった場合に、入力欄の位置が変わるような画面を自動操作する場合は、記録時と実行時で画面の大きさを統一する必要があります。「エミュレーションモード」という記録モードを使ってシナリオに記録します。
4	ファイル操作	Excel形式、CSV形式、テキストファイル、Word、PowerPointファイル形式などのファイルを開いたり、データ加工ができます。Excel形式、CSV形式のファイルについては機能が多く充実しています。

1-4-3 シナリオ作成から実行、デバッグまでの流れ

①基本的なシナリオ作成方法

● シナリオ編集画面を開く

基本的なシナリオ作成方法を説明します。インストール後最初に起動した画面では、変数一覧画面やログ出力画面が画面下半分に順番に表示されます。これらの画面は通常使わないので、各ウィンドウの右上の×をクリックして閉じてください。ここでは、それらのウィンドウを閉じた状態で説明します。

起動直後は、下記の「ようこそ画面」ページが表示されます。

■図1-4-3-1:「ようこそ画面」ページ

この画面左上の「新しいシナリオを作成する」をクリックすると、シナリオ編集画面が開きます(既存の作成済みシナリオを開く場合は「新しいシナリオを作成する」の下の「シナリオファイルを開く…」をクリック)。

1-4 シナリオの基礎知識

■ 図1-4-3-2：シナリオ編集画面

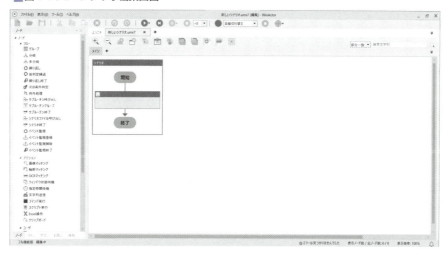

● シナリオ編集画面の説明

画面の中央に「開始」と「終了」に挟まれた箱があります。画面左側にはノードパレットやライブラリパレットなどがあります。シナリオは基本的には、この箱の部分に、ノードパレットなどから、ノードをドラッグ＆ドロップしてできるフローチャートの形で作成します。

> **COLUMN**
>
> ### WinActor用語で使う２つの「ノード」
>
> WinActorでは、「ノード」という言葉を２つの意味で使っていることに注意してください。
>
> 具体的には、以下の２つです。
>
> ・「ノードパレットの中にあるソフトウェア開発部品としてのノード」
> ・「フローチャートを構成する結節点としてのノード」
>
> したがって「ノード」という言葉を見たら、どちらの意味で使っているのか、考えることが必要になります。

Chapter01　WinActor理解編

● シナリオの作成手順

　ノードやユーザーライブラリを、フローチャート表示エリアの「開始」と「終了」の間に順番に並べていき、最後に実行ボタンをクリックする（もしくはF5キーを押す）ことで、シナリオ内のノードの機能が順番に実行され、シナリオが実行されます。

　画面左側のノードやユーザーライブラリをフローチャート表示エリアの「開始」と「終了」の間にドラッグすると、赤いプラスアイコンが表示され、ドロップするとその位置にノードが配置されます。

● ノードを配置してみる

　ためしにノードパレットの［待機ボックス］をフローチャートに配置してみましょう。画面のようにノードパレットが表示されていない場合は、画面左下の「ノード」タブをクリックします。

　［待機ボックス］をドラッグすると移動先の目印としてフローチャート内のドロップ予定位置が赤いプラスアイコンで示されます。

■ 図1-4-3-3：ノードパレットの［待機ボックス］をフローチャートに配置

36

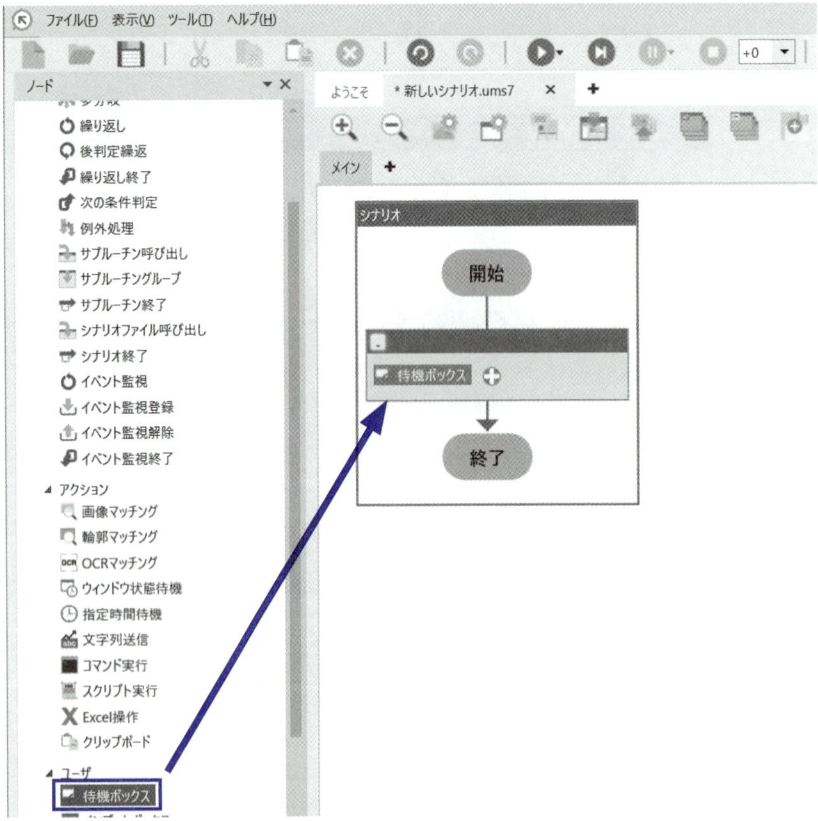

プロパティに設定が必要な項目があるノードには、赤枠が付いて表示されます(今回フローチャート内に配置した[待機ボックス]はプロパティの設定をしなくても動作するため、例外的に赤枠はついていません)。

● ノードのプロパティを設定する

[待機ボックス]ノードをダブルクリックすると、画面右側にプロパティが表示されますので、プロパティの項目を1つずつ設定していき、最後に更新ボタンをクリックしてプロパティの設定内容を保存します。

今回フローチャート内に配置したノード「待機ボックス」は、シナリオ実行を一時的に待機させ、ユーザーに注意を促すメッセージを表示したい場合に使用します。今回は「こんにちは。WinActor！」とメッセージを画面に表示させてみます。下図❶のメッセージに「こんにちは。WinActor！」と入力し、下図❷の更新ボタンをクリックしてプロパティを更新します。

図1-4-3-4：[待機ボックス]ノードのプロパティ更新

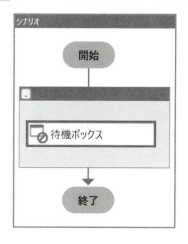

プロパティを更新しても、シナリオが保存された訳ではありません。作成中のシナリオ全体を保存するためには、さらにショートカットキーでCtrl+Sキーの同時押しをするか、WinActor起動画面のメニューバー［ファイル(F)］から［名前をつけて保存］か［上書き保存］をクリックします。

Chapter01　WinActor理解編

　今回のように新規シナリオの場合は保存ダイアログが開くので適当な名前をつけて保存します。

● その他のシナリオ作成方法

　以上が、シナリオ作成の基本的方法です。今回は、ノードパレットやライブラリパレットから、ノードやユーザーライブラリをフローチャートに配置することで、シナリオを作成しましたが、一部の機能にはPCで操作した内容をWinActorが自動記録し、シナリオの雛型を作る「記録モード」※が存在します。

　ただ、なんでも自動記録できる訳ではありません。例えば、WinActorでブラウザを操作するシナリオを作成するとき、すべて自動でシナリオ作成できればそれに越したことはありませんが、実際は自動作成できるのは、ブラウザ上のボタンやリンクのクリックや、テキストボックスへの文字列入力など一部の機能に限られます。条件分岐や繰り返しなどは自動記録では作成できません。シナリオを自動記録機能で作成できるのは一部だけだと認識してください。

　またシナリオを複数本作成したら、過去に作成したシナリオから似たような処理をコピーして流用することもシナリオ作成効率を上げるために必要な処理となります。

　※ WinActor操作マニュアル（WinActor_Operation_Manual.pdf）には「記録モード」と書いてありますが、「自動記録モード」と言い換えた方が分かりやすいかもしれません。

②シナリオ実行方法

　先ほど作成したシナリオを実行してみます。
　下図のシナリオ実行ボタンをクリックするか、F5キーを押すとシナリオが実行されます。

■ 図1-4-3-5：シナリオ実行ボタンをクリック

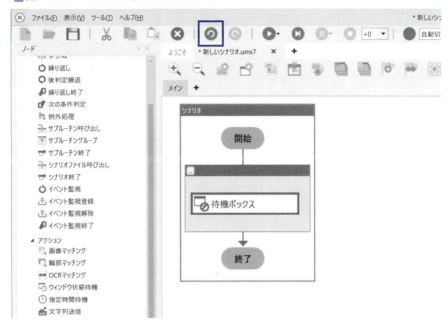

下図のように、「こんにちは。WinActor！」というメッセージが表示されたら正常に動作しています。

■ 図1-4-3-6：こんにちは。WinActor！

③変数の意味及び追加・削除方法

<u>変数とは、シナリオ内で使うデータや値を一時的に入れておく入れ物のことです。</u>
ある程度複雑なシナリオを作成する場合、シナリオで変数を利用すると、アルゴリズムがすっきりしてシナリオがコンパクトになるうえ、複数のデータをシナリオで扱えるようになるため、シナリオの可用性や保守性が向上します。

● 変数の使い方①

ここでは、複数のURLを順番にChromeで開くシナリオを説明することで、変数の便利さを説明してみます。まず、最初に、複数のURLを順番にChromeで開くシナリオを変数を使わないで作ってみました。こんな感じです。

実際にシナリオを触ってみたい場合は、ダウンロードしたサンプルファイルから以下のファイル名のものを開いてください。

サンプルファイル Chrome起動して3つのURLを開くグループ.ums7

なおWindowsやOffice等のバージョンの違いや、リボンなどUIの設定を、デフォルトの表示設定から変更されている場合は、UIをクリックするなどの動作があるサンプルなどは途中でエラーになる可能性があるため、個々の環境に合わせて修正する必要がありますので注意してください。

図1-4-3-7：変数を使わないで作成したシナリオ

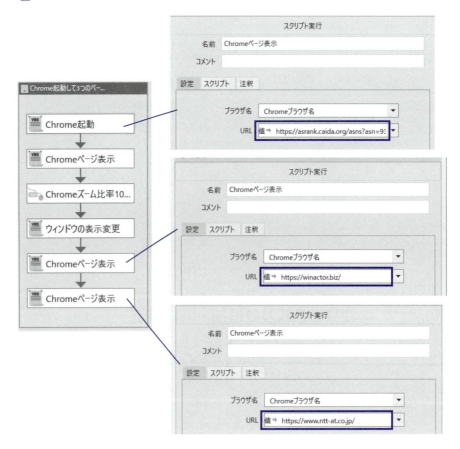

COLUMN

重要！ 本書のノードの読み解き方について

　WinActorは特定の機能を持つノードをフローチャート内に順番に並べていくことでシナリオ（プログラム）を作っていくため、各ノードのプロパティを見れば、だいたい何をやっているかWinActor経験者には分かります。そのため、本書では、サンプルシナリオを説明する方法として、以下の方式を採用しました。

1. フローチャート内に順番に並べた状態のノードの画像を説明ページの左側に貼る。
2. 各ノードのプロパティの画像を説明ページの右側に貼る。
3. ノードとプロパティを線で結び、どのプロパティがどのノードのものか、対応関係を明確にする。

　本書内で紹介するシナリオを理解するためには、以下に注意してください。

1. 各ノードのオリジナルのノードは何を使っているか（多くのノードのプロパティのコメント欄にオリジナルのノード名を記入しています）
2. ノードのプロパティにはどのような設定を行っているか

　Chrome起動後、3つの[Chromeページ表示]ユーザーライブラリで、順番に3つのURL（https://asrank.caida.org/asns?asn=9304&type=search、https://www.ntt-at.co.jp/、https://winactor.biz/）を開くシナリオです。実行するとこれらのページが順に開きます。

　3つのURLだと目立ちませんが、これが50個以上のURLになるとシナリオサイズが巨大になることが容易に想像できます。また、URLを後で修正する場合、どのノードを変更すれば良いかも分かりにくいです。
　このような場合、URLデータを変数にすると情報の管理がしやすくなります。また、いくらURLの数が増えても、シナリオサイズはそれほど大きくなりません。
　URLデータを変数で一元管理したシナリオが次の"変数通番.ums7"になります。

サンプルファイル 変数通番.ums7

　個々のシナリオで使う変数は「変数一覧」タブというもので一元管理しています。「変数一覧」タブはWinActor起動画面から、メニューバー［表示(V)］-［変数一覧］をクリックするか、Ctrl+3キーを同時押しすることで表示されます。

Chapter01　WinActor理解編

■図1-4-3-8：変数一覧

■図1-4-3-9：変数を使用して作成したシナリオ

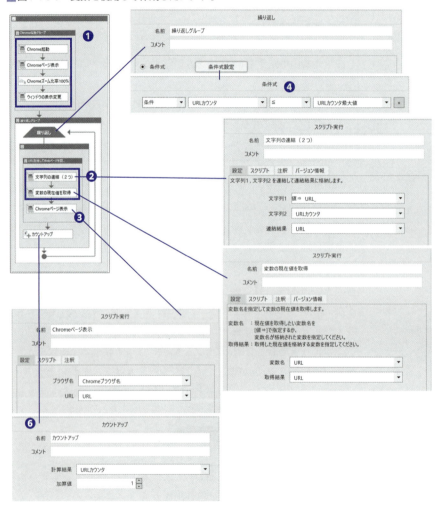

ではシナリオ全体の流れを説明します。

Chrome起動グループ(図1-4-3-9❶のグループ：何も表示されていない場合はグループ名の左側にある四角をクリック)でChromeを起動した後、繰り返し構造に入ります。

繰り返し構造の中で、変数「URL」に「URL_1」「URL_2」「URL_3」の初期値を順番にコピーした後で(図1-4-3-9❷)、「Chromeページ表示」ユーザーライブラリで、変数「URL」に取得されたURLの値を使ってWebページを表示します(図1-4-3-9❸)。

このように、固定の値を変数に初期値として設定し、変数と繰り返し構造を組み合わせると、表示するURLの数が増えても、シナリオサイズがそれほど大きくなりませんし、シナリオ全体の構造もすっきり分かりやすくなります。

● 変数の使い方②

もうひとつ変数には、カウンターとしての使い方もあります。

上図で繰り返し構造の条件式を見ると、[URLカウンタ]≦[URLカウンタ最大値]の条件を満たす間、繰り返し構造のループが回ることが分かります(図1-4-3-9❹)。

変数一覧タブを見ると、[URLカウンタ]の初期値は1、[URLカウンタ最大値]の初期値は3です(図1-4-3-8❺)。

図1-4-3-9❻のノードで、[URLカウンタ]の値を+1していることから、このシナリオの繰り返し構造のループは1から3まで3回回ることが分かります。

以上から、変数[URLカウンタ]の値はシナリオ実行中に1から3まで順番にカウントアップして(変動して)行くことが分かります。

このように、変数には初期値(固定値)を設定して使う方法と、カウンターとして初期値に変動値を設定して使う方法があることを覚えておいてください。

● 変数の追加や削除の方法

次に、変数の追加や削除の方法を説明します。

変数の追加や削除、変数の初期値設定など、変数に関する様々な操作は「変数一覧タブ」で行います。

変数追加は、変数一覧タブでINSキー、削除はDELキー、変数の場所の移動は緑の上下アイコンで行います(次図の❶)。変数追加と削除は、+ボタンと×ボタンをクリックしても可能です。

線(❷)で消したボタンは変数をグループ化する場合に使うボタンです。変数をグループ化しない限り無視して大丈夫です。

なお、変数一覧の「初期化しない」チェックボックス(❸)をクリックすると、ループ開始時に変数が初期化されなくなるので、通常ここはクリックしないでください。

■ 図1-4-3-10：変数一覧

● ファイルやフォルダーパスの取得方法

ここで、少し話が脇道に逸れます。

"変数通番.ums7"の「変数一覧タブ」にはありませんが、一般的に、シナリオでファイルやフォルダーを扱う際に、ファイルパスやフォルダーパスを変数一覧の初期値に記入することはよくあります。

そこで、ファイルパスやフォルダーパスの取得方法と変数一覧タブの初期値への記入方法をここで説明しておきます。

まず、どのファイルでも良いので、エクスプローラー上でファイルをShiftキーを押しながら右クリックすると「パス名をコピー」というサブメニューが表示されます（下図❶参照）。これをクリックした後「名前のみをコピー(N)」(下図❷参照)をクリックします。

■ 図1-4-3-11：パス名をコピー

そうすると、ファイル名がクリップボードにコピーされます。次にメモ帳を起動し、メニューバー［ファイル(F)］−[新規(N)]をクリックすると新規ウィンドウが開きます。

新規ウィンドウの中でCtrl+Vキーを同時に押すと、ファイル名がクリップボードからメモ帳の新規ウィンドウ内に貼り付けられます。これで、ファイル名がメモ帳にコピーできました。

ファイル名を目視で確認した後、間違っていなければ、変数一覧の該当変数の初期値にファイル名をメモ帳から「コピー＆ペースト」で転記できます（下図は「Excelファイル名」という名前の変数の初期値欄に「AS Rank list.xlsx」という値を転記した事例です）。

変数の初期値は入力欄が小さいため、直接手入力すると記入ミスをしやすいです。必ずメモ帳から「コピー＆ペースト」で転記する習慣をつけてください。

■ 図1-4-3-12：Exploreから直接マウスでドラッグ＆ドロップして変数の初期値を追加

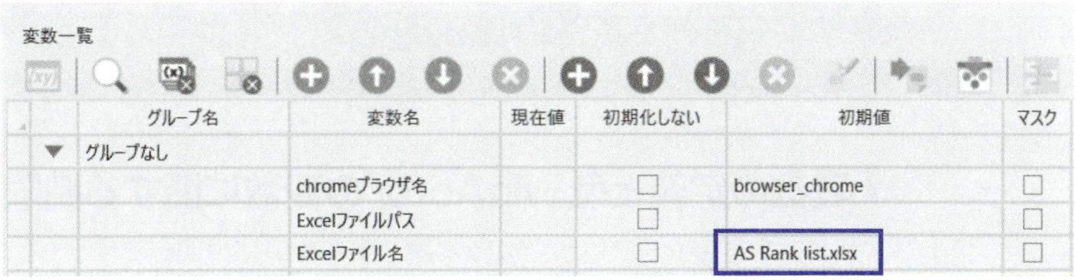

なお、ファイルやフォルダのフルパスであれば、変数の初期値欄にExploreから直接ファイルをマウスでドラッグ＆ドロップして変数の初期値を追加する方法もあります（下図参照）。下記はExploreでPowerPointファイルを変数一覧の初期値にドラッグ＆ドロップしてPowerPointファイルのフルパスを初期値に設定した事例です。

■ 図1-4-3-13：Exploreから直接マウスでドラッグ＆ドロップして変数の初期値を追加

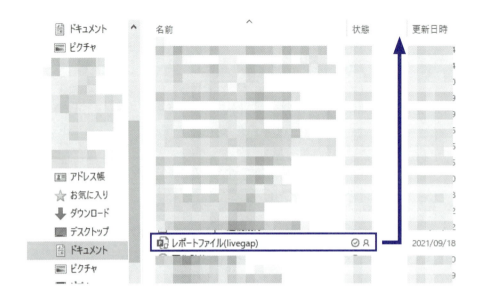

④変数の定義と型WinActorの変数に関する制限事項

次に、WinActorで使う変数の定義と型について説明します。
WinActorの変数に関する制限事項は以下のとおりです。

- 「変数名」は、255文字以下で設定してください。
- 「変数名」に、空白文字(半角スペース、全角スペース、タブ、改行)を含めることはできません。また「$」で始まる変数名は設定できません。
- 変数は、1024文字を超えるデータを保持できません。「初期値」「現在値」は、1024文字以下のデータを設定するようにしてください。ただし、シナリオ情報の「変数値の文字数を制限する」のチェックをOFFにすることで文字数制限を解除することができます。

● WinActorで扱う変数はVariant型一種類

通常プログラミング言語で扱う変数には、文字列型を始め、整数型、単精度浮動小数点型、倍精度浮動小数点型など、様々な型が存在することから、PythonやC#など他のプログラミング言語を学習された方は、WinActorで扱う変数は型宣言をしなくて良いのか、疑問に思われる方もいらっしゃるかもしれません。

WinActorのユーザーライブラリはVBScriptというプログラミング言語で記述されています。WinActorで扱う変数は、VBScriptのVariant型一種類だけになります。変数の型宣言は必要ありません。

● Variant型とは？

Variant型は、異なる種類の型の情報を含めることができる特殊なデータ型で、数値と文字列のいずれの情報も含めることができます。

数字と思われるデータを処理する場合、VBScriptはそのデータを数字とみなし、数字として最も適切な処理を行います。数字をダブルクォーテーションで囲めば、常に文字列として扱うことができます。一方前後のコードの記述から、明らかに変数が文字列型の場合、VBScriptはプログラマが宣言しなくてもそれらを文字列データとして扱います。

● 型宣言のないメリット・デメリット

このように変数の型宣言が要らないため、一見便利なようですが、不便な面もあります。

個人的な経験ですが、自らVBScriptでユーザーライブラリを作成した際に、変数aを数値データとして扱いたいのに、文字列型として扱われたため、計算ができなかった経験があります。その場合、計算を行った前の行に「a = a - 0」という意味のない行を挿入して、変数aを数値型としてWinActorに認識させたことがあります。

同様に、別の事例ですが、分岐処理で変数bがある数値（例えば10）と等しい場合に、ある処理を実行するロジックを作成した際に「b = 10」ではエラーとなり実行できませんでしたが、「b等しい10」と設定するとうまく動いた事例がありました。これは、おそらくVBScriptが代入演算子と比較演算子が同じ「=」であるのが原因と推定されます。ご参考まで。

⑤グループ作成方法

シナリオの中で、ノードをただ並べていくと、全体として何をやっているか、分かりにくくなります(下図参照)。

■図1-4-3-14:ノードをグループ化する前

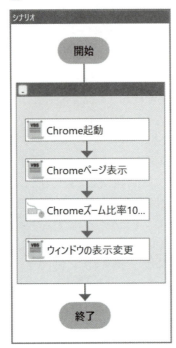

1-4 シナリオの基礎知識

そこで、関係あるノードをまとめてグループ化し、グループ名を付与すると、何をやっているか分かりやすくなります。下図は前図のシナリオの4個のノードに「Chrome起動グループ」というグループ名を付与した事例です。これで4個のノードが協力してChromeを起動していることが容易に分かります。

サンプルファイル Chrome起動グループ.ums7

図1-4-3-15：ノードをグループ化した後

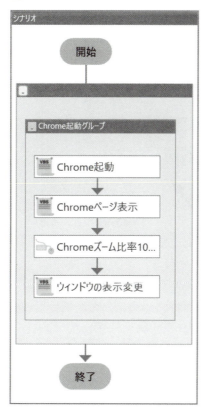

関係あるノードをまとめてグループ化する作業は、分かりやすいシナリオを作成するために重要な作業です。

次に、事例を使ってグループ作成方法を説明します。

WinActor起動後、ライブラリパレットの[Explorerでファイル開く]をフローチャートに配置します。

■図1-4-3-16：[Explorerでファイル開く]をフローチャートに配置

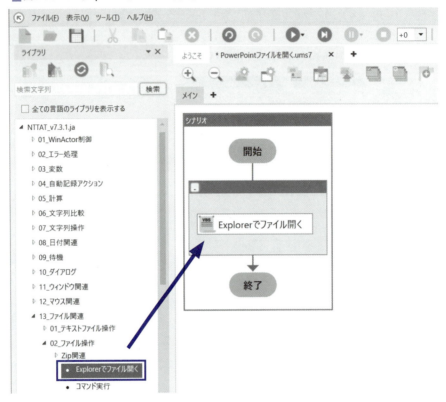

[Explorerでファイル開く]ノードの上でマウスを右クリック、「グループ化」をクリックします。

■図1-4-3-17：「グループ化」をクリック

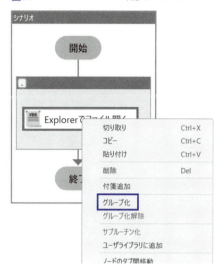

グループのタイトル（下図❶）をダブルクリックすると、画面右側にプロパティが開くので、グループの名前を「PowerPointファイルを開くグループ」（下図❷）と上書きして、更新ボタン（下図❸）をクリックします。

■図1-4-3-18：「PowerPointファイルを開くグループ」作成

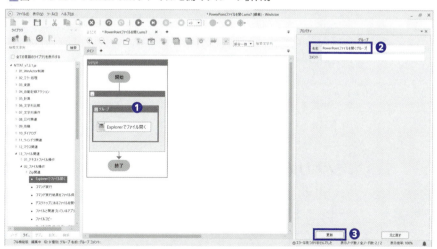

ノードパレットの[ウィンドウ状態待機]を直前に作成したノードの直下に配置します。

■ 図1-4-3-19：[ウィンドウ状態待機]を配置

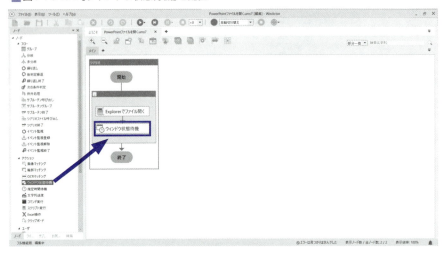

これで、2つのノードで構成される「PowerPointファイルを開くグループ」ができました。実際には、2つのノードのプロパティを設定しなければ動きませんが、ここでは、グループ作成方法を説明することが目的のため、2つのノードのプロパティ設定方法は説明を省略します。

サンプルファイル　PowerPointファイルを開く.ums7

このようにすれば、このグループで2つのノードで「PowerPointファイルを開く」仕事をさせていることが容易に分かり、シナリオの保守がしやすくなります。

グループ化したいノードが最初からフローチャート表示エリアに揃っている場合は、Shiftキーを押しながら、ノードを順番にクリックしていき、最後に右クリックして「グループ化」をクリックすることで、グループを作成することも可能です。

⑥シナリオデバッグ方法

シナリオに何らかの不具合があった場合、WinActorはシナリオ実行中にエラーメッセージを出して途中で異常終了します。

作成したシナリオが正常終了しなかった場合、その原因を特定してシナリオを修正するデバッグ作業を行うことになります。主なデバッグ手段を下表に整理しました。

1-4 シナリオの基礎知識

■表1-4-3-1：主なデバッグ手段

No.	デバッグ手段	目的	実行方法
1	待機ボックス/ブレイクポイント設定	変数の値の推移を見ます。	ノードパレットから「待機ボックス」ノードをシナリオ編集エリアの[開始]と[終了]の間にドラッグ＆ドロップして使います。
2	ステップ実行	画面やWebページの推移の確認をします。	シナリオを開いた後、F7キーを押し続けます。画面やWebページを1つずつキャプチャーして、PowerPointファイルなどに貼るために使います。
3	スロー実行	・分岐や繰り返しなどアルゴリズムがどう変わるかを確認します。 ・データにより、処理の流れがどのように変わるかを確認します。	シナリオを開いた後、ツールバーに表示される[速度調整]でシナリオの実行速度を調整した後、シナリオを実行します。「+0」は待機時間なしで実行します。「+1」が増えるごと0.1秒ずつ待機時間が増えます。
4	部分実行	シナリオ全体が未完成の場合、シナリオができた部分から部分実行し、動作確認します。（部分実行するノード全体をグループ化しておくと便利です）	部分実行対象ノードをグループ化した後、グループ名の上で右クリック後、部分実行をクリックします。

デバッグ手段を順番に解説していきます。

● 待機ボックスで変数の値の推移を見る

まずWinActorを起動し、下記の[シナリオファイルを開く…]をクリックして、本章1-4-3でも使った"変数通番.ums7"を開きます。このシナリオは、変数一覧の変数「URL_1」「URL_2」「URL_3」の初期値に設定してあるURLをChromeで順番に開くシナリオです。

▎図1-4-3-20：シナリオファイルを開く

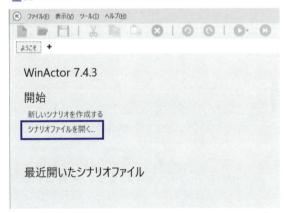

▎図1-4-3-21："変数通番.ums7"の変数一覧

1-4 シナリオの基礎知識

下記の画面になります。Chrome起動グループの中の詳細は今回の説明に無関係なのでChrome起動グループは閉じています。

■ 図1-4-3-22：変数通番.ums7を開く

ノードパレットの[待機ボックス]をフローチャートの[変数の現在値を取得]ノードの直下に配置します。

■図1-4-3-23：[待機ボックス]を配置

[待機ボックス]の上で、マウスをダブルクリックして画面の右側にプロパティを表示します。

「確認待ち」をクリックすると、待機ボックスでメッセージを表示した後のシナリオ継続実行ができません。通常は「問い合わせ」（❶）をクリックすることを推奨します。

表示メッセージは、「変数名」をクリックして、変数名を選択すれば、変数の値を表示させることができますが、この方法だと、待機ボックスでどの変数の値を表示しているか明示されないため、似た変数名の変数が存在したり、多くの変数をシナリオで扱っていると迷うかもしれません。

そこで表示メッセージは、「メッセージ」をクリックして、変数名を指定することを推奨します（❷）。表示メッセージ内に％変数名％の形で指定すると、実行時にはその部分を当該変数値のデータで置換して表示します（下記は変数名URLの変数の値を表示させたメッセージ記入例です）。

1-4 シナリオの基礎知識

最後に更新ボタンを押して設定終了します。

■図1-4-3-24：［待機ボックス］ノードのプロパティ設定

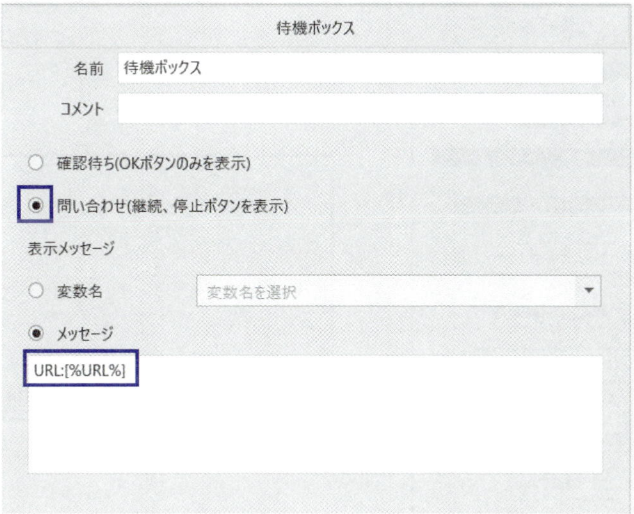

待機ボックス

| 名前 | 待機ボックス |
| コメント | |

○ 確認待ち(OKボタンのみを表示)
◉ 問い合わせ(継続、停止ボタンを表示)

表示メッセージ

○ 変数名　　　　　変数名を選択

◉ メッセージ

URL:[%URL%]

　シナリオ実行ボタンをクリックするか、F5キーを押してシナリオを実行すると、待機ボックスで(❶)のようなメッセージウィンドウを表示します。変数「URL_1」初期値(❷)と比較すると、変数一覧の変数「URL_1」の値が変数「URL」にコピーされて、(❶)の個所で、変数「URL」に変数「URL_1」の値が正しく入っていることが確認できます。

　確認したら「停止」ボタンで停止します。

■図1-4-3-25：変数一覧

■図1-4-3-26：[待機ボックス]でURL表示

● ブレイクポイント設定で変数の値の推移を見る

　WinActorの「ブレイクポイント設定」という機能でも、待機ボックスと同様に、シナリオ実行中の変数の値が確認できます。ただしブレイクポイントは設定後、必ず解除しなければなりません。解除忘れを防止するため、ブレイクポイントを設定

する個所は1本のシナリオで1か所に限定してください。

では[変数の現在値を取得]ノードで変数「URL」に変数「URL_1」の値が正しく入っていることを確認する場合を考えてみます。

まず待機ボックスを設定する前のシナリオを準備します。そこで[変数の現在値を取得]ノードの前にある[Chromeページ表示]ノードにブレイクポイントを設定します。

操作は[Chromeページ表示]の上で右クリックした後、「ブレイクポイント追加」を選択します。

■図1-4-3-27：「ブレイクポイント追加」を左クリック

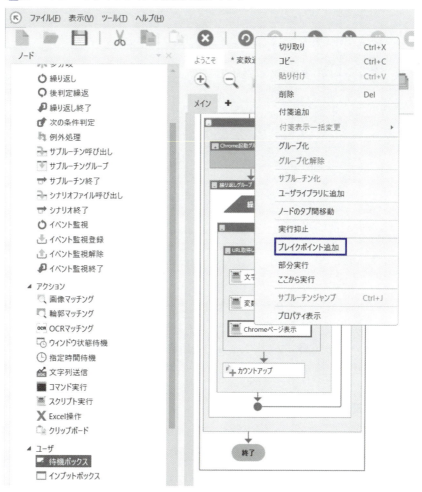

ブレイクポイントを設定した[Chromeページ表示]の枠がオレンジ色に変わります。

■図1-4-3-28：[Chromeページ表示]の枠がオレンジ色に変わる

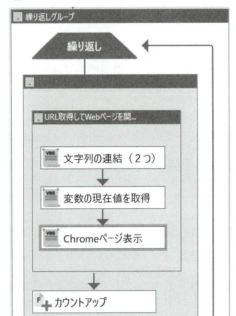

この状態で、シナリオを実行すると、ブレイクポイントを設定した[Chromeページ表示]でシナリオが一時停止します。この状態でWinActorのメニューバー［表示(V)］-[変数一覧]をクリックするまたはCtrl+3キーを同時に押すと、変数URLの現在値(❶)に変数URL_1の初期値(❷)が正しく設定されていることが分かります。

■図1-4-3-29：変数一覧

● ステップ実行で画面の推移を見る

ブラウザ操作をするシナリオをデバッグする場合、Webページの推移を目で追っていくことは、重要な作業です。シナリオを実行すると動きが速すぎて、Webページ画面の推移が目で追えないことが多いため、シナリオのノードを1つずつ実行していく「ステップ実行」はデバッグに役立ちます。

多くのWebページを扱う場合は、後で確認するためWebページをキャプチャーして保存したり、PowerPointなどのファイルに貼り付けたりすると良いでしょう。どのWebページでシナリオが止まったのか、エラーメッセージが出たのかが容易に確認できます。

ステップ実行はWinActorを起動してシナリオファイルを開いた後、下図の囲みの「ステップ実行アイコン」を繰り返しクリックするか、F7キーを繰り返し押すことで実行されます。

■ 図1-4-3-30：ステップ実行画面

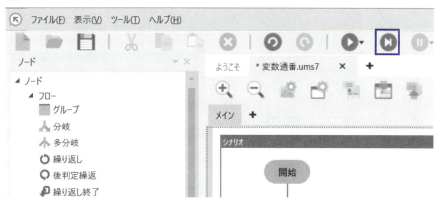

● スロー実行でアルゴリズムの流れを見る

シナリオをデバッグする場合、ノードがどのような順番で処理されていくのか、繰り返し処理がきちんと回っているか、分岐処理が正しく分岐されているか、目視で確認したい場合があるかと思います。通常の速度でシナリオ実行すると、速すぎて目が追い付いていかないと思われますので、そのような場合には、シナリオのスロー実行を使います。

WinActor起動後にツールバーに表示される［速度調整］（下図の囲み部分）でシナリオの実行速度を調整できます。「+0」は待機時間なしで実行します。「+1」が増えるごと0.1秒ずつ待機時間が増えて実行速度が遅くなります。最も遅いのが「+10」です。

■ 図1-4-3-31：スロー実行画面

● 部分実行でグループやノードの品質を確認する

まずWinActorを起動し、下図の囲みの[シナリオファイルを開く…]をクリックして、本章1-4-3で使った"Chrome起動グループ.ums7"を開きます。

■ 図1-4-3-32："Chrome起動グループ.ums7"を開く

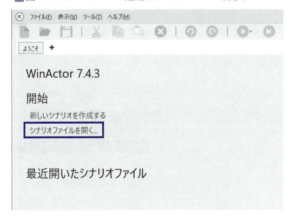

グループのタイトル「Chrome起動グループ」(❶)を右クリックした後「部分実行」(❷)を左クリックします。

■図1-4-3-33：「部分実行」を左クリック

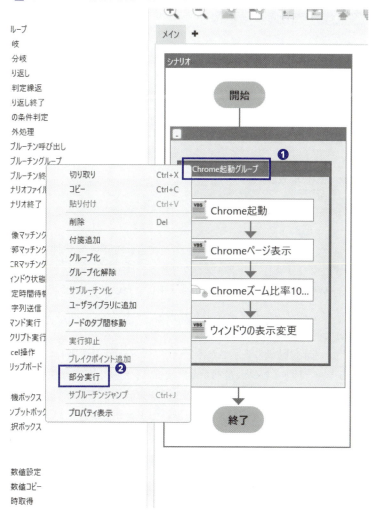

「Chromeページ表示」ノードのプロパティのURLに記入されているURL（次の図の囲み）のWebページを表示して終了します。

■図1-4-3-34：Webページを表示して終了

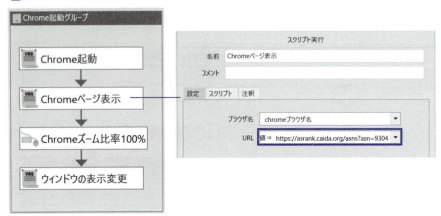

今回ノードのグループ化をしていなくても、Shiftキーを押しながら、ノードをひとつずつクリックし、右ボタンをクリック、「部分実行」をクリックしても、同じ部分実行ができますが、最初にグループ化しておいた方が部分実行しやすいと思います。また、部分実行はグループだけでなく、1つのノードを対象にしても実行できます。

WinActor起動後に表示されるツールバーのシナリオ実行ボタンをクリック（またはF5キーを押す）すると、最初から最後までシナリオが実行されますが、このように、部分実行をすることで、シナリオの一部を部分実行できます。ただ、部分実行部分よりも前のノードからデータを引き継いで実行する場合は部分実行ができませんので注意が必要です。

COLUMN

よくあるシナリオ不具合の原因

　筆者の経験では、多くのシナリオ不具合の原因は「変数の設定ミス」と「ブラウザ操作時の待ち時間のタイミング調整」「ウィンドウ識別ルールエラー」です。

　似た変数名が複数ある場合、「変数の設定ミス」が多くなります。

　また、シナリオでブラウザを操作する場合、シナリオがブラウザに対して実行する個々の操作の間隔が短すぎると、シナリオの実行速度にWebページの読み込みがついていけず、ボタンをクリックさせるなどのシナリオの行為が「空振り」となってしまう場合があります。

　「ウィンドウ識別ルールエラー」の解消方法は、ウィンドウ識別ルール集約やウィンドウ識別ルール緩和（ウィンドウタイトルを一部文字列を"含む"に変更する、ウィンドウクラス名を"指定しない"に変更するなど）などの対策を行うことになります。

　そのような場合は［指定時間待機］をノードとノードの間に配置して、シナリオ実行時間の調整を行うことになります。

　なお158ページでも説明していますが、Ver.7.3から「画面状態確認機能（＝シナリオ実行時に対象が操作可能となるまでノードの実行を自動的に待機する）」が搭載されましたのでブラウザ操作については「指定時間待機」については対応しなくても空振りしにくくなっています。

　「画面状態確認機能」が搭載されているライブラリは下記になります。タイムアウトの設定ができます。

・04_自動記録アクション配下のIE及びUIオートメーション関連ライブラリ
・23_ブラウザ関連配下のブラウザ操作関連ライブラリ

シナリオ作成基本知識編

本Chapterでは、WinActorシナリオ作成者がシナリオ作成時に知っておいた方が良い様々なTIPSを順番に解説していきます。

2-1 シナリオ作成概論

2-1-1 シナリオ作成事前準備

　個人の業務をWinActorで効率化したい場合は、どの業務をシナリオ化するかは比較的明確かもしれません。私の場合は、PowerPointレポート作成でのマウス操作の繰り返し業務がいやでWinActorで個人業務のシナリオ化を始めたので、どの業務をシナリオ化することは明確でした。

　しかし、会社で業務のシナリオ化を始める場合は、まず、業務内容の把握・整理から始めて、業務フローの整理、優先度の検討などを行っていくことになるでしょう。そのようなシナリオ作成事前準備として、一般的には下記の作業が必要と思われます。

　最後の「詳細設計」まで作成して、初めてシナリオメイキングを始めることになります。

■ 表2-1-1-1：シナリオ作成事前準備

作業	目的・内容
業務内容の把握・整理	RPA化前の対象業務の手順・内容を整理
業務フローの整理	業務の流れを整理
自動化要否や優先度の検討	対象業務の自動化要否と優先度を検討
作業概要整理	作業ごとにWinActorで実施させる業務を整理
シナリオ作成計画	シナリオ作成内容・体制・スケジュールを決定
詳細設計	作業ごとに使用する機能や記録方法を決定

2-1-2 シナリオ設計書作成の勧め

シナリオ設計書作成の段取り

　WinActorシナリオは、一から作成すると結構大変です。どうやって作成すれば良いか、最初は悩む人が多いでしょう。

　そこでまずは、次図に示した3つの手順を実行してください。

図 2-1-2-1：シナリオメイキングの前の事前準備

■「繰り返し」と「分岐」を意識して、ノートにシナリオ全体のフローチャート（シナリオ設計書）を書く。

■「繰り返し」の中で、何をカウンタとして使うかを調べる。

■カウンタの初期化の場所と、繰返し回数最大値、カウントアップの場所を調べる。

設計書はフローチャートの形で作る

業務のRPA化セミナーに参加すると、だいたい下記のようなExcel形式のシナリオ設計書を紹介されます。

表 2-1-2-1：業務のRPA化セミナーでよく紹介されるシナリオ設計書

アプリケーション名	システム名	操作(顧客目線)	作業分類	WinActor実現手段 利用機能など	備考
請求書発行業務	請求書発行システム	請求書発行システムを起動	アプリ起動	chrome起動	
				chromeページ表示	
				ウィンドウ表示変更	
				ズーム比率100%	
				ウィンドウ状態待機	
			請求書発行月を初期化	変数コピー	
		納品書を開く	納品書を開く	納品書ファイルパス生成	特殊変数 $SCENARIO-FOLDERを利用
				Excelを開く(前面化)	
				ウィンドウ状態待機	
		納品書を開く	納品書を開く	変数値設定	
		請求書を開く	請求書を開く	変数値設定	

業務とシナリオがどのように対応するか整理するにはこれで良いと思いますが、筆者の個人的な感想では、Excel形式だと変更があった場合メンテナンスが大変そうな気がします。また、ループや分岐処理はExcel形式では表現しにくそうです。

そこで本書では、PowerPointなどを使った次図のようなフローチャート型の設計書作成を推奨します。

■図2-1-2-2：PowerPointを使ったシナリオ設計書

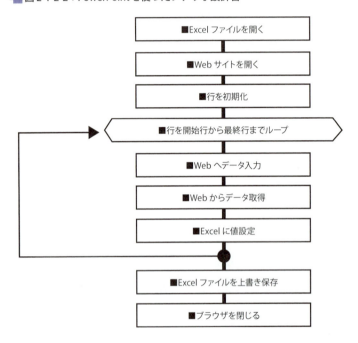

WinActorを使ったことがあれば、これがWinActorのシナリオ・フローチャートにそっくりであることに気づかれることでしょう。このように「繰り返し」と「分岐」を意識して、ノートにシナリオ全体のフローチャート（シナリオ設計書）を書いてください。

最初にフローチャートを作成しておけば、後は、設計書の四角い箱をひとつずつ、WinActor上でノードやユーザライブラリに置き換えていけば、最速でシナリオが作成できるので効率的です。分岐やループ処理も直感的にわかりやすく表現できますし、修正も比較的容易です。

複数環境で使う場合の変数名設定

もうひとつ重要なことを説明します。テスト環境と本番環境が同じで、そのまま

シナリオをユーザに引き渡すシンプルなシナリオ構成の場合は、シナリオ本体のアルゴリズムさえきちんと作成すれば良いかもしれません。

しかしテストと本番で環境が異なる場合や、複数の工場や営業所向けに似たシナリオを複数本作成する場合は、似た変数名がたくさん存在することになり、変数設定ミスを起こしやすくなります。

そこで、シナリオを1本化し、シナリオ実行開始直後に、変数の初期値を環境に合わせて簡単にスイッチできる仕組みを推奨します。具体的には、変数一覧を環境ごとに、別々の外部ファイル（Excelファイル）に持たせ、シナリオ実行開始直後に、希望する外部ファイル（Excelファイル）を開いて、変数一覧の初期値を設定する作りにします。

そのようなサンプルシナリオを、Chapter 3の「⑧類似シナリオを複数作成する場合に環境を簡単に切り替える方法」

にて掲示していますので、参考にしてみてください。

一度作ったシナリオを流用する

また、よく使う機能はライブラリに登録しておくと便利です。特にブラウザの起動や、ExcelファイルやPowerPointファイルのオープン・クローズを作成するときには、過去に作成したものを流用するようにしましょう。

2-1-3 わかりやすいシナリオを作成するためのノウハウ

保守性の高いシナリオを作成することは非常に重要です。

複雑なシナリオ、他人にわかりにくいシナリオを作成してしまうと、転勤などで作成者がいなくなった場合に残された人が誰もシナリオをメンテナンスできなくなります。

保守性の高いシナリオを作成するには、「ライブラリのコメント欄に、ノード名を書く」「付箋の活用」「シナリオ構築規約の作成」が重要です。以下、順番に説明をしていきます。

ライブラリのコメント欄に元のノードやライブラリ名を書く

シナリオの保守性を高めるには、ノードのプロパティの名前欄に処理内容をわかりやすく書くと同時に、コメント欄に元のノードやライブラリ名を書いておきましょう（下図の囲み参照）。下図のライブラリの名前は「不要な項目を削除する」ですが、元の名前はWinActorノートの「編集ツール」であることがわかります。

本書では、いくつか具体的なシナリオを紹介していますが、ノードのコメント欄に、

オリジナルの名前を記入しておりますので、自分でシナリオを作成する際の参考にしてください。

■ 図2-1-3-1：コメント欄に元の名前を書く

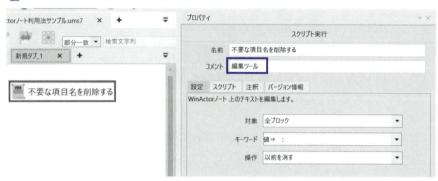

付箋の活用

ノードを右クリックして表示されるメニューに「付箋追加」という機能があります。これで付箋を追加してコメントを記入できます。付箋はノードをクリックしなくてもすぐ見ることができるので、ちょっとしたコメントをノードに追記するのに便利です。

■ 図2-1-3-2：付箋追加

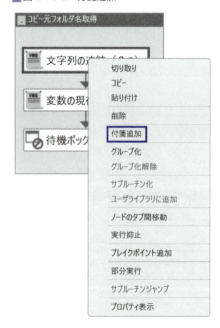

シナリオ構築規約

チームでシナリオを作成する際は、シナリオ構築規約を事前に定めておくことが重要です。

構築基準を統一することで、誰にもわかりやすいシナリオを作成することができます。下記はシナリオ構築規約の事例です。

- 原則シナリオ階層は最大2階層とする（サブルーチン内にサブルーチンを作らない）
- 処理が長くなる場合は、ライブラリ「シナリオGoto」を利用する
- 原則すべてのノードはグループ化する
- 「分岐」や「多分岐」ノードのプロパティの条件式には、「分岐名」を入力する（そのことで、設定している分岐の条件がわかりやすくなる）

サンプルファイル　分岐名の記入事例.ums7

■ 図2-1-3-3：分岐名の記入事例

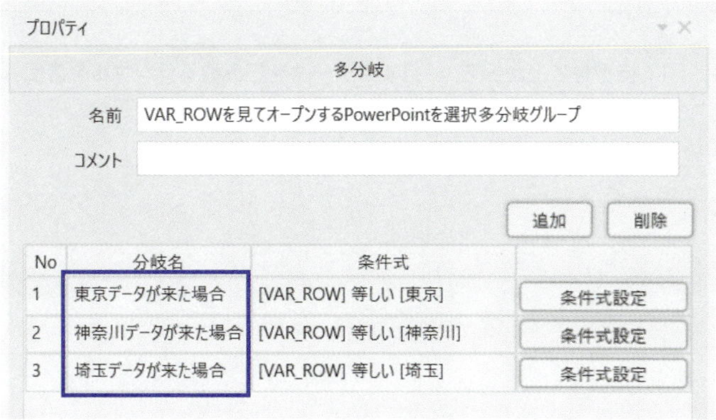

変数の命名規則

変数の命名規則も決めておくと良いでしょう。

- 変数名は日本語の名詞のみとする
- 同種の変数を複数設定しなければならない場合は()を使い分類する
  例：●●一覧(商品名)、●●一覧(価格)など

サブルーチン化

共通処理はサブルーチン化しましょう。またサブルーチンはタブを分けます。

具体的なサブルーチンの内容や作成方法は本章2-2-7で解説します。

2-2 シナリオ制御方法

本節では、WinActorではどのようにシナリオを制御しているか解説します。「制御」というと難しく聞こえますが、要はシナリオがデータを読み書きする順番を決めてあげる方法です。

シナリオを制御する方法として、3つの手段をご紹介します。

2-2-1 Excelの行番号の上から下へ処理実行

ここでは、Excelの行番号で上から下へ1行ずつデータを読み取るシンプルな事例を説明します。紹介するのは、Excelファイル内の2行〜18行目に記入されたデータを、同じExcelファイルの別シート「シート名2」に転記するシナリオです。

サンプルファイル シーケンシャル処理.ums7

■図2-2-1-1：行番号で上から下へ1行ずつデータを読み取るシンプルな事例

	A	B	C	D	E	F	G	H
1								
2		3257	3257	3257				
3		1299	1299	1299				
4		6762	6762	6762				
5		6939	6939	6939				
6		6453	6453	6453				
7		6461	6461	6461				
8		3491	3491	3491				
9		1273	1273	1273				
10		9002	9002	9002				
11		4637	4637	4637				
12		12389	12389	12389				
13		20485	20485	20485				
14		7473	7473	7473				
15		31133	31133	31133				
16		7922	7922	7922				
17		1239	1239	1239				
18		3878	3878	3878				
19								
20								
21								
22								
23								
24								
25								
26								

シート名 / シート名2

シナリオ全体図と変数一覧

このシナリオの変数一覧とシナリオの全体図を以下に示します。

シナリオ全体の流れは、繰り返し構造の中に2つグループがあり、最初のグループで、B、C、D列のセルの値を順番に読み取り、2番目のグループで別のシートのB、C、D列のセルに順番に値を書き込んでいます。

■ 図2-2-1-2：変数一覧

■ 図2-2-1-3："シーケンシャル処理.ums7"シナリオ全体図

Chapter02　シナリオ作成基本知識編

COLUMN

ダウンロードしたサンプルを使うときの注意

　ダウンロードしたサンプル"シーケンシャル処理.ums7"を動作させる場合は、変数一覧の中の「Excelファイルパス」の初期値を、ファイル名も含めたサンプルを解凍したパスに変更してください。

　ここではExcelの行を上から下へどのように1行ずつデータを読み取るかを解説するのが目的のため、Excelファイルを開いたり閉じたりする処理の説明は省略しています。

シナリオ解説

　次にシナリオ・ノードのプロパティを順番に解説していきます。

　まず次の図の❶で、「変数値コピー」を使って、変数「開始行」の値を変数「行」にコピーします。変数「開始行」の初期値は"2"が入っているため、変数「行」には"2"が入ります。

　❷で繰り返し処理に入ります。繰り返し処理の条件をプロパティで見ると、「行 ≦ 最終行」の間、繰り返し処理が実行されることがわかります。

■図2-2-1-4：繰り返し構造まで

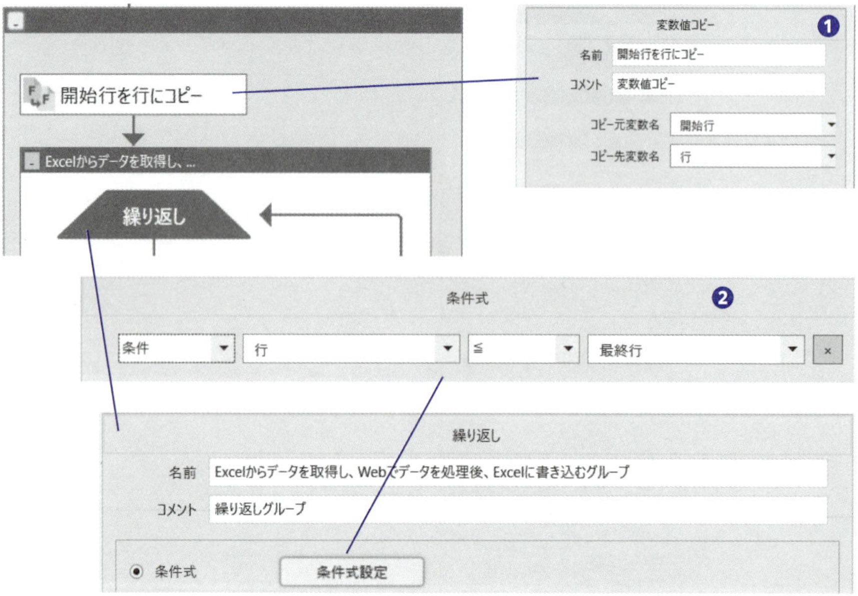

76

次の図の❸では、「Excel操作（値の取得2）」ユーザライブラリを使って、Excelファイルシート名「シート名」セル位置「B2」の値を変数「文字列1」に取得しています。

❹では、「Excel操作（値の設定2）」ユーザライブラリを使って、変数「文字列1」の値をExcelファイルシート名「シート名2」セル位置「B2」に書き込んでいます。

❺では、「カウントアップ」ノードを使って、変数「行」の値を2から3に+1しています。この処理で、次の繰り返しで❸の個所で、「Excel操作（値の取得2）」ユーザライブラリを使って、Excelファイルシート名「シート名」セル位置「B3」の値を変数「文字列1」に取得することができます。

この繰り返しを継続するとセル位置が、B3,B4,B5……B18まで順に移動するので、Excel行を上から下方向へ読んでいくことができます。このテクニックはよく使うので覚えておきましょう。

■ 図2-2-1-5：繰り返し構造の中（前半）

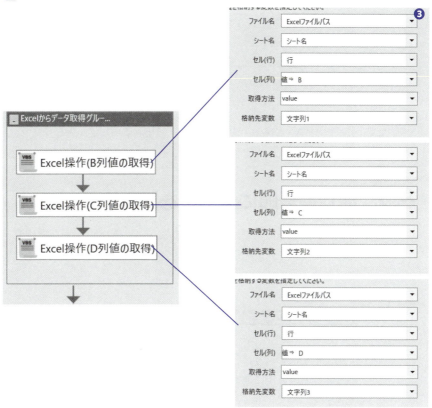

Chapter02 シナリオ作成基本知識編

■ 図2-2-1-6：繰り返し構造の中（後半）

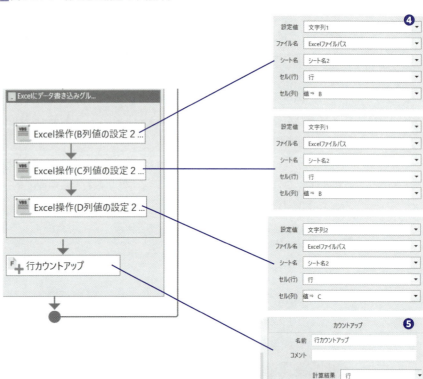

2-2-2 通し番号順にデータを読み取る

次に、変数名の末尾に通し番号を振って、その順序通りにシナリオが変数の値を読み込んでいく方法を紹介します。データを読み取る順序を変数に振った通し番号で制御するシナリオです。

サンプルファイル　変数通番.ums7

例えば下記のように、変数一覧に登録した変数名にURL_1、URL_2、URL_3などと変数名の最後に通番を振っておくと、この順番にURLをブラウザで開くことができます。

2-2 シナリオ制御方法

■図 2-2-2-1：変数一覧

	グループ名	変数名	現在値	初期化しない	初期値
▼	グループなし				
		Chromeブラウザ名		☐	browser_chrome
		URLカウンタ		☐	1
		URLカウンタ最大値		☐	3
		URL		☐	
		URL_1		☐	
		URL_2		☐	
		URL_3		■	

　ここでは、変数名内の数字順に読み取る方法を説明することが目的のため、Chromeを起動したり閉じたりする処理の説明は省略します。

シナリオ解説

　ここからシナリオの解説をします。

　次の図の❶で繰り返し処理に入ります。繰り返し処理の条件をプロパティで見ると、「行カウンタ≦行カウンタ最大値」の間、繰り返し処理が実行されることがわかります。

　少しわかりにくいですが、❷と❸でURL_1、URL_2、URL_3の順番にページを開く準備をしています。

　具体的には、❷で「文字列の連結(2つ)」ユーザライブラリで"URL_"という文字列と変数「URLカウンタ」に入っている値を連結して変数「URL」に入れます。URLカウンタ初期値は"1"のため、最初の繰り返しでは、"URL_1"という文字列が、変数「URL」に入ります。

　❸で「変数の現在値を取得」ユーザライブラリで、変数「URL」現在値を変数「URL」に上書きしています。最初の繰り返しでは、"URL_1"という文字列が変数「URL」に入っているため、変数「URL_1」の初期値であるURLが変数「URL」の値になります。変数「URL」の中にある変数「URL_1」の値を、変数「URL」にコピーする。と考えた方がわかりやすいかもしれません。

　❹で「Chromeページ表示」ユーザライブラリで、変数「URL」の値であるURLのページをブラウザで表示します。ここで表示するURLはもともと、変数「URL_1」の初期値として書かれていたURLになります。

　❺で「カウントアップ」ノードで、変数「URLカウンタ」の値を最初の繰り返しで1から2に+1します。

　この繰り返しを継続すると変数「URL_1」、「URL_2」、「URL_3」の順番にChromeでページを開くことができます。

Chapter02　シナリオ作成基本知識編

■ 図2-2-2-2：シナリオ"変数通番.ums7"

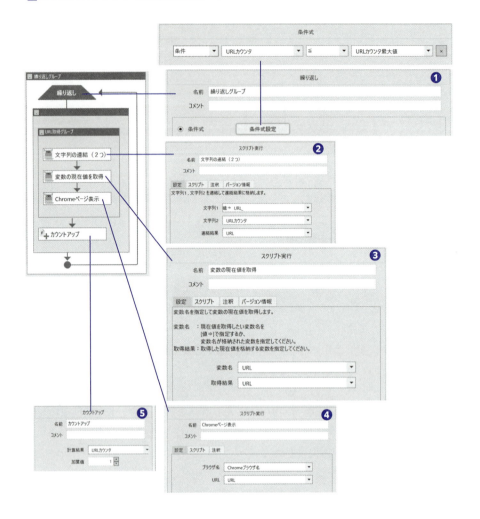

　ここで注意すべき点が1点あります。変数名の末尾に通番を振って、新たな変数を作成した場合(今回は「URL_1」「URL_2」「URL_3」が該当)、変数一覧タブの変数参照ツリー上は参照元がない変数になってしまうことです(次の図の囲み参照)。
　もし使われていない変数を調べて削除する際に、勘違いしてこれらを削除しないようにしてください。

■ 図 2-2-2-3：変数参照ツリー

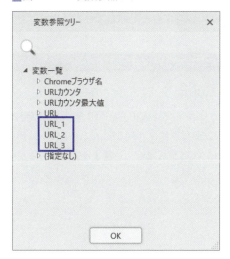

2-2-3 ジグザグ処理（二次元移動）

　　ここで説明するのは「総括表」に記載した、青森市、八戸市などの東北地方の市の名前をシナリオでジグザグに読んで、市の名前をファイル名に含むCSVファイルパス名を、指定フォルダから検索して表示するシナリオです（指定フォルダには、東北地方の市の名前をファイル名に含む複数のCSVファイルが格納されています）。

サンプルファイル　ジグザグ処理.ums7

　　シナリオが、データをジグザグに読む方法を説明することが目的のため、Excelファイルを開いたり閉じたりする処理の説明は省略しています。

■ 図 2-2-3-1：総括表

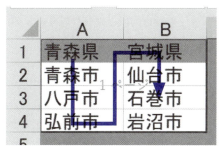

Chapter02　シナリオ作成基本知識編

　なお、このシナリオでは、Excelセル位置の指定方法に「R1C1形式」を使用します。なお「R1C1形式」については下記のコラムを参照してください。

COLUMN

Excelセル位置の指定方法

　Excelセル位置の指定方法にはA1形式とR1C1形式（Rが行、Cが列）があります。

　例えば、下記の囲みで囲んだセル位置は、A1形式だとC5、R1C1形式だと、R5C3になります。ジグザグ移動にはR1C1形式でセル位置を指定する方法が便利です。

■図2-2-3-2：Excelセル位置の指定方法

	A	B	C	D
1				
2		3257	3257	3257
3		1299	1299	1299
4		6762	6762	6762
5		6939	6939	6939
6		6453	6453	6453
7		6461	6461	6461
8		3491	3491	3491
9		1273	1273	1273
10		9002	9002	9002

「Excel R1C1形式」については、下記も参考にしてください。

● 「教えて！Helpdesk」内「Excel → 表示 → Excel：R1C1形式とは？」
http://office-qa.com/Excel/ex165.htm

シナリオ解説

　ここからシナリオの説明をします。

　内側の繰り返しグループがExcelの縦方向に、外側の繰り返しグループがExcelの横方向に対応しています。

　図2-2-3-4の❶で繰り返し処理に入ります。繰り返し処理の条件をプロパティで見ると、「列番号≦列番号MAX」の間、繰り返し処理が実行されることがわかります。変数一覧を見ると、変数「列番号」の初期値は"1"、で❾で変数「列番号」がカウントアップされる変数であることがわかります。変数「列番号MAX」の初期値は"2"のため、このループは2回回ることがわかります。つまり、総括表に記載されている青

森県と宮城県の2つの県の市を調べることができます。

❷も繰り返し処理で、繰り返し処理の条件をプロパティで見ると、「行番号≦フォルダ内CSVファイル数」の間、繰り返し処理が実行されることがわかります。変数一覧を見ると、変数「行番号」の初期値は"2"、で❽で変数「行番号」がカウントアップされる変数であることがわかります。変数「フォルダ内CSVファイル数」の初期値は"4"のため、このループは3回回ることがわかります。つまり、総括表に記載されている青森県と宮城県のそれぞれ3つの市の名前を含むCSVファイル名を表示させることができます。

■ 図2-2-3-3：変数一覧

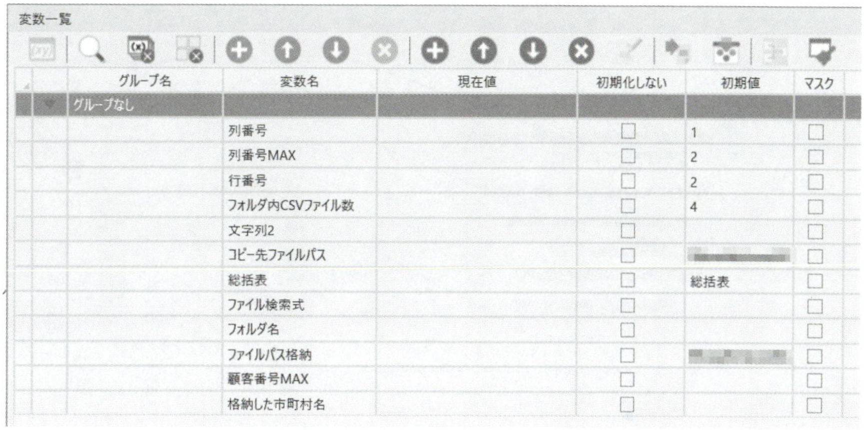

❸で「文字列の連結(4つ)」ユーザライブラリを使い、変数「文字列2」にR1C1形式でセル位置を4個の文字列を連結して合成し、このセル位置を次の「Excel操作(値の取得)」でセルの値を取得するために使っています(最初の繰り返しでは変数「文字列2」には、"R2C1"という値が入ります)。

❹で「Excel操作(値の取得)」ユーザライブラリを使い、直前のノードで値を設定した変数「文字列2」のセル位置情報(R2C1)を使い、セルの値を変数「格納した市長村名」に取得します。最初の繰り返しでは、セル位置情報(R2C1)の値である"青森市"が

変数「格納した市長村名」に入ります。

❺で「文字列の連結(3つ)」ユーザライブラリを使い、次のノード「ファイル検索」で使用するファイル検索式を作成し、変数「ファイル検索式」に検索式を格納します。最初の繰り返しでは、変数「ファイル検索式」に、"*青森市*"という文字列が入ります。

検索式には「*」(0文字以上の任意の文字列)と「?」(任意の1文字列)が利用可能です。

Chapter02 シナリオ作成基本知識編

❻で「ファイル検索」ユーザライブラリを使い、「ファイル検索式」に、合致したファイルパスを検索します。

❼で前のノード「ファイル検索」ユーザライブラリを使い、検索されたファイルパスを「待機ボックス」ノードを使って表示します。

❽で、「カウントアップ」ノードを使い、変数「行番号」の値を最初の繰り返しで2から3に+1します。

❾で、「カウントアップ」ノードを使い、変数「列番号」の値を最初の繰り返しで1から2に+1します。

■ 図2-2-3-4：シナリオ"ジグザグ処理.ums7"

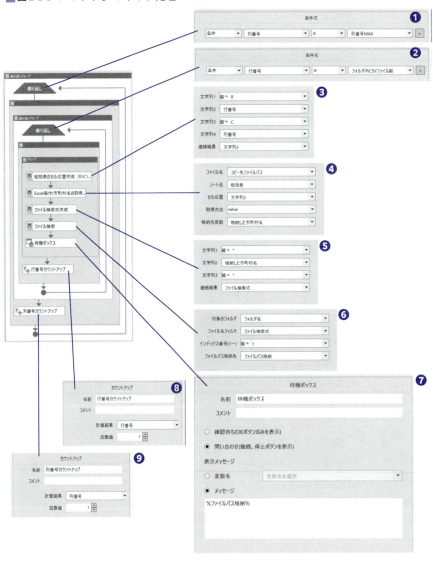

2-2-4 シナリオでの「待ち」の作り方

シナリオを安定動作させる重要な要素として「待ち（ウェイト）」を作ることが挙げられます。

Excel以外の各種ファイルを開くのは、シナリオ実行速度に比べて時間がかかるため、シナリオではこれらの遅い処理の完了を待って、次の処理に進まなければなりません。このような場合、シナリオの適切な場所に「待ち」を挿入して、速い処理とバランスを取ることが必要となります。ここでは「待ち」が必要なアプリケーション別に作り方を説明します。

ただし[Excel開く（前面化）]ユーザライブラリは、Excelファイルのオープンが完了するまでライブラリからWinActorへ制御を戻さないため、例外的に[ウィンドウ状態待機]を次に配置する必要はありません。

Excel以外の各種ファイルを開くのを待つ

Excel以外の各種ファイルを開く時間は、シナリオの動作速度に比べて遅いため、[ウィンドウ状態待機]ノードで完全にファイルが開くのを待ちます。

図2-2-4-1：[ウィンドウ状態待機]を配置

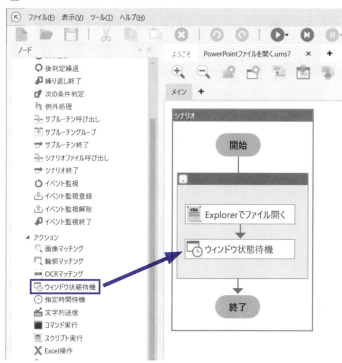

Chapter02　シナリオ作成基本知識編

ブラウザでのUI操作の間隔を開ける

　Webページ上のボタンや入力欄を専門用語でUI(User Interface)などと呼びます。シナリオからこれらのUIを順番に操作する場合、シナリオの実行速度よりも、Webページの画面遷移が遅くなる場合があります。

　このような場合、高速に動作するシナリオと画面遷移の速度のバランスを取るため、シナリオ側でUI操作の時間間隔を適切に空ける必要があります。そのための調整技法を2つ紹介します。

●【事例1】

　シナリオからUIを順番にクリックする場合、クリックとクリックの間で、WebページのUIに関係ない個所をクリックすると、Webページの状態が変わり、スムースにシナリオが進む場合があります。

●【事例2】

　ライブラリパレット[23_ブラウザ関連]−[04_待機]−[状態変化待機(要素)]を使えば、指定ボタンをクリック後、次ページの指定UI要素が表示されるまで、シナリオ実行を一時的に止めることができます。

> **サンプルファイル**　入出金明細画像保存サンプルシナリオ.ums7

　下記は銀行HPのマイページにログインして、入出金明細ページをキャプチャしてその画像ファイルを指定フォルダに保存するシナリオの一部です。

　❶は、[ワンタイムPWD入力]と[認証ボタンをクリック]ノードの間に、一見無駄に見えるクリックを挿入して、Webページの状態の遷移を促している【事例1】の例です。

　❷は、[状態変化待機(要素)]ライブラリを使って、照会ボタンをクリック後、次ページの指定UI要素が表示されるまでシナリオ実行を一時的に止めた【事例2】の例です。

2-2 シナリオ制御方法

図2-2-4-2：クリックした後に待つ

Web上に特定の画像が出ている間、シナリオ進行を一時停止させる

サンプルファイル　後判定繰り返し.ums7

　Webサイトでクリックボタンを押して長い処理をWebサイトで実行する際に、「しばらくお待ちください…」とか、英語で「Processing…」とかWebサイトで表示する場合があります。

　この場合シナリオ側では、この表示が消えるまで待つ必要があります。ここでは、[画像マッチング]ノードと[後判定繰返]ノードを組み合わせて、指定サイト「AS Rankサイト」https://asrank.caida.org/asns?asn=9304&type=searchで、Web上に特定の画像が出ている間、シナリオ進行を一時停止させる方法を説明します。

> ※今回のサイトでは、「しばらくお待ちください…」とか、英語で「Processing…」とか)表示される訳ではありませんが、掲載許可を得ていないWebサイトを本書で扱う訳にはいきませんので了解をお願いします。

　Chromeで「AS Rankサイト」を開きます。

- AS RankサイトのURL

https://asrank.caida.org/asns?asn=9304&type=search

■ 図 2-2-4-3：AS Rankサイト

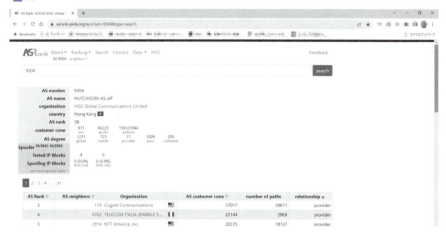

ノードパレット[フロー]-[後判定繰返]をフローチャートに配置します。

■ 図 2-2-4-4：[後判定繰返]を配置

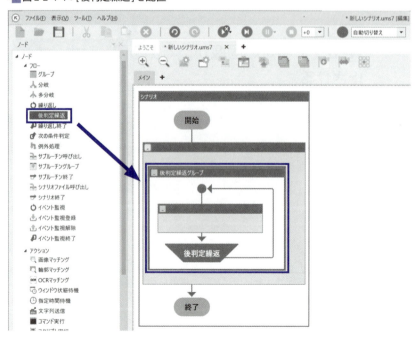

次にノードパレット［アクション］-［画像マッチング］を［後判定繰返］ノードの中央に配置後、［画像マッチング］ノードの上をダブルクリックしてプロパティを画面右側に表示します。

■図2-2-4-5：［画像マッチング］を［後判定繰返］ノードの中央に配置

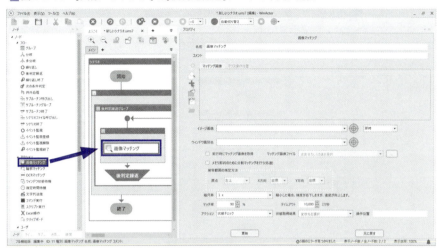

次にイメージ画像のターゲット選択ボタン（❶）をクリックして、「Processing…」などのメッセージが表示されたWebページをキャプチャします。うまくいかない場合は、❷の「取得タイミング」の表示を「3秒後」など遅延させることで調整してください（なお、この設定項目は、ターゲット選択時の動作の設定であり、画像マッチング実行の動作には影響しません）。

■図2-2-4-6：ターゲット選択ボタンでWebページをキャプチャ

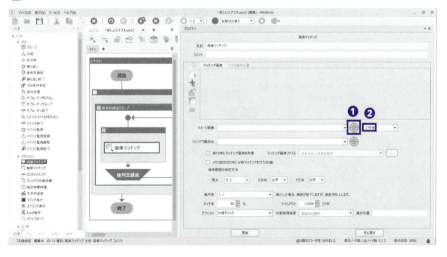

うまくWebページがキャプチャできれば、のマッチング画像表示エリアに、「Processing…」などのメッセージを含むWebページが表示されます。マッチング画像表示エリアが狭い場合は、囲み付近をクリックして、下方向にドラッグしてみてください。マッチング画像表示エリアが拡大されます。

■図 2-2-4-7：マッチング画像表示エリアを調整

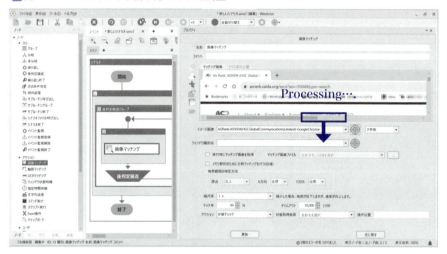

上から2つ目の「検索範囲」(❶)をクリックします。

■図 2-2-4-8：「検索範囲」をクリック

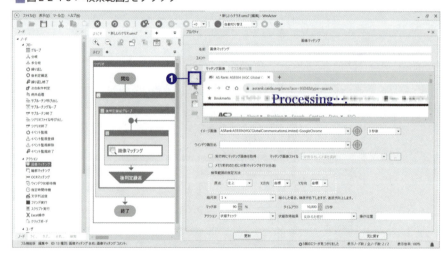

「検索範囲」をマウスで指定します。指定範囲が緑色の点線に変わります。次に上からひとつ目のボタン「マッチング画像」(❶)をクリックします。

■ 図 2-2-4-9：「検索範囲」を緑色の四角で囲む

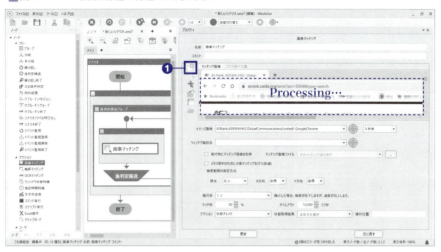

画像マッチングさせたい「Processing…」などのメッセージを含む範囲をマウスで囲みます。指定範囲が赤色の実線に変わります。次に、「マッチ率」(❶)を85%程度に設定し、「アクション」(❷)を「状態チェック」に設定し、「状態取得結果」(❸)を任意の変数名に設定します(ここでは仮に「マッチ状態」としました)。

■ 図 2-2-4-10：「マッチング画像」を赤色の四角で囲む

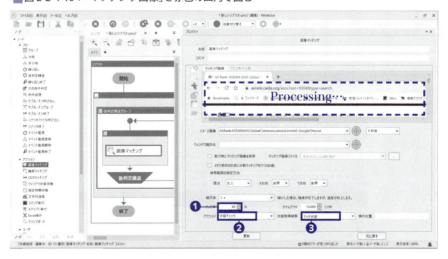

次に、ウィンドウ識別名のターゲット選択ボタン(❶)をクリックします。

■図2-2-4-11：「ターゲット選択ボタン」をクリック

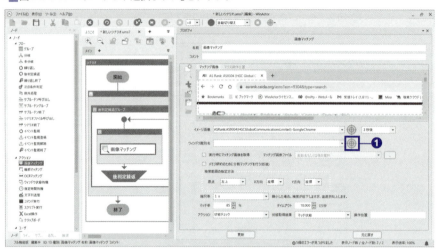

ターゲットとなる「AS Rankサイト」https://asrank.caida.org/asns?asn=9304&type=searchが表示されます(Webページ下のWindows10のタスクバーの上にオレンジ色の線が表示されていることを確認してください)。

■図2-2-4-12：オレンジ色の線を確認

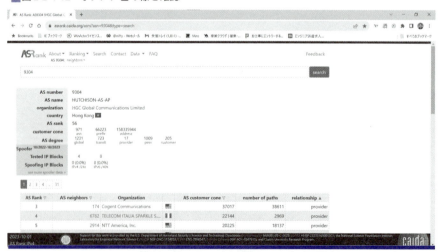

「AS Rankサイト」名前がウィンドウ識別名に入ります。

図 2-2-4-13：ウィンドウ識別名を設定

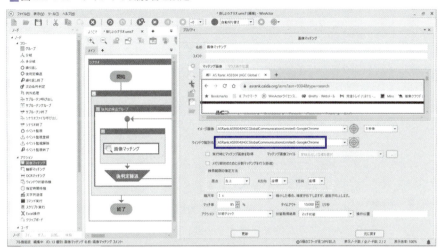

[後判定繰返]ノードのプロパティの条件式を変数「マッチ状態」を「True」(❶)に変更します。

以上の設定変更により、画像マッチングさせたい「Processing…」などのメッセージを含む範囲がWebページに表示されている間、後判定繰返が無限にループします。「Processing…」などのメッセージ表示が消えると、ループが終了し、シナリオが次に進みます。

図 2-2-4-14：「マッチ状態」をTrueに設定

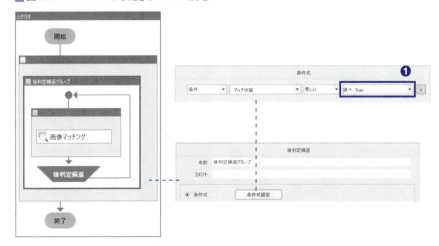

Chapter02　シナリオ作成基本知識編

2-2-5　中断・再開方法を考慮に入れよう

次のようなサンプルシナリオを考えてみる

　シナリオを実行中に、中断、再開させたい場合はよくあります。そのため、プログラミングをよく知らないシナリオ実行者が、シナリオを再度、最初から実行しなくても、容易にシナリオを途中から再開できるような工夫が必要になってきます。

　それでは、シナリオ実行者が容易に途中から再開できるようなシナリオの作りはどうなるでしょうか？

　ここではシナリオの題材として、2021年の新型コロナワクチン接種を扱ってみます。この接種では、65歳以上の人を第1グループとし、12歳から64歳までの人を第2グループとして進められました。

　全国の区役所や市役所で働く方は、自分たちが管轄する区域の第1グループと第2グループの人数を把握する必要に迫られたはずです。

　そこで、以下のようなシナリオ"中断・再開.ums7"を作成しました。

- 市長村名を入力欄に入力すると、その市長村の最新の65歳以上の人口と12歳から64歳までの人口の人数を表示してくれるWebサイトが存在すると仮定（実際には存在しないものです）
- そのWebサイトを使って、Excelシートに記入された東京都、神奈川県、埼玉県の各々20個の市町村名を順番に読み取る
- そのWebサイトに入力して、該当市長村の最新の65歳以上の人口と12歳から64歳までの人口の人数を取得する
- 元のExcelシートに順番に転記していく

サンプルファイル　"中断・再開.ums7"

■図 2-2-5-1：シナリオ"中断・再開.ums7"

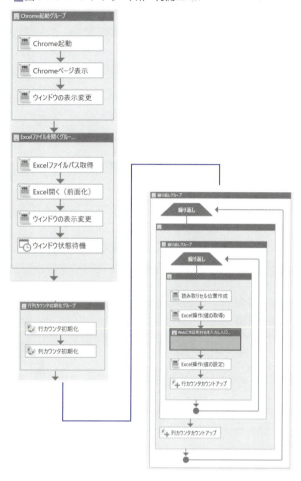

簡単にシナリオ中断・再開できる仕組み

　このシナリオには、簡単にシナリオ中断・再開できる仕組みがありますので、そのテクニックを説明します。

　Excelシートに東京都、神奈川県、埼玉県の各々20個の市町村名が、C列、H列、M列に書いてあり、その右隣に、65歳以上の人口と12歳から64歳までの人口の記入欄があります。

■ 図2-2-5-2：東京都、神奈川県、埼玉県の各市町村の人口

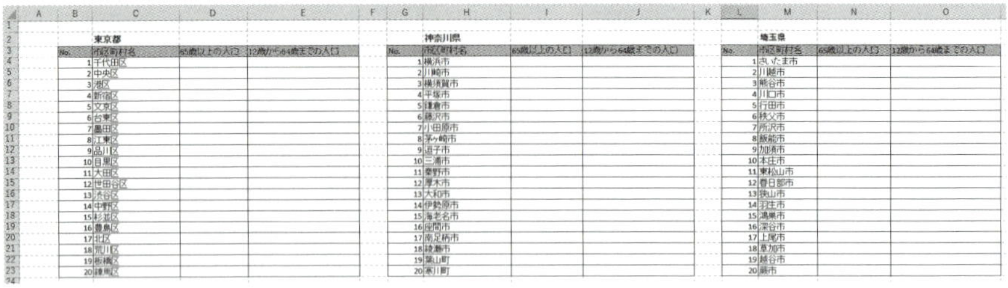

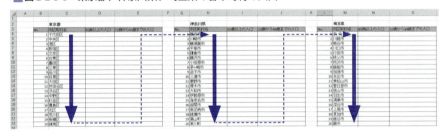

　このシナリオが、Excelシートのデータを読み取るセルの順番は次の図の矢印のようになるはずです。
　Excelに順番にデータを読み書きするシナリオを作成する場合、シナリオではExcelで読み書きするセル位置を通常R1C1形式で指定します。
　そこで、ここからは一般的なA1形式ではなく、R1C1形式でセル位置を記述します。
　※R1C1形式については本章の2-5の説明を参照してください。

■ 図2-2-5-3：東京都、神奈川県、埼玉県の各市町村の人口

　そして、あなたが作成したシナリオを実行し、神奈川県の小田原市まで進んだところで、シナリオの実行を一時中断し、茅ヶ崎市から再開するとします。
　茅ヶ崎市のセル位置はR11C8なので、シナリオ実行再開のセル位置はR11C8です。

■ 図2-2-5-4：シナリオの実行を一時中断

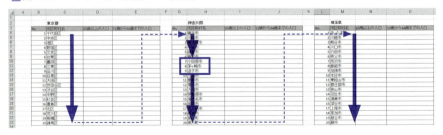

2-2 シナリオ制御方法

　シナリオ実行者は、シナリオを再開する準備として、変数一覧タブの「行カウンタ開始セル位置」の初期値に"11"を（❶）、「列カウンタ開始セル位置」の初期値に"8"（❷）を設定します。

■図 2-2-5-5：シナリオ再開するための変数一覧設定

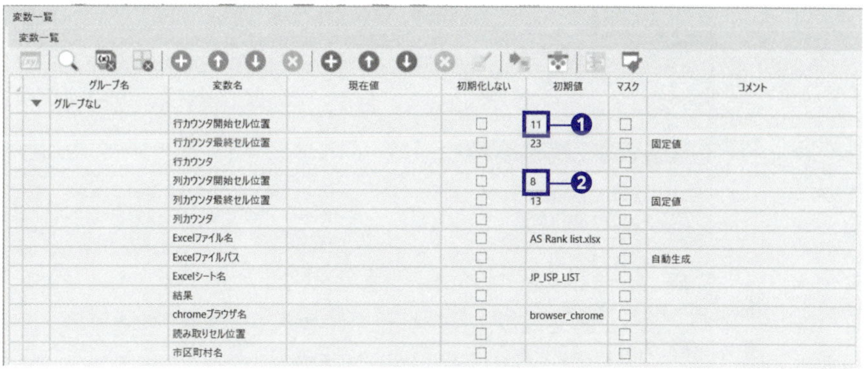

　シナリオを再開すると、❸と❹で「行カウンタ開始セル位置」を「行カウンタ」にコピーし、「列カウンタ開始セル位置」を「列カウンタ」にコピーするため、「行カウンタ」に"11"、「列カウンタ」に"8"が入ります。

　❺で、4個の文字列を連結して、変数「読み取りセル位置」に"R11C8"という文字列が取得できます。❻でこの変数「読み取りセル位置」のセル位置で、セルの値を変数「市区町村名」に取得するため、変数「市区町村名」に、「茅ヶ崎市」という文字列が取得できます。

　このように、変数一覧タブに、「行カウンタ開始セル位置」「列カウンタ開始セル位置」の2つの変数を準備し、シナリオ再開時に「行カウンタ開始セル位置」と「列カウンタ開始セル位置」に、R1C1形式のシナリオ再開時のセル位置を記入するようにすると、シナリオ実行を比較的容易に再開できます。

　※「Chrome起動グループ」「Excelファイルを開くグループ」「Webに市区町村名を入力し人口数を取得するグループ」はシナリオ中断・再開に無関係のグループのため、説明を省略します。

97

Chapter02　シナリオ作成基本知識編

■ 図 2-2-5-6：シナリオ "中断・再開.ums7"

2-2 シナリオ制御方法

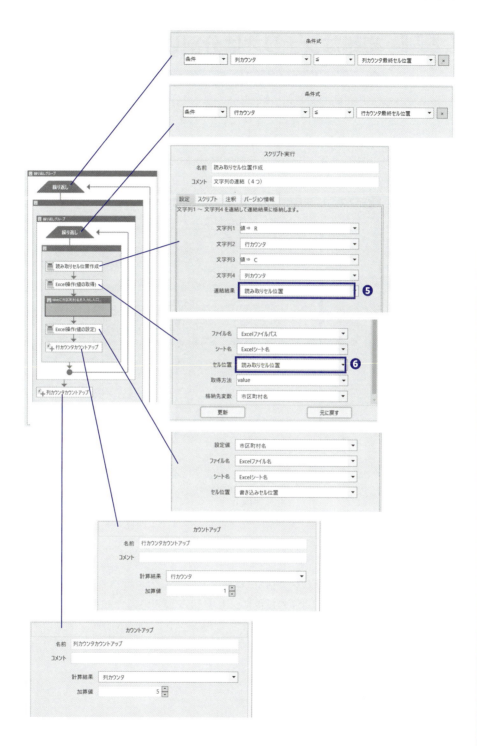

2-2-6 複雑なシナリオは分割しよう

サンプルフォルダ 2-2-6 複雑なシナリオは分割しよう

前項では東京都、神奈川県、埼玉県のワクチン接種人口を調べるシナリオを説明しました。それでは、これにもう1行を追加して、千葉県、茨城県、群馬県の市町村を追加した、Excelシートを対象にしたシナリオはどのようになるでしょうか。

Excelシート上のセル移動は次の図の矢印の実線のようになります。

■ 図2-2-6-1：千葉県、茨城県、群馬県の市町村を追加したExcelシート

このような場合、シナリオを分割し「シナリオgoto」ライブラリでつなげることで、複雑なアルゴリズムを作成しなくても、同じ目的を達成できます。

今回の場合、東京都、神奈川県、埼玉県を実行するシナリオ1と千葉県、茨城県、群馬県を実行するシナリオ2に分割します。

シナリオ1とシナリオ2は前項で作成したシナリオをそのまま流用します。相違点は、シナリオ1の最後にシナリオ2を読み込んで実行する「シナリオgoto」ライブラリを配置してあることだけです。「シナリオgoto」ライブラリのプロパティは下図囲みのとおり、シナリオ2のファイル名を記入した変数名を記入します。

2-2 シナリオ制御方法

■ 図2-2-6-2 シナリオ1の最後に「シナリオgoto」ライブラリを配置

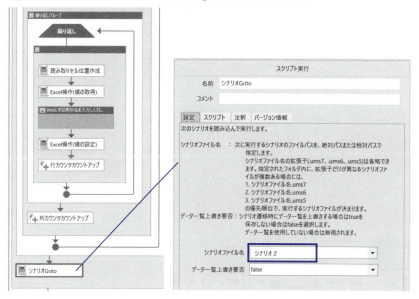

両シナリオの変数一覧は各々下記のように設定します。相違点はシナリオ2の変数一覧の「行カウンタ開始セル位置」「行カウンタ最終セル位置」の値（下図囲み）になります。

■ 図2-2-6-3：シナリオ1の変数一覧

Chapter02　シナリオ作成基本知識編

■ 図2-2-6-4：シナリオ2の変数一覧

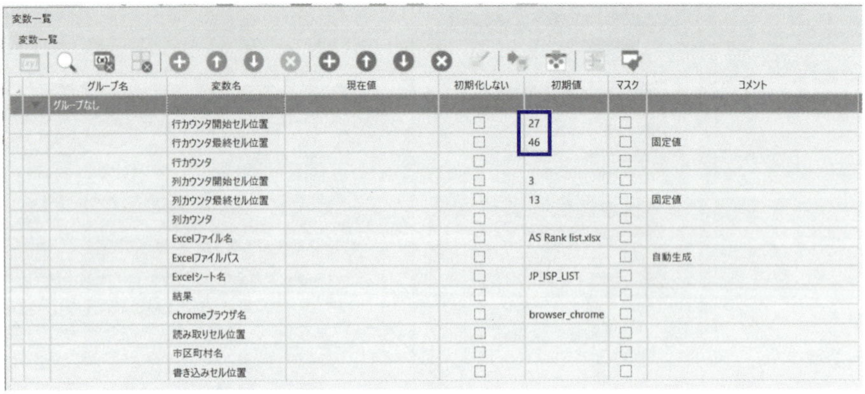

グループ名	変数名	現在値	初期化しない	初期値	マスク	コメント
グループなし						
	行カウンタ開始セル位置		☐	27	☐	
	行カウンタ最終セル位置		☐	46	☐	固定値
	行カウンタ		☐		☐	
	列カウンタ開始セル位置		☐	3	☐	
	列カウンタ最終セル位置		☐	13	☐	固定値
	列カウンタ		☐		☐	
	Excelファイル名		☐	AS Rank list.xlsx	☐	
	Excelファイルパス		☐		☐	自動生成
	Excelシート名		☐	JP_ISP_LIST	☐	
	結果		☐		☐	
	chromeブラウザ名		☐	browser_chrome	☐	
	読み取りセル位置		☐		☐	
	市区町村名		☐		☐	
	書き込みセル位置		☐		☐	

　複雑なシナリオを2つに分割することで、よりシンプルにすることができました。

2-2-7 サブルーチンについて

サンプルファイル 2-2-7 サブルーチン

　シナリオの複数個所で何度も同じコードを繰り返し使用すると、シナリオファイルが大きくなり、コードが冗長になります。そこで、そのような事態を避けるため、サブルーチンとしてメインタブから分離独立させて、コードを別のタブに置くことを、サブルーチン化と呼びます。

　前節で説明した「シナリオ分割」は、同じ構造のアルゴリズムを単純に繰り返す場合に使い、まとまった機能や共通機能を独立させる場合には「サブルーチン化」すると良いでしょう。

　まとまった機能や共通機能をサブルーチン化することで、シナリオファイルをコンパクトにして、見通しを良くすることができます。

　それでは、サブルーチンの作成方法を、後の4-2-4で使用する予定のシナリオ「Case Study3_NTT-AT販売パートナー（chrome）.ums7」を使って説明します。

サンプルファイル Case Study3_NTT-AT販売パートナー（chrome）.ums7

　WinActor起動後、シナリオファイル"Case Study3_NTT-AT販売パートナー（chrome）.ums7"を開きます。

　これから、下図の囲み「会社名取得グループ」をサブルーチン化してみます。

2-2 シナリオ制御方法

■ 図 2-2-7-1：サブルーチン化するグループの特定

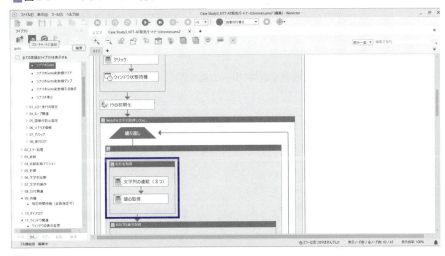

最初に、サブルーチン配置用のタブを作成するため下図の囲みをクリックします。

■ 図 2-2-7-2：＋をクリック

メインタブの右に、新規タブ_1ができますので、新規タブ_1をダブルクリックして、会社名取得と入力します。

■ 図 2-2-7-3：タブ名の変更

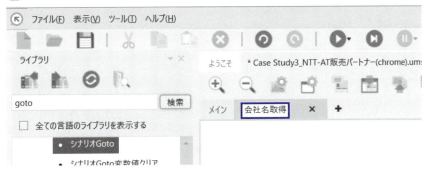

メインタブにあった、会社名取得グループを、会社名取得タブに移動します。グループの移動はグループのどこかをクリックした後Ctrl+Xキーの同時押しでグループを切り取り、Ctrl+Vキーの同時押し貼り付けることで実行できます。

図2-2-7-4：会社名取得グループの移動

2-2 シナリオ制御方法

　会社名取得タブに貼り付けた会社名取得グループのタイトルを右クリックし、サブルーチン化をクリックします。

■図 2-2-7-5：サブルーチン化をクリック

Chapter02　シナリオ作成基本知識編

会社名取得サブルーチンが下図のようにできました。

■ 図2-2-7-6：会社名取得サブルーチン完成

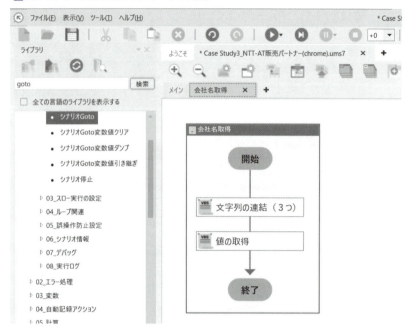

メインタブに戻り、ノードパレット［フロー］－［サブルーチン呼び出し］をフローチャートの「会社名取得グループ」があった場所に配置します。

■ 図2-2-7-7：［サブルーチン呼び出し］を配置

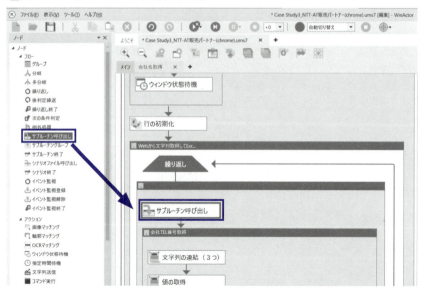

［サブルーチン呼び出し］をダブルクリックすると、右側にプロパティが表示されるので、サブルーチン名のリストボックスで「会社名取得」を選択します。

■ 図2-2-7-8：会社名取得を選択

以上で、サブルーチン作成方法を説明いたしました。

さて、本題に戻ります。サブルーチンからさらに別のサブルーチンを呼び出すのはカウンタ処理が複雑になるので避けてください。

イメージ図で説明しますと、下記のようなサブルーチン構成はOKですが、図2-2-7-10のような構成は避けてください。

■ 図2-2-7-9：シンプルなサブルーチン構成

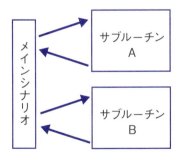

もし、そのようなサブルーチン構成になってしまったら、サブルーチンBをサブルーチンAに統合させてください。そうすることで、わかりやすいシナリオを作成することができます。

■図2-2-7-10：サブルーチンから別のサブルーチンを呼ぶ構成

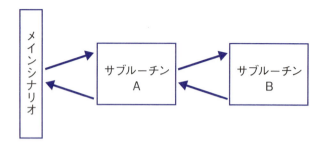

また、「繰り返し」が三重ループ以上になると、シナリオの保守が格段に難しくなります。「繰り返し」は極力二重ループまでに抑えるように推奨します。

2-2-8 「手抜き多分岐グループ」の作成方法

サンプルフォルダ　2-2-8 手抜き多分岐グループ

　シナリオで、処理が途中で条件に応じて多分岐する場合、多分岐グループを作成します。あらゆる場合を事前に完全に想定できれば、すべての条件を網羅した多分岐グループを作成すれば良いと思います。しかしデータ量が多いなど、シナリオ実行中にどのようなパターンのデータが来るか、事前に完全には予測困難な場合があります。
　そのような場合は、例外処理グループを活用して、「手抜き多分岐グループ」を作成して問題解決ができる場合があります。
　少しわかりにくいかもしれないので、順番を追って説明します。

「手抜き多分岐グループ」とは？

　例えば「シナリオ中に分岐_1と分岐_2の条件が必ず発生することがわかっているものの、それ以外の分岐_3、分岐_4の条件が発生するかどうかはわからず発生しても稀」という分岐があるとします。
　ここで言う分岐処理は、比較演算子を想定しています。変数をaとすると、a = 2やa = 3などのように変数の大きさで分岐するイメージです。
　その場合に、あらかじめ、分岐_1、分岐_2、分岐_3、分岐_4のすべての条件を考慮して、多分岐を作成しておく方法もあると思いますが、使うかどうかわからない分岐を、あらかじめ作成するのは面倒に思うかもしれません。
　その場合には、次のように手順を踏んで進めていく方法があります。

実際の作成手順

WinActorを起動すると、下記の「ようこそ画面」が開きますので、「新しいシナリオを作成する」をクリックします。

■ 図 2-2-8-1:「新しいシナリオを作成する」をクリック

まず、ノードパレットの[分岐]をシナリオ編集エリアにマウスで配置します。

■ 図 2-2-8-2:[分岐]をシナリオ編集エリアに配置

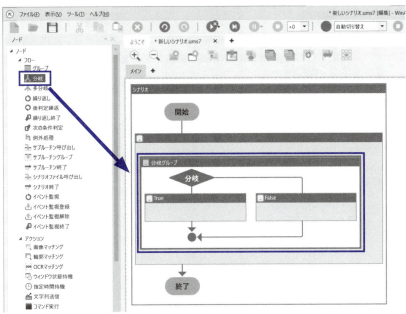

次に、シナリオ編集エリアに配置した[分岐]のTrueに分岐_1の処理を記述し、Falseに分岐_2の処理を記述します。

■図2-2-8-3：[分岐]に分岐_1の処理と分岐_2の処理を記述

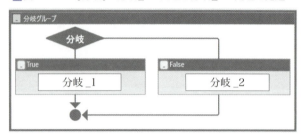

次にこのシナリオをスロー実行で動かしてみます(シナリオを実行する速度は、WinActorの上部にあるツールバー「+0」～「+10」の範囲で調整することができます)。

もし、ここの分岐でエラーが発生すれば、直前に作成した分岐グループを、例外処理グループの正常系に入れ、例外処理グループの異常系に、再度別の例外処理グループを入れてその中の正常系に、エラーが発生した原因の可能性がある、分岐_3の処理を入れます。出来上がったノードは下記のイメージです。

■図2-2-8-4：例外処理グループの異常系に別の例外処理グループを入れ、分岐_3の処理を入れる

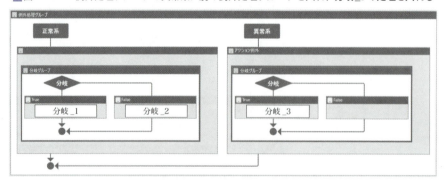

再度シナリオをスロー実行して動作を確認します。もし想定通りに分岐_3の処理が存在しなかったことがエラーが発生した原因であれば、シナリオは問題なく動作するようになっているはずです。

再度この個所でエラーが発生すれば、今度は分岐_3の処理を分岐_4の処理に置換して、再度シナリオをスロー実行しエラーが発生するかどうか試してみます。この分岐がエラーが発生した原因であれば、シナリオは問題なく動作するようになっ

ているはずです。
　このように、分岐でエラーが発生した原因がわからない場合であっても、例外グループを活用することで、試行錯誤で、正常に動作する多分岐処理を作成することができます。

　この方法は、データの量が多く、分岐条件の発生パターンが事前に完全には予測できず例外発生パターンが少ない場合に有効です。
　例外発生パターンが多いと却って複雑になるのでお勧めしません。

2-3　外部との連携

2-3-1　Chromeの起動

Chromeを操作するためのライブラリを生成する
　ここからは、Chromeを起動後に次のような外部サイトを開くシナリオを説明します。

- 「AS Rank サイト」
https://asrank.caida.org/asns?asn=9304&type=search

　Chrome専用のユーザライブラリは、ライブラリパレットに用意されていないため、今回は、Chromeを操作すると自動でライブラリを生成できる「Chromeモード」を利用してノードを作成します。

Chapter02　シナリオ作成基本知識編

まずChromeを起動して「AS Rankサイト」を開きます。

■ 図 2-3-1-1：「AS Rankサイト」を開く

WinActor起動画面で、「記録対象アプリケーション選択」ボタン（下図囲み）をクリックします。

■ 図 2-3-1-2：「記録対象アプリケーション選択」ボタンをクリック

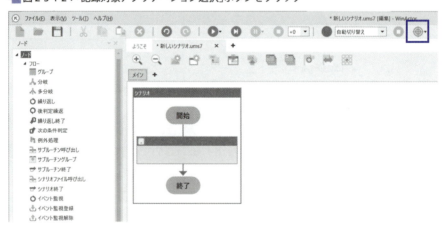

記録対象のWebページの任意の個所をクリックします（Webページの下部にオレンジの線が表示されていることを確認してください）。

■ 図2-3-1-3：記録対象のWebページの任意の個所をクリック

次の図で囲んだツールバーの記録ボタンをクリックすると「Chromeモード」でシナリオの自動記録が始まります。

■ 図2-3-1-4：記録ボタンをクリック

Chapter02　シナリオ作成基本知識編

> **COLUMN**
>
> ## ターゲット選択時にWinActorの画面を消す
>
> 　次の図を参考に、WinActor起動画面上部のメニューバー［ツール（T）］-［オプション］-［編集］を選ぶと表示される「ターゲット選択時にWinActorの画面を消す」のチェックボックスをクリックしてONに設定しておいてください。
>
> 　そうしておかないと、「記録対象アプリケーション選択」ボタンクリック後の画面遷移がうまくいかない可能性があります（3-1の「設定 ①望ましいWinActor初期設定の変更」も参照ください）。
>
> ▪図2-3-1-5：ターゲット選択時にWinActorの画面を消す
>
>

　記録対象のWebページに戻り、シナリオに実行させたいブラウザ操作をいろいろしてみてください（例：Chrome起動、テキストリンクをクリック、ボタンをクリック、リストボックス選択、入力欄に数値入力など）。

　ツールバーの停止ボタン（囲み）をクリックすると「Chromeモード」でのシナリオの自動記録が終了します。

■ 図 2-3-1-6：「Chromeモード」でのシナリオの自動記録終了

次の図のように、シナリオ編集エリアに「Chromeモード」で自動作成したグループができていれば成功です。

■ 図 2-3-1-7：「Chromeモード」で自動作成したグループ

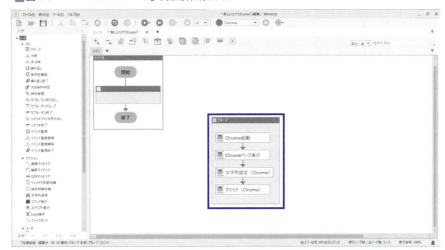

Chromeを起動するライブラリを作成する

記録したグループから、「Chrome起動グループ」を作成します。
Chrome起動に直接関係ない［文字列設定(Chrome)］［クリック(Chrome)］は必要なときに使えるよう、ユーザライブラリに追加して、作成したグループから削除しておきましょう。ノードの上で右クリックして、［ユーザライブラリに追加］メニューをクリックすれば、ユーザライブラリに追加できます。

「Chromeモード」で自動作成したノードはブラウザごとにユニークなブラウザ名が自動で割り振られ、ブラウザ名でウィンドウを識別しています（ウィンドウ識別名でブラウザを識別する方法もありますが、本書では触れません）。

「Chromeモード」で自動作成できるChromeの処理は下記の12種類です。

- Chrome 起動
- Chrome ページ表示
- Chrome フレーム選択（親）
- クリック（Chrome）
- リスト選択（Chrome）
- リスト取得（Chrome）
- リスト一括取得（Chrome）
- 文字列設定（Chrome）
- 文字列取得（Chrome）
- チェック状態取得（Chrome）
- 有効無効状態取得（Chrome）
- 表の値取得（Chrome）

［Chrome起動］や［Chromeページ表示］プロパティのブラウザ名の初期値はbrowser_chromeとなっていますが、英語だと少しわかりにくい場合は変更できます。

初期値をbrowser_chromeとする変数「ブラウザ名」を変数一覧に作成し、［Chrome起動］［Chromeページ表示］のプロパティのブラウザ名の欄を、図のようにします。

■ 図 2-3-1-8：変数一覧

■ 図 2-3-1-9：Chrome 起動グループ

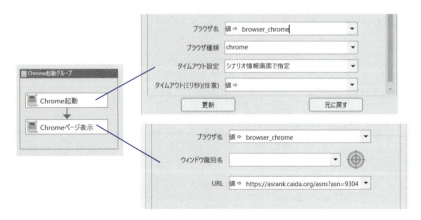

さらに操作を追加する

作成した「Chrome起動グループ」の[Chrome起動][Chromeページ表示]に、Chromeズーム比率を100%にするノードとウィンドウを最大化するノードを追加します。

まずズーム比率を100%に変更するため、ライブラリパレット[04_自動記録アクション]-[01_デバッグ]-[エミュレーション]を直前に作成したノードの直下に配置します。

次にターゲット選択ボタン(❶)をクリックして、「ASRank: ～」ウィンドウを選択します。

その後、操作欄に手作業で以下を追記(❷)します。

- 待機[300]ミリ秒
- キーボード[Ctrl]をDown
- キーボード[0]をDown
- 待機[300]ミリ秒
- キーボード[Ctrl]をUp
- キーボード[0]をUp
- 待機[300]ミリ秒

ウィンドウを最大化するには、ライブラリパレット[11_ウィンドウ関連]-[ウィンドウの表示変更]を直前に作成したノードの直下に配置後、ターゲット選択ボタン(❸)をクリックして、「ASRank: ～」ウィンドウを選択します。その後表示状態を最大化(❹)に設定します。

Chapter02　シナリオ作成基本知識編

■ 図 2-3-1-10：Chrome 起動グループ

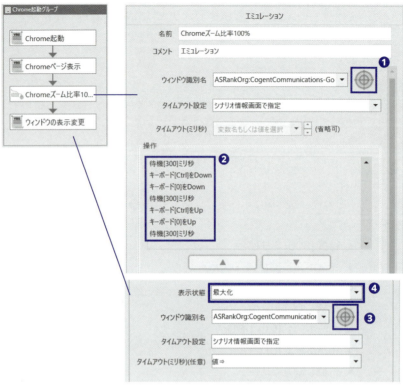

このChromeを起動するシナリオは、今後のシナリオ作成時によく使いますので、このグループはライブラリパレットに追加しておきましょう。

グループ名の名前を左クリック(❶)後、右クリックして、「ユーザライブラリに追加」を選択(❷)で、ライブラリパレットに追加されます。

2-3 外部との連携

■ 図 2-3-1-11：「Chrome起動グループ」をユーザライブラリに追加

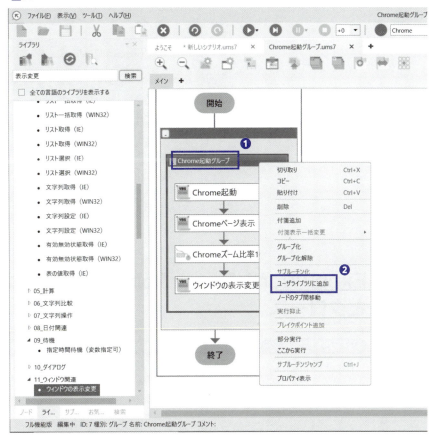

2-3-2 Chromeの終了

　Chrome終了は、ライブラリパレットの[23_ブラウザ関連]-[ブラウザクローズ]をフローチャートに配置します。

　「Chrome起動」で指定したブラウザ名（下図では変数「ブラウザ名」を指定しています）を指定して閉じます。ただし、業務でよく使うサイトであれば、必ずしもシナリオの最後で閉じる必要はありません。

Chapter02　シナリオ作成基本知識編

■ 図 2-3-2-1：ブラウザクローズ

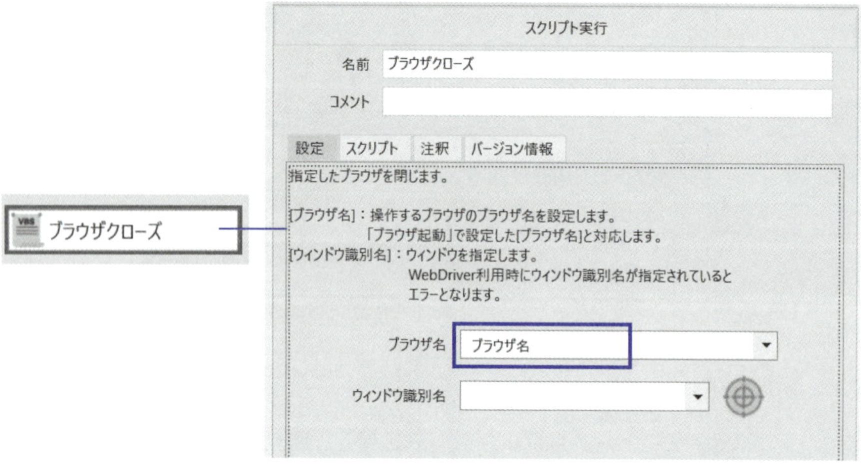

2-3-3 Excel/Word/PowerPointのファイルオープンとクローズ

サンプルファイル 2-3-3 Excel Word PowerPoint のファイルオープンとクローズ

　Excel/Word/PowerPointのファイルを開いたり閉じたりするシナリオも、対応するノードやユーザライブラリをフローチャート表示エリアにマウスでドラッグするだけで、基本的にはできてしまいます。

　それでは、まずExcelのファイルオープン/クローズ方法を説明します。

Excelファイルを開く

　Excelファイルを開くためには、ライブラリパレット［18_Excel関連］－［01_ファイル操作］［Excel開く（前面化）］をフローチャートに配置し、下図のとおりプロパティを設定して使います。

　（［Excel開く（前面化）］ライブラリは、Excelファイルのオープンが完了するまでライブラリからWinActorへ制御を戻さないため、このノードの次に［ウィンドウ状態待機］や［指定時間待機］を配置する必要はありません）

　巨大なExcelファイルを開くと、環境によっては、Excelファイルが開かない可能性もあります。すでに開いているExcelファイルをシナリオで再度開いてもエラーにはならないため、その場合は、あきらめて、シナリオ実行前にExcelファイルを開いておくのも現実解と思います。

120

■ 図2-3-3-1：Excelファイルを開く

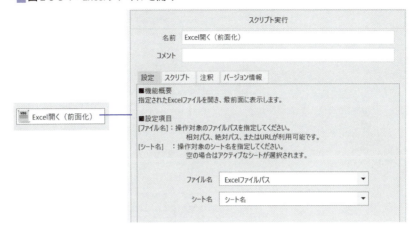

Excelファイルを閉じる

　Excelファイルを閉じる方法は、他のファイルに比べ、バラエティに富んでいます。
　ライブラリパレット[18_Excel関連]配下に、下記のライブラリがありますので、希望に合わせて選択します。

- [Excel操作(上書き保存)]＜上書き保存後にファイルを閉じる、閉じないを選択可能＞
- [Excel操作(保存なしで閉じる)]
- [Excel操作(全て閉じる)]＜編集済みExcelファイルは保存せず閉じる＞

Excel以外のMicrosoft365ソフトの場合

　Excel以外のMicrosoft365ソフト(PowerPoint/Wordなど)が扱うファイルのオープンについては、アプリケーションの種類に変わらず共通なので、ここでは、PowerPointで説明します。
　ライブラリパレット[13_ファイル関連]-[Exploreでファイル開く]をフローチャートに配置後、(❶)のとおりプロパティを設定します。同じカテゴリにある[ファイルと関連づいているアプリを起動]でも構いません。
　なお、[Exploreでファイル開く]の直下には、ファイルが開くのを待つため、ノードパレット[アクション]-[ウィンドウ状態待機]を直前に作成したノードの直下に配置後、最初にPowerPointファイルを開いたウィンドウをクリックし、次にターゲット選択ボタン(❷)をクリックして、ウィンドウ識別名に開いたPowerPointファイルのウィンドウ識別名を選択(❸)し、その他の変数を設定します。

■ 図2-3-3-2：PowerPointファイルを開く

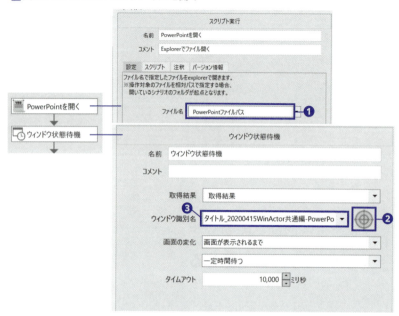

ライブラリパレット内にないものを作る

　Excel以外のMicrosoft365系ソフト（PowerPoint/Word）を上書き保存して閉じるためのライブラリはライブラリパレット内にありませんので、作ってしまいましょう。

　最初にライブラリパレット［04_自動記録アクション］－［01_デバッグ］－［エミュレーション］を直前に作成したノードの直下に配置後プロパティを設定します。

　プロパティの初期設定では、名前に「エミュレーション」と記入されていますが、これをそのまま放置すると、このノードをフローチャート内に配置した際に、ノード名に「エミュレーション」と表示されてしまい、何を実行するノードかよくわからなくなります。

　そこで、名前に「PowerPointファイルを上書き保存して閉じる」(図2-3-3-3の❶)と記入し、コメントに「エミュレーション」(❷)と記しておきます。そうすると、このノードが「PowerPointファイルを上書き保存して閉じる」ノードであることがよくわかりますし、コメントでオリジナルが[エミュレーション]ライブラリであることもわかります。

　最初にPowerPointファイルを開いたウィンドウをクリックし、次にターゲット選択ボタン(❸)をクリックして、ウィンドウ識別名に開いたPowerPointファイルのウィンドウ識別名(❹)を入れ、その他の変数を設定します。

COLUMN

　ここで、もしターゲット選択ボタンをクリックしてもPowerPointファイルが表示されない場合は、画面下のWindows10タスクトレイで小さくなっているPowerPointファイルアイコンをクリックして、PowerPointファイルを画面いっぱいに拡大し、次にWindows10タスクトレイで小さくなっているWinActorアイコンをクリックして、WinActorの画面を画面いっぱいに拡大し、同じ操作を繰り返してみてください。

次に操作欄(❺)に、下記のキーボード操作を追記します。
※キーボード操作記録の作成方法は、本章の2-4-2 エミュレーションモードを参照。

　待機時間は、下記の値をそのまま使う必要はありません。環境に合わせて各自調整してください。

- 待機[100]ミリ秒
- キーボード[Ctrl]をDown
- キーボード[S]をDown
- 待機[100]ミリ秒
- キーボード[Ctrl]をUp
- キーボード[S]をUp
- 待機[300]ミリ秒
- キーボード[Alt]をDown
- キーボード[F4]をDown
- 待機[100]ミリ秒
- キーボード[Alt]をUp
- キーボード[F4]をUp
- 待機[100]ミリ秒

図2-3-3-3：PowerPointファイルを上書き保存して閉じる

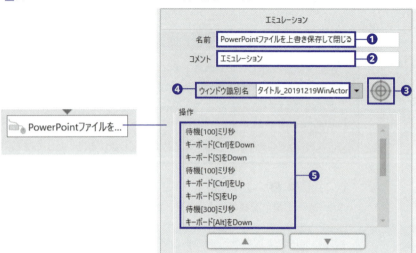

2-3-4 メモ帳やペイントの起動方法

サンプルファイル 2-3-4 メモ帳起動

シナリオ実行中に、メモ帳やペイントを起動すると、文字列の一時保存先としてメモ帳を使えたり、画像の編集ツールとしてペイントを使えるなど便利な場合があります。

その場合は、ノードパレット［アクション］-［コマンド実行］をフローチャートに配置して使用します。

メモ帳を起動する場合は、囲みの「値⇒」に"notepad"、ペイントを起動する場合は、"mspaint"と記入してください。

図2-3-4-1：メモ帳起動

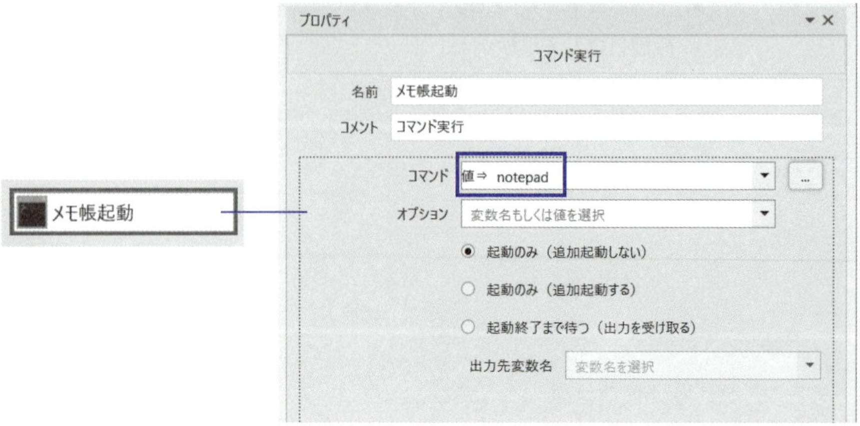

2-3-5 社内ネット／会員制サイトログイン方法

サンプルファイル 2-3-5 社内ネット／会員制サイトログイン方法

　ここでは、社内ネットや会員制サイトにログインするシナリオの事例を説明します。

　次ページ図2-3-5-1の❶では、Chrome起動後プロキシ認証を突破するため、ライブラリパレット[23_ブラウザ関連]−[01_起動＆クローズ]−[ブラウザ起動（プロキシ設定）]をフローチャートに配置して、プロパティでプロキシ認証のための変数「ログイン名」や「パスワード」を設定します（変数名は任意です）。

　❷〜❺で使用しているノードは、ライブラリパレットにありませんので、2-3-1で説明した「Chromeモード」で自動作成してください。❷は指定URLを開き、❸は社内ネット／会員制サイトのログイン名を入力、❹はパスワード入力を行います。❺は、社内ネット／会員制サイトのログイン名とパスワード入力後のOKボタンをクリックします。

　❸〜❺で使用しているノードのプロパティには、XPathの設定個所があります。XPathをご存じない方は、本書の4-2-3をお読みください。

Chapter02　シナリオ作成基本知識編

■ 図 2-3-5-1：Chrome 認証グループ

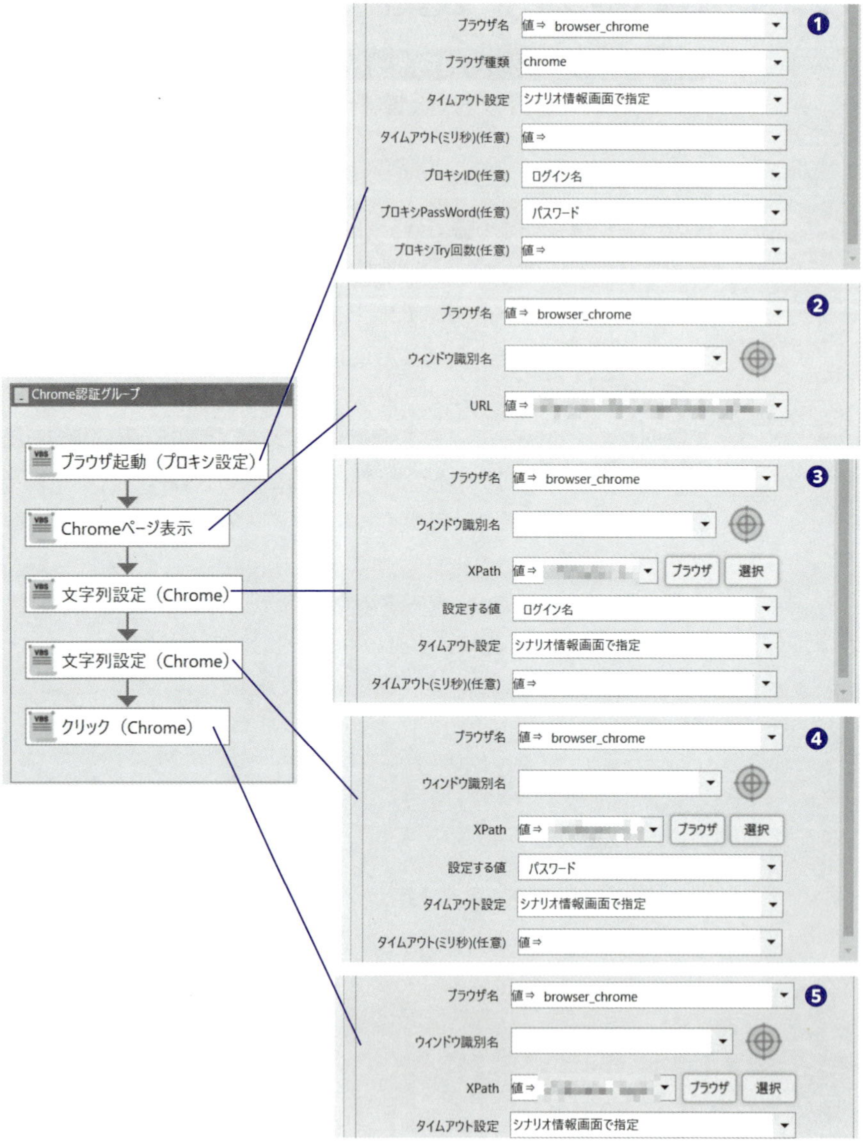

2-4 その他の基本知識

2-4-1 「画像マッチング」ノードで画像がマッチしない場合の対処事例

サンプルフォルダ 2-4-1「画像マッチング」ノードで画像がマッチしない場合の対処事例

「画像マッチング」ノードでマッチング画像を指定しても、そこからの相対位置で指定の個所をクリックさせることができない経験は多くの方がされていると思います。画像マッチングは、マッチング画像がぼんやりした薄い画像であったり、薄い色の文字だったりすると動いてくれません。筆者も何度も苦い経験をしてきました。

またネットワークが混雑している場合、「画像マッチング」ノードの直前に「ウィンドウ状態待機」や「指定時間待機」を入れればマッチする可能性があります。

※Ver7.4では主要ライブラリに「タイムアウト設定」が追加されているため、Ver7.4では、「指定時間待機」の代わりに「指定時間待機」の直前のライブラリの「タイムアウト設定」をお使いください。

「画像マッチング」を2回繰り返す

「画像マッチング」ノードを2回連続して実行したら動いてくれた事例がありましたので、ご参考までに紹介をさせていただきます。

下図のようなサイトがありました。

下記「公開先」の下に組織名入力欄（❶）があります。ここに組織名を入力し、組織名が存在すれば、登録ボタン（❷）をクリックし、入力した組織名が存在しない場合は、キャンセルボタン（❸）をクリックして次の画面に進みます。

組織名が存在しない場合「対象が見つかりません」というメッセージが出るため、画像マッチングで「対象が見つかりません」の文字列をマッチさせ、マッチする場合、キャンセルボタンをクリックし、マッチしない場合は、登録ボタンをクリックするアルゴリズムを考えました。

■ 図2-4-1-1：公開先の対象が見つかりません

```
公開 / 非公開
○ 公開  ● 非公開
公開先                                              ❶
対象が見つかりません

                                          ❷      ❸
                                        登録   キャンセル
```

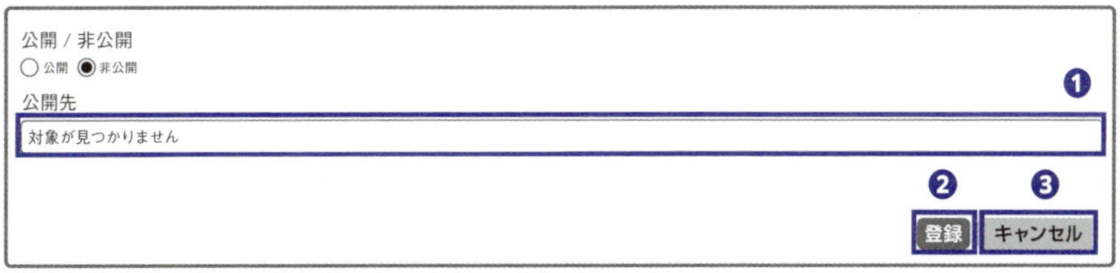

ところが、「対象が見つかりません」の文字色が薄いせいか、下図のプロパティの設定では、「対象が見つかりません」の文字列にマッチしませんでした。

■ 図2-4-1-2：単独で画像マッチング

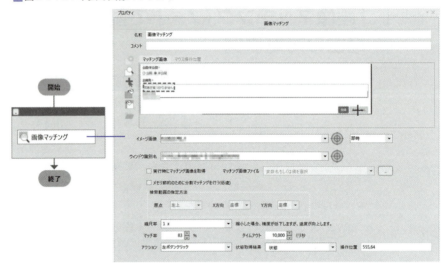

そこで対策として、2回連続して画像マッチングを実行してみました。

まず、最初の画像マッチングでは、画像マッチング・プロパティの「アクション」の設定内容を「状態チェック」にします。そして状態取得結果を変数「マッチ結果」に入れます（❶）。

次の分岐ノードで「マッチ結果」がtrueと等しい場合（❷）、別の画像マッチングでコントラストの強い「登録」ボタンをマッチング画像にして、「登録」ボタンからの相対位置で「キャンセル」ボタンをクリックさせたら成功しました（❸）。

この事例から、次のような役割分担をした方が画像マッチング成功確率が高いのではないかと仮説を立てています。

1. 1回目の画像マッチングは「状態チェック」のtrue/falseをチェックする。
2. 2回目の画像マッチングは、1回目の「状態チェック」がtrueの場合、他のコントラストが高い画像でマッチさせたあと、目的の要素をクリックする。

2-4 その他の基本知識

■図 2-4-1-3：2回連続して画像マッチング

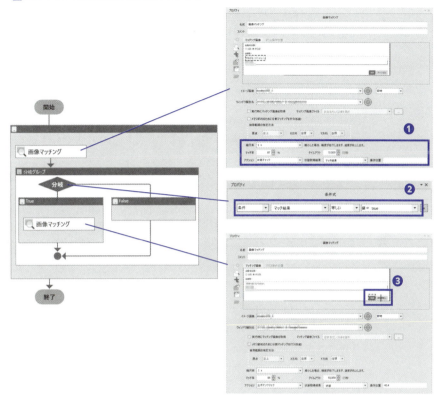

2-4-2 自動操作手段

　　WinActor操作マニュアルには「自動操作インタフェース」と記述されていますが分かりにくいので本書では「自動操作手段」と言い換えました。

　　WinActorには、UI識別型、画像識別型、座標識別型、ファイル向けという4つの自動操作手段があるとWinActor操作マニュアル13ページに記載されていますが、筆者の考えで一部修正して下記に記載しました。

　　「エミュレーションモード」は他社製品では「レコーディング機能」と呼ばれているケースがありますが、基本的には同じものです。要は、ユーザが実施したマウス操作やキーボード操作を記録して再生してくれる機能のことです。

　　下記の表でおわかりいただけるとおり、UI識別型と画像識別型以外の自動操作手段で「エミュレーションモード」が使われています。自動操作手段の中でも中心となる機能です。

Chapter02　シナリオ作成基本知識編

「エミュレーションモード」というと初心者にはわかりにくいため、本書では「レコーディング機能」と言い換えている場合があります。

「エミュレーションモード」で作成した結果できるのが、［エミュレーション］ノードです。以下、［エミュレーション］ノードは［エミュレーション］と省略します。

［エミュレーション］は、「記録対象アプリケーション選択ボタン」をクリックして作成開始する場合と、ライブラリパレットの［エミュレーション］をフローチャートに配置して作成開始する場合があります。どちらの方法でも作成できる場合もあります。

どのような場合に、どちらの方法で作成するかは、下記の「自動操作手段一覧」を参考にしてください。

一般論としては、マウス操作については、WinActor起動画面のツールバー「記録対象アプリケーション選択」ボタンをクリック後、記録対象アプリケーションを選択して、マウス操作の記録を行う場合が多く、キーボード操作は、ライブラリパレットの［エミュレーション］をフローチャートに配置後、プロパティの操作欄に手作業でキーボード操作を追加する場合が多いです。

「エミュレーションモード」はシナリオ作成になくてはならない機能なので、ぜひ覚えてください。ブラウザ操作や、Excelシートの範囲コピー、Microsoft365（PowerPoint/Excel/Word）のメニュー操作などをしたいときに便利な機能です。

2-4 その他の基本知識

■ 表2-4-2-1：自動操作手段一覧

No.	タイプ		作成方法	記録内容	説明	安定性
1	UI識別型	イベントモード	・「記録対象アプリケーション選択ボタン」をクリックして開始	・マウス操作	・基本的にはChromeの自動操作を記録する場合はChromeモード、（EdgeやFirefoxも同様です）が自動選択されると考えてください。 ・Windowsアプリケーションを操作する場合は、イベントモードや、UIオートメーションが自動選択されます。WinActorは最適な方式を自分で自動選択しますので、ここの設定はWinActorの指示に従ってください。Windowsのアプリケーションで、イベントモードや、UIオートメーションが使えない場合は、最終手段としてエミュレーションモードが自動選択されます。 ・UI識別型は、シナリオ開発環境とシナリオ実行環境で、ディスプレイ解像度やブラウザのズーム比率などが異なっても動作するのでシナリオ動作が安定する場合が多いです。	高
		Chromeモード				
		Firefoxモード				
		Edgeモード				
		UIオートメーションモード				
2	画像識別型		・ノードパレットの[画像マッチング]か[輪郭マッチング]をフローチャートに配置	・マウス操作	・画像認識をして何かしたい場合にいろいろ使えます。（例：指定画像をクリック、指定画像から北東の方向に約5cm離れた個所をクリック、指定画像が画面に表示されている間、シナリオを一時停止させるなど） ・シナリオ開発時と実行時のPC環境（ディスプレイ解像度やブラウザのズーム比率、アプリケーションが開くウィンドウのサイズなど）を同じにする必要があります。	中
3	座標指定型		・ライブラリパレットの[エミュレーション]をフローチャートに配置	・マウス操作	・マウスドラッグなどのマウス移動操作やマウスボタンクリック、キーボード操作などを自動で記録して、シナリオ実行時に自動で再生実行してくれます。 ・マウスドラッグなどのマウス移動を自動で実行する場合は、シナリオ開発時と実行時のPC環境（ディスプレイ解像度やブラウザのズーム比率、アプリケーションが開くウィンドウのサイズなど）を同じにする必要があります。 ※特にマウスドラッグなどのマウス移動操作を座標指定型で実現すると、シナリオ動作が不安定になるケースが多いため、利用を推奨しません。マウス移動操作ではなく、ショートカットキーやタブ移動などのキーボード操作でやりたいことを実現できないかの検討を推奨します。	中〜低
4	ファイル向け		・ライブラリパレットの[18_Excel関連]をフローチャートに配置	・キーボード操作	・Excel形式、CSV形式のファイルに対して、ファイル名、シート名、セル名を指定したデータの読み取りや書き込みを行うことができます。主にライブラリパレットの[18_Excel関連]を使ってシナリオに記録します。	高
5	Microsoft 365を初めとするアプリケーションのメニュー選択（アクセスキー入力）		・ライブラリパレットの[エミュレーション]をフローチャートに配置	・キーボード操作	・Microsoft 365を初めとするアプリケーションのメニュー選択を安定して実行できます。	高

02

Chapter02　シナリオ作成基本知識編

　　Windows10でブラウザやMicrosoft365（Word/Excel/PowerPoint/OutloOK）を操作する場合、メニュー選択やボタンのクリックで、マウスを使われる方は多いと思いますが、実はほとんどのPC操作は、キーボード操作でできてしまいます。

　　シナリオを安定動作させるためには、クリック以外のマウス操作をシナリオで行うことは回避すべきです。

　　下記はPCのキーボード操作でできることの一部を表にまとめたものです。シナリオを作成される方は下記の表をぜひ覚えてください。一度に全部覚えるのは大変なので、紙に印刷してクリアケースに入れ、カバンやポケットに忍ばせ、通勤時間などの隙間時間に、何度もちらちら目を通すようにしてください。何度も見ていると忘れにくくなるものです。

■ 表2-4-2-2：キーボード操作エミュレーション一覧

目的	キーボード操作
ファンクションキー	
ヘルプやサポートを開きます。	F1
エクスプローラーでファイル名やフォルダ名を変更します。Excelでは一度確定した文字列を編集可能とします。	F2
デスクトップで押すと検索チャームが開きます。	F3
ブラウザで押すと、ページの再読み込みをします。	F5
メモ帳やテキストエディターで文字を入力した後に押すと「ひらがな」に変換されます。	F6
メモ帳やテキストエディターで文字を入力した後に押すと「全角カタカナ」に変換されます。	F7
メモ帳やテキストエディターで文字を入力した後に押すと「半角カタカナ」に変換されます。	F8
メモ帳やテキストエディターで文字を入力した後に押すと「全角アルファベット」に変換されます。	F9
メモ帳やテキストエディターで文字を入力した後に押すと「半角アルファベット」に変換されます。	F10
ブラウザでウィンドウを全画面表示にします。再度押すと解除します。	F11
Microsoft365（Word/Excel/PowerPoint）などのオフィス製品の場合、「名前をつけて保存」ウィンドウが表示されます。	F12
ショートカットキー（ブラウザ）	
ズーム比率100%設定	Ctrl+0
ズーム比率を変更	Ctrl+"+"　Ctrl+"-"
ブラウザの最大化	Windows + ↑
ブラウザを最小化	Windows + ↓
ダウンロードフォルダを開く	Ctrl+J
ブラウザでWebページの検索欄に移動	Ctrl+E
ブラウザでURL入力欄に移動	Ctrl+L　or　F6

2-4 その他の基本知識

ブラウザでUI要素や文字入力欄の移動	TAB
ブラウザでUI要素や文字入力欄の逆方向の移動	Ctrl+TAB
新規ウィンドウを開く	Ctrl+N
タブを開く	Ctrl+T
タブを閉じる	Ctrl+W
閉じたタブを開く	Ctrl+Shift+T
次のタブに移動する	Ctrl+Tab
前のタブに移動する	Ctrl+Shift+Tab
特定のタブに移動する	Ctrl+1 ～ 8
ブックマークに追加	Ctrl+D
ブックマークバーを表示/非表示	Ctrl+Shift+B
最期のタブに移動する	Ctrl+9
ソースコードを表示	Ctrl+U
デベロッパーツールを起動	F12
Chromeでページをスクロールダウンする	Space
Chromeでページをスクロールアップする	Shift + Space
Chromeでシークレットウィンドウを開く	Ctrl+Shift+N
ブラウザ終了	ALT + F4
前ページに戻る	ALT +←
次ページに進む	ALT +→
ショートカットキー（Excel）	
ワークシート内の現在のデータ範囲の先頭行にジャンプ	Ctrl + ↑
ワークシート内の現在のデータ範囲の末尾行にジャンプ	Ctrl + ↓
選択範囲を1セルずつ上に拡張	Shift + ↑
選択範囲を1セルずつ下に拡張	Shift + ↓
選択範囲を1セルずつ右に拡張	Shift + →
選択範囲を1セルずつ左に拡張	Shift + ←
カレントセルから上方向に現在のデータ範囲をすべて選択	Ctrl + Shift + ↑
カレントセルから下方向に現在のデータ範囲をすべて選択	Ctrl + Shift + ↓
シート追加	Shift + F11
シート削除	ALT-E-L or ALT-H-D-S
シート右移動	Ctrl + PageDown
シート左移動	Ctrl + PageUp
セル位置A1にジャンプ	Ctrl + Home
データが存在する範囲の右下隅にジャンプ	Ctrl + End
ショートカットキー（アプリ共通）	
ファイル新規作成	Ctrl + N
ファイルオープン	Ctrl + O
すべて選択	Ctrl+A
コピー	Ctrl+C
切り取り	Ctrl+X
貼り付け	Ctrl+V
保存	Ctrl+S

Chapter02　シナリオ作成基本知識編

ひとつ前の操作に戻る	Ctrl+Z
リボン表示を開ける・閉じる	Ctrl+F1
カレントウィンドウを閉じる	Ctrl+W
画面キャプチャ	Shift＋Windowsキー＋S
システムメニュー表示	Windowsキー＋X
すべてのウィンドウを最小化する	Windowsキー＋MまたはWindowsキー＋D
起動中ウィンドウを選択	Windowsキー＋Tab
全ウィンドウを閉じる	Alt+F4
マウス操作の結果	マウス操作
Excelの場合、セルを選択。それ以外のアプリケーションでは、カーソルがクリックした個所に移動する。	マウス・左ボタン（シングル）クリック
ひとつの単語を選択	マウス・左ボタンダブルクリック
上記より、より広範囲の単語を選択	マウス・左ボタントリプルクリック

　シナリオ開発者の立場から言わせていただくと、キーボード操作エミュレーションはマウス操作エミュレーションに比べ安定動作するため、シナリオ開発の際に使わない手はありません。

　シナリオ開発時にマウス操作エミュレーションを使おうと考えた際は、キーボード操作エミュレーションに置き換えられないか、まず検討してみてください。

　PowerPointスライドに貼ったグラフや表の拡大・縮小、配置変更なども、実はキーボード操作だけで実現可能です。

　※詳細は4-3-2で解説しています。

　キーボード操作エミュレーションで、PCに何かの操作命令をする方法は「ファンクションキー」「ショートカットキー」「アクセスキー」の3種類ありますが、筆者の経験では安定動作する順位に優先順位をつけると、次のようになります。

「ファンクションキー」＞「ショートカットキー」＞「アクセスキー」

　指でキーボードを順番にたたくと動くにも関わらず、キーボード操作エミュレーションで「アクセスキー」で同じことを設定すると、（原因不明ですが）動かない事例がありました。「アクセスキー」は最後の優先順位にしましょう。

●「ファンクションキー」の入力方法

　キーボードのいちばん上に並んでいる「ファンクションキー」をそのまま1回エミュレーションで押すのが、「ファンクションキー」によるキーボード操作エミュレーションです。

2-4 その他の基本知識

【例】

F12キー「名前を付けて保存」を「エミュレーション」ライブラリのプロパティの操作欄には下記のように入力します。

- 待機100ミリ秒
- キーボード[F12]をDown
- キーボード[F12]をUp
- 待機100ミリ秒

キーをDowmしたら、忘れずに同じキーUpを追加するようにしてください。

待機時間の100ミリ秒は例ですので、長さは各自の環境に合わせ、調整してください。

◉「ショートカットキー」の入力方法

ショートカットキーとは指定キーボードを押しながら、同時に別のキーボードを押す方法です。

【例】

例えば、ファイルを上書き保存する場合、Ctrl+Sキーを同時に押すショートカットキーをよく使います。このキーボード操作をエミュレーションノードの操作欄に入力すると次のようになります。

- 待機100ミリ秒
- キーボード[Ctrl]をDown
- キーボード[S]をDown
- 待機100ミリ秒
- キーボード[S]をUp
- キーボード[Ctrl]をUp
- 待機100ミリ秒

待機時間の100ミリ秒は例ですので、長さは各自の環境に合わせ、調整してください。

Chapter02　シナリオ作成基本知識編

COLUMN

　ライブラリパレット［04_自動記録アクション］-［02_UIオートメーション］-［エミュレーション］をフローチャートに配置して、キーボード操作エミュレーションを実行する場合、覚えておかなければならないのは、ひとつの［エミュレーション］ノードは、あくまでひとつのターゲットウィンドウに対応するということです。

　［エミュレーション］ノードの操作欄に、キーボード［Ctrl］をDown、キーボード［S］をDownなどとキーボード操作を追加していくと、気づかないうちに、途中でターゲットウィンドウが変わっている場合があります。そのような場合は、新たなターゲットウィンドウ用に、新たな［エミュレーション］ノードを作成しなければなりません。

　具体的な事例を、4-3-2、4-3-4で紹介しています。

● 「アクセスキー」の入力方法

　「アクセスキー」とは、Microsoft365（Word/Excel/PowerPoint/Outlook）で使われているキーボードによるメニュー操作方法のひとつであり、複数のキーボードを同時に押す「ショートカットキー」とは異なり、まずALTキーを押したあと、キーボードをひとつずつ順番に押していきます。

　メモ帳の例で説明します。メモ帳を起動して、何でも良いので文字を入力しておきます。次にALTキーを押したあと、Fキーを押すとファイル（F）の下に下記の選択メニューが開きます。

■ 図 2-4-2-1：メモ帳の選択メニュー

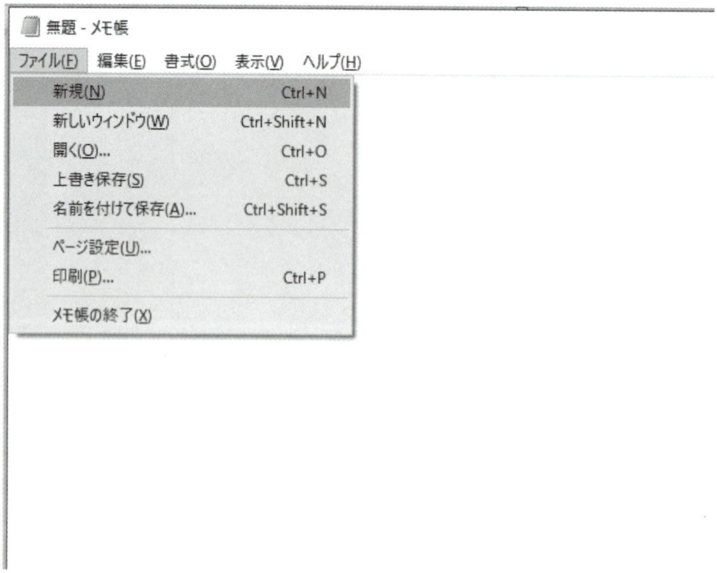

2-4 その他の基本知識

次にＡキーを押すと、ファイルに記入した内容を名前を付けて保存できます。
これがアクセスキーの事例です。

このキーボード操作を［エミュレーション］ノードの操作欄に入力する方法を次に
説明します。

【例】

- キーボード [Alt] を Down
- キーボード [Alt] を Up
- 待機 [300] ミリ秒
- キーボード [F] を Down
- キーボード [F] を Up
- 待機 [300] ミリ秒
- キーボード [A] を Down
- キーボード [A] を Up
- 待機 [300] ミリ秒

キーボードごとに、Down/Upを繰返します。

キーボード操作エミュレーションの処理は、画面読込みなどの操作に比べ高速に
なりがちなので、画面読込みの処理とうまく同期を取るため、キーボード操作の間
に待機時間を設けるようにしてください。

なお、キーボード操作を編集する場合、待機時間を、キーボード操作の間に時々
挿入するのは細かい作業でメンタルが疲れるかもしれません。最初に待機時間を大
量に作成しておいて、後でキーボード操作を追加する方法が楽に作成できるかもし
れません。

※Ver7.4では主要ライブラリに「タイムアウト設定」が追加されているため、Ver7.4では、
「指定時間待機」の代わりに「指定時間待機」の直前のライブラリの「タイムアウト設定」
をお使いください。

2-4-3 「スクリプト内変数」と「変数一覧」変数の間の データの渡し方

> サンプルフォルダ 2-4-3「スクリプト内変数」と「変数一覧」変数の間のデータの渡し方

WinActorのユーザライブラリはVBScriptというプログラミング言語で記述され
ています。WinActorのノードパレット［アクション］配下に［スクリプト実行］という
ノードがありますが、このノードのスクリプトタブにVBScriptでコードを記述する
ことで、自分独自のユーザライブラリを作成できます。 VBScript内でプログラマ

が自ら宣言して使う変数(以下「スクリプト内変数」と称します)とWinActorの「変数一覧」に表示される変数は別物です。そこで、両者のデータの受け渡し方法を説明します。

例示しますと、下図の囲み内のitemsやresultは「スクリプト内変数」です。

■図2-4-3-1：スクリプト内変数

● 「変数一覧の変数」から「スクリプト内変数」へ値の渡し方

「変数一覧の変数」からVBScript内変数へ値を渡す場合は、スクリプト内でWinActor独自関数GetUMSVariableを使用します。

GetUMSVariableで「変数一覧の変数」から「スクリプト内変数」へ値を渡す場合は変数を""で囲う必要があります。

「$変数名$」のような記載をすることでスクリプト実行の設定画面から変数一覧の変数を選択でき、指定した変数の参照が可能となります。

下記の例で説明すると、「変数一覧の変数」allの値が$変数名$を仲介して「スクリプト内変数」totalに渡されます。"変数名"という文字列が両方を結びつける共通キーとなっていることをご理解ください。

■ 図2-4-3-2：「変数一覧の変数」から「スクリプト内変数」への値の渡し方

● 「スクリプト内変数」から「変数一覧の変数」へ値の渡し方

「スクリプト内変数」から「変数一覧の変数」へ値を渡す場合は、スクリプト内でWinActor独自関数SetUMSVariableを使用します。

スクリプト内で「$取得文字列$」のような記載をすることで、対応するスクリプト実行の設定画面から変数一覧の変数を選択可能となります。

下記の例で説明すると、「スクリプト内変数」rabbitの値が$取得文字列$を仲介して「変数一覧の変数」monkeyに渡されます。"取得文字列"という文字列が両方を結びつける共通キーとなっていることをご理解ください。

■ 図2-4-3-3：「スクリプト内変数」から「変数一覧の変数」への値の渡し方

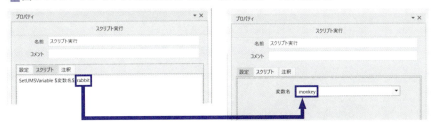

「スクリプト内変数」と「変数一覧」変数の間のデータを実際に渡した便利な事例を2つ紹介します。

Chapter02　シナリオ作成基本知識編

● TABコードを「変数一覧の変数」に取得

　指定Webページ全体をクリップボードにコピーして、WinActorノートに貼り付け、カーソル移動と読み取りで、目的のブロックを探し、目的のブロックの内容を変数に取得して文字列分割するのは、Webスクレイピングの常套手段です。

　このときに必要なライブラリが下記の「変数にTABを設定する」ライブラリです。「スクリプト内変数」vbtabの値が＄取得文字列＄を仲介して「変数一覧の変数」TABに渡されます。

　Webページの指定行はTABコードを区切り文字にして文字列分割することが多いため、TABコードを「変数一覧の変数」に取得するライブラリを自分で作成しておくと何かと便利です。

図2-4-3-4：「スクリプト内変数」から「変数一覧の変数」へ値を渡す(1)

● 指定Webページの上から1個目のpreタグの内容を配列変数に入れ、データを加工抽出して、「変数一覧の変数」に取得

　HTMLのDOM（Document Object Model）にgetElementsByTagName()というメソッドがありますが、これをスクリプト内で使うと、指定Webページ内の任意のタグの内容をオブジェクトに取得できます。

　任意のタグの内容をオブジェクトに取得できるため、例えば、指定Webページ内に同じタグ名が複数存在する場合も、インデックス番号で指定できます。

　下記は、指定Webページ内のいちばん最初のpreタグの内容を変数tempに取得するスクリプトです。

```
Set elements = document.GetElementsByTagName("pre")
temp = elements(0).innerHTML
```

　このあと、改行記号や連続する半角スペースを、1個の半角スペースに置換すれば、配列処理を実行して、preタグの文字列を「変数一覧の変数」に取得可能です。

　下記は指定Webページの上から1個目のpreタグの内容を配列変数に入れ、データを加工抽出して、「変数一覧の変数」itemに取得した事例です。

2-4 その他の基本知識

「スクリプト内変数」outputの値が$取得文字列$を仲介して「変数一覧の変数」itemに渡されます。

■ 図2-4-3-5:「スクリプト内変数」から「変数一覧の変数」へ値を渡す(2)

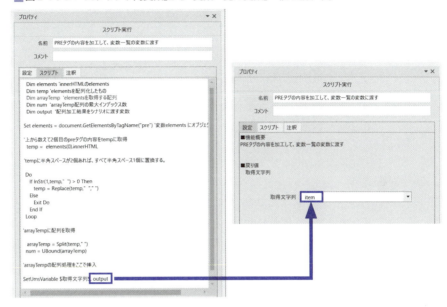

2-4-4 ウィンドウ識別エラーの回避方法

サンプルフォルダ 2-4-4 ウィンドウ識別エラーの回避方法

①ウィンドウ識別ルールとは何か？

シナリオ実行時に、シナリオが操作するアプリケーションウィンドウが見つからない場合、ウィンドウ識別できない状態となり、次のようなメッセージがでます。

~に一致するウィンドウが存在しません。
ウィンドウ識別のハンドルが取得できません。

ウィンドウを操作するノードやユーザライブラリでは、ターゲット選択ボタン(囲み)をクリックしてターゲットウィンドウを選択します。別の言い方をすると、ノードやユーザライブラリとターゲットウィンドウを紐づけます。

「シナリオ実行時のアプリケーションウィンドウ」と「シナリオに登録済みのウィンドウ識別ルール」が不一致の場合、エラーとなります。

■ 図 2-4-4-1：ターゲット選択ボタン

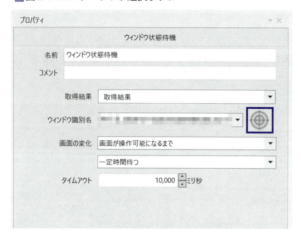

シナリオに登録されたウィンドウ識別ルールは、シナリオを開いた状態でCtrl+Wキーを同時に押すか、フローチャート表示エリアの「ウィンドウ識別ルール」ボタンをクリックすると「ウィンドウ識別ルール」タブが開き、そこで確認できます。

■ 図 2-4-4-2：「ウィンドウ識別ルール」タブの表示方法

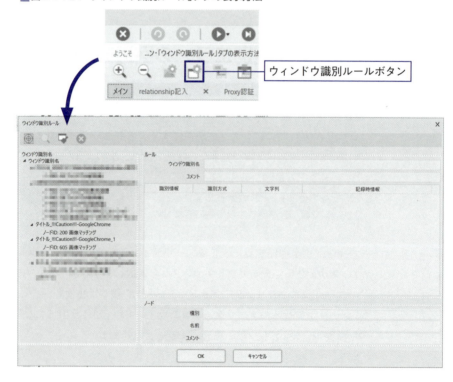

②ウィンドウ識別エラーが起こる事例と対策（1）

　何度も同じシナリオを実行すると、同じウィンドウでもウィンドウサイズが変わる場合があります。その場合、下図の「タイトル「_!!!Caution!!!-GoogleChrome」」「タイトル_!!!Caution!!!-GoogleChrome_1」のように、同じウィンドウ識別名でも枝番がついていきます。

　この場合、それぞれ別ウィンドウと認識され、シナリオ実行中にウィンドウ識別エラーが発生します。この場合、枝番のついた方のウィンドウ識別名のノード「ノードID:605画像マッチング」を、元のウィンドウ識別名の方にマウスで移動することにより、エラーを回避できます（ウィンドウ識別ルールの集約）。

■ 図 2-4-4-3：ウィンドウ識別ルールの集約

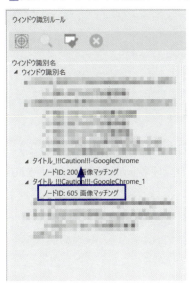

Chapter02　シナリオ作成基本知識編

　ルールの集約後は、未使用ウィンドウ識別ルール削除ボタン(囲み)をクリックして、未使用ウィンドウ識別ルールを削除しておきましょう。

■ 図2-4-4-4：未使用ウィンドウ識別ルール削除

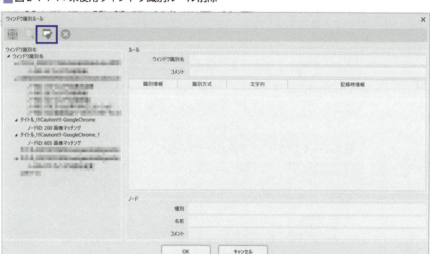

③ウィンドウ識別エラーが起こる事例と対策(2)

　ひとつのループ処理の中で、一部だけ名前が異なるファイルを同じノードで連続処理するケースがあります。下記は、「202301_青森市所得税レポート.pptm」から「202312_青森市所得税レポート.pptm」までの12個の月別ファイルを同じループ処理の中で連続処理する事例です。

　この場合、ウィンドウタイトルを次のように変更するとエラー発生を回避できます(ウィンドウ識別ルールの緩和)。

識別方式	文字列
一致する	2023011_青森市所得税レポート.pptm

識別方式	文字列
を含む	所得税レポート.pptm

144

2-4 その他の基本知識

■図 2-4-4-5：ウィンドウ識別ルールの緩和

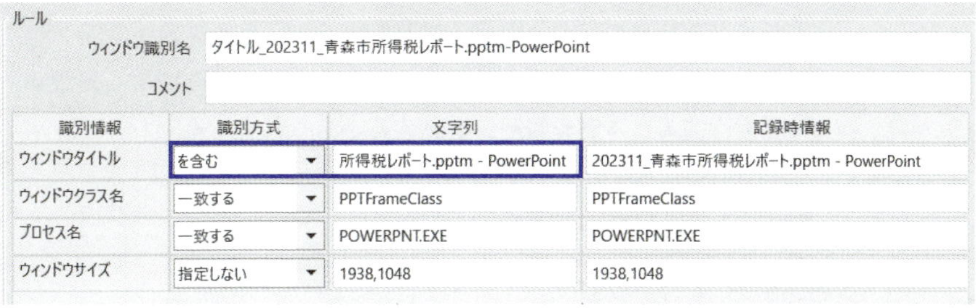

識別情報	識別方式	文字列	記録時情報
ウィンドウタイトル	を含む	所得税レポート.pptm - PowerPoint	202311_青森市所得税レポート.pptm - PowerPoint
ウィンドウクラス名	一致する	PPTFrameClass	PPTFrameClass
プロセス名	一致する	POWERPNT.EXE	POWERPNT.EXE
ウィンドウサイズ	指定しない	1938,1048	1938,1048

ウィンドウ識別名：タイトル_202311_青森市所得税レポート.pptm-PowerPoint
コメント：

ウィンドウ識別エラーを回避するためのキーワードは【ウィンドウ識別ルールの集約】と【ウィンドウ識別ルールの緩和】です。ぜひ覚えておきましょう。

④スクリーンの設定について

ウィンドウ識別名を「(スクリーン)」に設定すると、アプリに関係なく、その時点でアクティブなウィンドウに対して処理を行うことができます。

操作対象アプリケーションの状態によっては、ウィンドウ識別名を設定できない場合がありますが、その際、ウィンドウ識別名を「スクリーン」に設定することで、ウィンドウ識別エラーを回避できる可能性があります。

ただし「(スクリーン)」はデスクトップ画面を示すウィンドウ識別名です。個別のウィンドウを選択した際と比較すると、操作位置を決定するための座標の基準位置も異なりますので、ただウィンドウ識別名を(スクリーン)に変更するだけでは誤動作となる可能性もあるため、注意してください。

● 設定方法

WinActor起動後、ツールバー［記録対象アプリケーション選択］(囲み)をクリック後、アイコンなど何もないデスクトップをクリックすると、自動的にウィンドウ識別名が「スクリーン」になります。

■図 2-4-4-6：記録対象アプリケーション選択

⑤ウィンドウ識別クリアについて

ライブラリパレット[11_ウィンドウ関連]-[ウィンドウ識別クリア]は、ウィンドウ識別名のキャッシュをクリアします。ウィンドウ識別する処理の直前に、都度これを実行するとエラー回避に貢献するかもしれません。

■図 2-4-4-7：ウィンドウ識別クリア

2-4-5 シナリオのスケジュール起動について

WinActorの起動ショートカット作成と、Windowsのタスクスケジューラを組み合わせることでWinActorのシナリオを定期的にスケジュール実行することが可能です。

①WinActorの起動ショートカット作成方法

WinActorの起動ショートカット作成方法はWinActor操作マニュアル 3.11起動ショートカット作成画面に記載がありますが、下記のとおりです。

WinActorのメインメニュー［ツール(T)］-［起動ショートカット作成］をクリックします。

■図 2-4-5-1：起動ショートカット作成

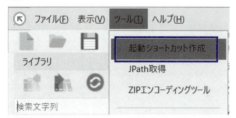

❶のボタンをクリックして、自動実行させるシナリオファイルを選択します。「起動後に実行」にチェックを入れます(❷)。自動実行終了後にWinActorを終了する場合は、「実行完了後に終了」にもチェックを入れます。最後に「作成ボタン」をクリックします(❸)。

2-4 その他の基本知識

■図 2-4-5-2：WinActor起動ショートカット作成画面

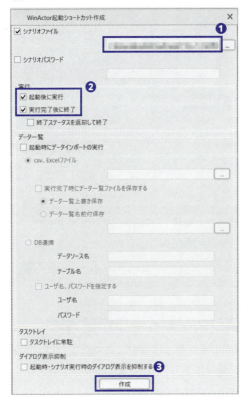

　Shori_Aという名前のショートカットファイル名を作成してデスクトップなどに保存します。

■ 図 2-4-5-3：WinActor起動ショートカットを保存

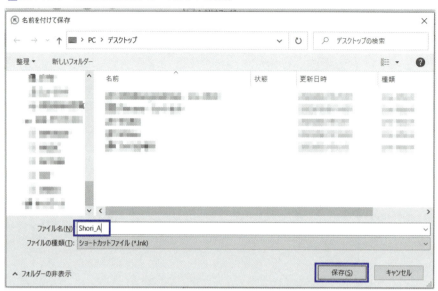

②Windowsのタスクスケジューラ起動方法

　Windowsのタスクスケジューラとは、指定した時間または一定間隔でプログラムやスクリプトを実行する機能であり、Windowsに標準搭載されている機能です。作成した起動ショートカットをタスクスケジューラに設定することでシナリオをタイマー起動で自動実行することが可能です。

　Windows画面最下部の検索窓から"タスクスケジューラ"と入力して、タスクスケジューラを起動します。スタートボタンからも起動できます。

2-4 その他の基本知識

■ 図2-4-5-4：Windows管理ツール

タスクの作成をクリックします。

■ 図2-4-5-5：タスクの作成

　全般タブの「名前」に作成するタスク名を入力します。今回はShori_Aと記入してOKボタンをクリックします。

Chapter02　シナリオ作成基本知識編

図2-4-5-6：タスク名の入力

トリガータブの「新規(N)」をクリックします。

図2-4-5-7：トリガータブ新規作成

新しいトリガーウィンドウでタスクを自動実行するスケジュールを選択しOKボタンをクリックします（下図は毎週月曜16:45に実行する例です）。

2-4 その他の基本知識

■ 図2-4-5-8：タスクの開始時間設定

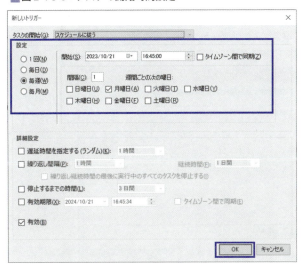

デスクトップに貼ったシナリオの起動ショートカットに戻り、起動ショートカットのアイコンを右クリック−プロパティ−リンク先(T)：欄のすべてをCtrl+Aキーですべて選択(囲み)し、Ctrl+Cキーでコピーします。

■ 図2-4-5-9：シナリオファイルのショートカットのリンク先をコピー

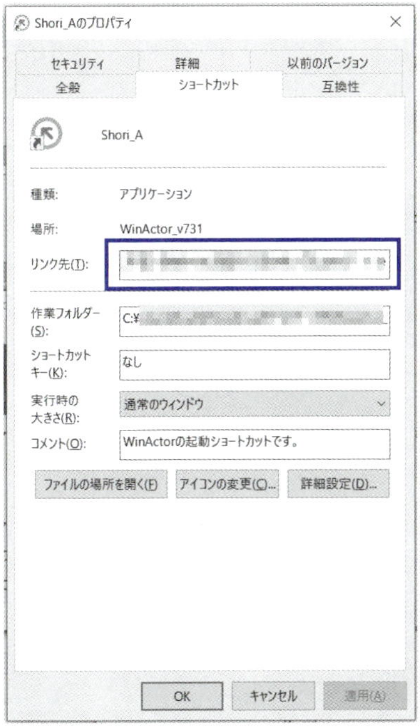

タスクスケジューラに戻り、操作タブの「新規(N)」をクリックします。

■図 2-4-5-10：タスクスケジューラ

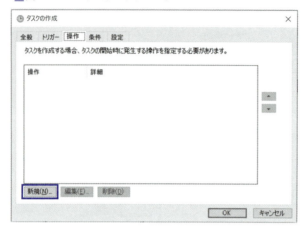

新しい操作ウィンドウでプログラム/スクリプト(P)：(❶)に起動ショートカットのリンクのフルパスを Ctrl+V キーで貼り付けます。

その他、引数の追加がある場合は、引数の追加（オプション）(A)：(❷)にスケジュール起動させるシナリオの情報を下記のフォーマットで記入した後、OKボタン(❸)をクリックします。

■図 2-4-5-11：起動ショートカットのリンクを貼る

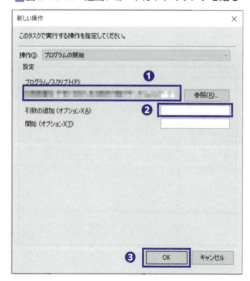

2-4 その他の基本知識

その他、引数に追加できる情報としては、下記のものがあります(出典：WinActor簡易マニュアル[起動オプション])。

■表2-4-5-1：引数に追加できる情報

オプション	設定方法	説明
-f	-f filename.ums7	指定したシナリオファイルを起動時に開きます。
-s	-s scenariopassword	シナリオファイルに設定されたシナリオパスワードを指定することで、そのパスワードに対応するセキュリティモードを適応して、シナリオファイルを開きます。
-r	-r	起動後にシナリオ実行します。
-d	-d datafilepath	指定したデーター覧のファイルを起動時に開きます。
-w	-w delay	指定した時間(ミリ秒)待機します。半角整数で指定します。
-x	-x exportfilepath -x	シナリオの実行完了後に、デー一覧のファイルをexportfilepathに保存します。exportfilepathを省略した場合はデーター覧のファイルを上書き保存します。 ※シナリオの実行中にアクション例外でキャッチされないエラーが発生した場合には、データー覧の保存は行われません。
-e	-e	シナリオの実行完了後に、WinActorを終了します。 ※シナリオの実行中にアクション例外でキャッチされないエラーが発生した場合には、WinActorの終了は行われません。
-ec	-ec	シナリオの実行完了後に、終了ステータスを返却してWinActorを終了します。 エラーが発生した場合には「1」、それ以外(正常終了時)は「0」のステータスが返却されます。 ※コマンドプロンプトにて終了ステータスを受け取る場合は、「start /wait WinActor7.exe -ec ～」と入力し、WinActorの終了をお待ちください。
-t	-t	メイン画面を表示せず、WinActorをタスクトレイに収容した状態(最小化した状態)で起動します。
-p	-p password	起動パスワードを指定します。 ※フル機能版のみ使用可能です。※起動パスワード設定した場合のみ有効となります。 ※起動パスワード設定せずに使用した場合、警告画面表示後、起動します。
-od	-od datasorce	データー覧のDB連携のデータソース名を指定します。
-ou	-ou user	データー覧のDB連携のユーザ名を指定します。

Chapter02　シナリオ作成基本知識編

-op	-op password	データ一覧のDB連携のパスワードを指定します。
-ot	-ot table	データ一覧のDB連携のテーブル名を指定します。
-sl	-sl WinActor	起動時、またはシナリオ実行時に表示されるダイアログを非表示にします。 ※シナリオに含まれるダイアログ(待機ボックスノード、インプットボックスノード、選択ボックスノードなどを実行して表示されるもの)は表示されます。
-sa	-sa filename.ums7	指定したファイル名でシナリオファイルを保存して、WinActorを終了します。

　引数が[プログラム]ボックスに含まれているように見えます〜というメッセージが表示されるので、「はい」をクリックします。

　OKボタンをクリックします。

■ 図2-4-5-12：タスクの作成完了

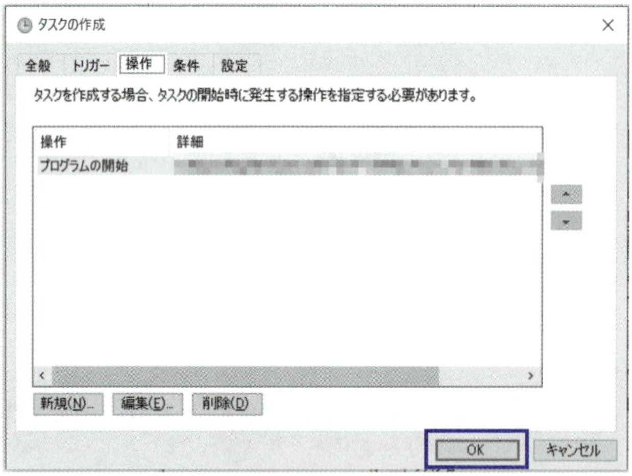

　以上で、シナリオのスケジュール起動の方法の解説を終わります。
　会社によっては、セキュリティの関係で、タスクスケジューラ起動をさせないようにしている場合があるようです。
　その場合は、WinActor Manager on Cloud、WinDirector powered by NTT-ATなど、他のソフトを使ってスケジュール起動させる方法があります。

2-4 その他の基本知識

シナリオ実行中のスクリーンセーバー起動抑止機能

　WinActorVer.7.2.0からスクリーンセーバーによるシナリオ実行の失敗を防ぐためのシナリオ実行中のスクリーンセーバー起動抑止機能が提供されました。
　この機能を利用するためには、WinActorへの設定の他、WinActorに付属する仮想キーボードドライバをインストールする必要があります。手順は以下のとおりです。

管理者ユーザでのドライバインストール

　管理者ユーザ用インストーラーでWinActorをインストールする際、仮想キーボードドライバも一緒にインストールすることができます。
　WinActorのインストールウィザードの「追加タスクの選択」で、「【スクリーンセーバー解除機能用】仮想キーボードドライバをインストールする」にチェックを付けて、WinActorをインストールしてください。

■図2-4-5-13：仮想キーボードドライバをインストールするにチェック

155

すでに WinActor インストール後の場合

WinActor インストール時に仮想キーボードドライバをインストールしなかった場合でも、次に記載する手順で仮想キーボードドライバをインストールすることができます。

● ドライバインストール

WinActor インストール先に配置されている以下のファイルを管理者権限で実行してください。ファイルのある場所は、WinActor をデスクトップ\WinActor7\ にインストールしたという前提で説明します)

64bit環境の場合：

デスクトップ\WinActor7\drivers\virtualhid\x64\installdriver.exe

32bit環境の場合：

デスクトップ\WinActor7\drivers\virtualhid\x86\installdriver.exe

※管理者権限での実行を確認するダイアログが表示されますので、必要に応じてアカウント情報を入力後に「はい」ボタンを押してください。

ドライバを有効化するためには、ドライバインストール後にPC再起動してください。

またアンインストールしたい場合は同フォルダの「removedriver.exe」を実行してください。

● インストール後の設定

ドライバをインストール後、WinActor起動後メニューバー［ツール（T）］－［オプション］をクリックし、［スクリーンセーバー］タブより、「シナリオ実行中にスクリーンセーバーを起動しない」と「シナリオ実行時にスクリーンセーバーを解除する」をクリックしてONにしてください（初期値はONです）。

解除パスワードを設定している場合は、解除パスワードも入力してOKボタンをクリックしてください。

■ 図 2-4-5-14：オプション設定

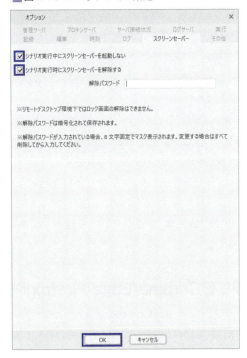

※上記設定手順の詳細はWinActorインストールマニュアルの「1.5 スクリーンセーバー解除機能用仮想キーボードドライバ」及びWinActor操作マニュアルの「1.17 スクリーンセーバー解除機能」をお読みください。

2-5 V7.3.0～7.4.4で追加された主な新機能について

2-5-1 新ブラウザ拡張機能

起動済みのブラウザに対する操作が可能

　WinActor Ver.7.4.0 以降は、シナリオ実行前に手動でWebサイトの認証処理を済ませておくことにより、シナリオに認証情報を記述することなく、Webサイトの操作が可能になりました。この機能を使うためには、ブラウザへ新ブラウザ拡張機

Chapter02　シナリオ作成基本知識編

能をインストールいただく必要があります。

　Ver.7.3.1以前のバージョンでもブラウザ拡張機能は存在しましたが、Ver.7.4.0以降は、新ブラウザ拡張機能と呼んでいるようです。見かけは以前のブラウザ拡張機能とほとんど変わりません。新ブラウザ拡張機能は、ブラウザ名称を入れてChrome拡張機能などと呼ばれたり、ソフトウエアの名称で「WinActor7 Browser Agent」と呼ばれることもあります。

　Ver.7.3.1以前のバージョンでは、WebDriverでブラウザを操作していました。WinActor Ver.7.4.0以降のバージョンでは、WebDriverでのブラウザ操作と新ブラウザ拡張機能でのブラウザ操作のいずれかを選択できます。

　初心者の方は、初期値のWebDriverでのブラウザ操作を選択されることを推奨します。

　なお、ブラウザ操作方法については、1-3-3で詳しく説明してありますので、興味のある方は併せてお読みください。

IEと同等のライブラリをChrome/Edge/Firefox向けにも提供

　IEで提供されていたライブラリと現在Chrome/Edge/Firefox向けに提供されるライブラリは異なる技術（前者はXHMLのタグでブラウザを操作、後者はXPathで操作）で開発されました。

　IEの技術を引き続き使いたい人向けに、IEと同等のライブラリをChrome/Edge/Firefox向けにも提供し、IEからのブラウザ移行を容易にしています。

　ただし、これから初めてWinActorを使う方は、これらのライブラリを使う必要はないと思います。

2-5-2　画面状態確認機能

　本書はWinActorVer7.4対応ですが、個人的にはWinActorの過去最大のバージョンアップは、Ver7.3.0で追加された「画面状態確認機能」だと考えます。

　今までのWinActorを含むRPA開発経験から、シナリオを実行中、シナリオが途中で止まる最大の原因は、RPAの動きとRPAが操作するブラウザやアプリケーションの画面遷移の同期ずれだと言えます。

　ブラウザやアプリケーションの画面遷移はRPAの動作に比べて遅いため、RPAがボタンのクリックをしようとしても、Webページはそのページの読み込み完了待ちをしている事態がよく発生します。

　この同期ずれが発生すると、RPAがボタンをクリックしようとしてもボタンをクリックできないため、シナリオが止まってしまいます。

158

2-5 V7.3.0 ～ 7.4.4 で追加された主な新機能について

　　Ver7.3.0以前のWinActorでは、同期ずれを発見する都度、指定時間待機ノード
を挿入して、同期ずれを調整していたため、開発者の負担になっていました。

　　Ver7.3.0で追加された「画面状態確認機能」を利用することで、シナリオ実行時に
操作対象が操作可能となるまでノードの実行を自動的に待機するようになります。

　　更にVer7.4では主要ライブラリに「タイムアウト設定」が追加されているため、
Ver7.4では、「指定時間待機」の代わりに「指定時間待機」の直前のライブラリの「タ
イムアウト設定」をお使いください。

　　※本書で紹介するシナリオはWinActorVer7.2で作成しました。それもあって「画面状態
　　　遷移機能」や待機時間指定ノードは使っておりません。「画面状態遷移機能」は必要に
　　　応じて使う機能であることは留意してください。

3段階の最大待機時間設定

　　「画面状態確認機能」の利用イメージは次のとおりです。ライブラリパネルの[23_
ブラウザ][03_クリック]のクリックライブラリで説明します。

　　クリックライブラリを新規シナリオのシナリオ編集エリアに配置した後ダブルク
リックすると、プロパティが画面右側に表示されます（下図参照）。

■ 図 2-5-2-1：「画面状態確認機能」に関係する設定項目

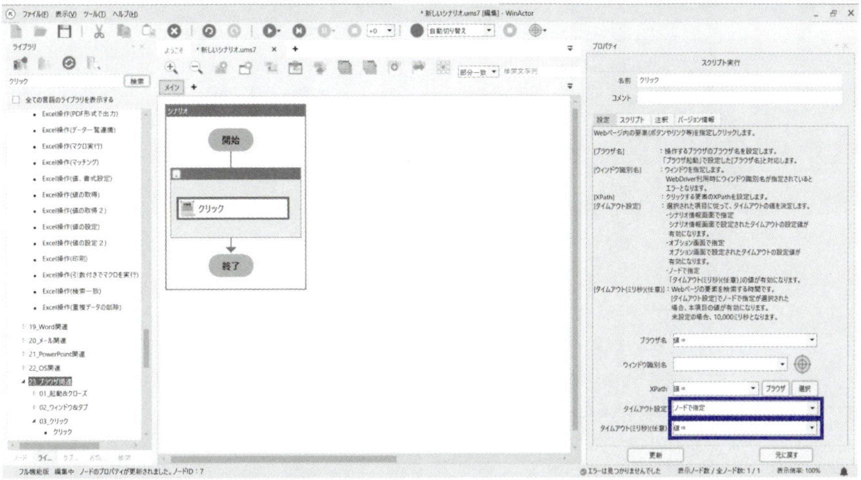

　　「画面状態確認機能」に関係する設定項目は、[タイムアウト設定]と[タイムアウ
ト]の2つです。

　　[タイムアウト]とは操作対象が操作可能になるまで待つ最大待機時間のことで
す。最大待機時間までに操作可能にならない場合はエラーとなります。

　　[タイムアウト設定]とはタイムアウトの時間をどこで設定するかを決めます。[タ
イムアウト設定]には「シナリオ情報画面で指定」「オプション画面で指定」「ノードで

159

Chapter02　シナリオ作成基本知識編

指定」の3段階の選択肢が表示されます。

この違いは、次のようになります。

「オプション画面で指定」	WinActorで扱うすべてのシナリオで共通のタイムアウト値を設定
「シナリオ情報画面で指定」	個別のシナリオで共通のタイムアウト値を設定
「ノードで指定」	個別のノードで個別のタイムアウト値を設定

［タイムアウト設定］を具体的にどこで設定するか見ていきます。

「オプション画面で指定」

WinActor を起動し、メニューバーの「ツール」→「オプション」→「実行」をクリックします。

囲みにタイムアウト時間をミリ秒で設定します。初期値は10秒です。

■図2-5-2-2：オプション画面で指定

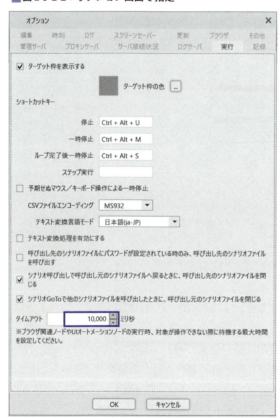

「シナリオ情報画面で指定」

WinActorを起動し、任意のシナリオを開いてフローチャートツールバーの(❶)のボタンをクリックするか、Ctrl+Eを押して、シナリオ情報画面を表示させ、タイムアウト(❷)をクリックします。

［タイムアウト設定］(❸)とはタイムアウトの時間をどこで設定するかを決めます。

［タイムアウト設定］には「シナリオ情報画面で指定」「オプション画面で指定」の選択肢が表示されます。初期値は「オプション画面で指定」です。

「シナリオ情報画面で指定」を選ぶ場合はタイムアウト(❹)もミリ秒で指定してください。初期値は10秒です。

■ 図2-5-2-3：シナリオ情報画面で指定

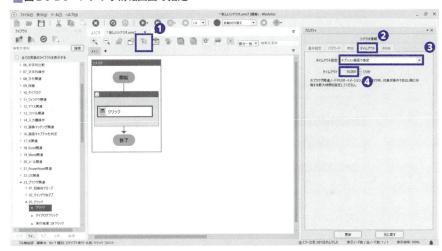

「ノードで指定」

これについては、図2-5-2-1:「画面状態確認機能」に関係する設定項目で、クリックライブラリを例に説明済みですので、説明を省略します。

やや設定が複雑な「画面状態確認機能」ですが、現場で使われる際は、まず全社的に決められたコーディング規約に基づきオプション画面で共通のタイムアウト時間を設定後、操作対象のWebページの特性に合わせて、個別のライブラリのプロパティで、ノード指定のタイムアウト時間を設定する使われ方が多い気がします。

Webページ向け画面状態確認機能

シナリオ単位やノード単位で画面状態確認するだけでなく、Webページでテキストやボタン、リンク等の状態変化を待機する機能も提供されました。この機能を使

えば、読み込みに時間を要するWebページや、検索結果を順次表示していくようなWebページに対して、特定の要素が表示されるまで待機することができます。

シナリオに合わせて、対象要素の出現だけでなく、「特定の値になるまで」「対象要素が消滅するまで」等の条件で待ち合わせを行えます。

特定の値を監視する機能は、ライブラリパネルの[23_ブラウザ][04_待機]の状態変化待機(値)ライブラリで、特定の要素の状態を監視する機能は、ライブラリパネルの[23_ブラウザ][04_待機]の状態変化待機(要素)ライブラリで実現しています。

具体的な利用イメージは下図をご覧ください。

■ 図 2-5-2-4：Webページ向け画面状態確認機能の実現手段

2-5-3 ライブラリ等のオンラインアップデート機能

Ver7.3.0でWinActorの本体、WebDriver（ただしEdgeのWebDriverを除く）、及びシナリオファイルに含まれないライブラリをオンラインで更新できるようになりました。

Ver7.4.0からは、設定を行えば、EdgeのWebDriver及びシナリオファイルに含まれるライブラリもオンラインで更新できるようになりました。設定の詳細は、1-3-4を確認してください。

2-5-4 CloudLibrary検索機能

Ver7.3.0で追加されたCloud Library検索機能では、新規追加した「検索」パレットより、同梱ライブラリの他、Cloud Library上のライブラリやサンプルシナリオも含めたシナリオ利用可能な部品を横断検索できます。

Cloud Libraryではシナリオ作成に便利な1600種類以上のライブラリやシナリオを提供しており、検索結果に表示されたライブラリやサンプルシナリオはそのままシナリオ作成に利用可能です。例えば、Cloud Libraryのプチライブラリを検索する場合は、WinActor起動画面左下の「検索」タブをクリック後、下図（❶）（❷）にチェックを入れて、（❸）をクリックすれば、検索できます。

■ 図2-5-4-1：Cloud Library プチライブラリ検索方法

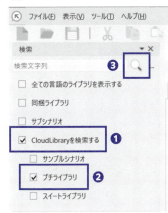

著者が現場で習得した様々なシナリオ作成 TIPS

本Chapterでは、WinActorシナリオ作成者がシナリオ作成時に知っておいた方が良い様々なTIPSをカテゴリー別に解説していきます。

3-1 設定

①WinActor初期設定の変更

　本書では、WinActorの一部の初期設定を本項目のように変更しています。変更方法は下記のようになります。

　WinActorツールメニュー［ツール（T）］−［オプション］−［記録］を選択します。「変数を自動生成する」と「画像キャプチャをする」のチェックボックスをクリックしてOFF（❶）にし、OKボタン（❷）をクリックします。

■図3-1-1：記録タブの設定

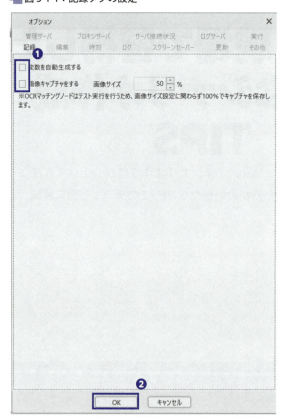

　ここで「画像キャプチャをする」をOFFにすると、イメージ画像のログが出力されなくなりますが、シナリオサイズがコンパクトになり、シナリオ起動も速くなるため、デメリットよりもメリットの方が大きいです。

ただ、「画像キャプチャをする」をOFFにすると、[エミュレーション]ノードのプロパティでキャプチャ画像上で座標確認(以下の図の囲み部分)ボタンが押せなくなります。

この機能は、画面上でマウスクリック位置の絶対座標位置を取得するためには便利な機能ですので、必要な場合は、一時的に「画像キャプチャをする」をONに切り替えるなどして臨機応変にお使いください。

図3-1-2：[エミュレーション]ノードの座標確認ボタン

また、[エミュレーション]ノードでターゲット選択ボタンをクリックする際にWinActorの画面が消えないと使いづらいため、同じオプション画面の「編集タブ」をクリックして、「ターゲット選択時にWinActorの画面を消す」のチェックボックスをクリックしてON(❶)にします。

また、プロパティ画面切り替え時、プロパティを自動保存してくれると便利なため、「プロパティ画面切り替え時、プロパティを自動保存する」のチェックボックスもクリックしてONにしておきましょう(❷)。最後にOKボタン(❸)をクリックします。

図3-1-3：編集タブの設定

3-2 コード

①WinActorが使う文字コードはSHIFT-JIS

　WebスクレイピングやExcelシートの転記をするシナリオを作成する場合は、文字コードを意識されることはないと思いますが、Gmail操作などの電子メール操作をする場合は、シナリオ作成時に文字コード選択を迫られる場合もあるかと思います。
　WinActorが使う文字コードはSHIFT-JIS（Windowsのメモ帳の設定ではANSI）ですので、覚えておいてください。

②改行コードとTABコードについて

　文字列操作をする独自ライブラリをVBScriptで作成する場合、改行コードやTABコードを意識する必要のある場合があります。その場合、改行コードはWindowsPCではVbCrLf、Excelファイル内の改行コードはVbLfと表記しますので注意してください。

　TABコードはVbTabです。ノードパレットの[スクリプト実行]のスクリプトタブに下記のコードを貼れば、改行コードをWinActor変数として扱うことができます。

```
Call SetUMSVariable($変数名$, VbCrLf)
```

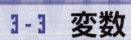

3-3　変数

①シナリオで扱うデータはできるだけ変数にしよう

　シナリオで扱うデータは「値 ⇒ 」に値を直接記入するのではなく、変数化すると、データの意味がわかりやすくなり、シナリオの保守性が向上します。具体例をひとつ上げましょう。

　下記は3つの文字列を連結してデータファイルパスを作成した事例です。

　図3-3-2は、ファイルパスや数値を、値⇒に直書きして3つの文字列を連結した事例で、図3-3-1は、ファイルパスや数値を、いったん変数に入れて文字列連結して作成した事例です。図3-3-1の方が、わかりやすくなることが実感いただけると思います。

Chapter03　著者が現場で習得した様々なシナリオ作成TIPS

■図 3-3-1

■図 3-3-2

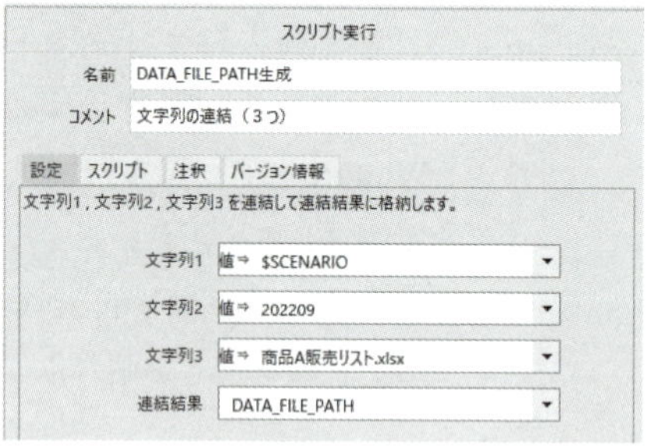

②役に立ちそうな特殊変数の紹介

「特殊変数」とはシステム側であらかじめ用意された変数です。

特に、特殊変数$SCENARIO-FOLDERを使うと、シナリオとシナリオで開くExcelファイルを同じフォルダーに入れている場合、Excelファイルパスをシナリオフォルダーからの相対パスで指定できるため、シナリオフォルダーをどのフォルダーに移動しても、シナリオを変更する必要がなく便利です。ぜひ活用しましょう。

WinActorv7.4では、データファイルパスをシナリオフォルダーからの相対パスで指定できるため、特殊変数$SCENARIO-FOLDERを使わなくても良いというご意見もあると思いますが、外部から取得したライブラリには、この方式に対応していない場合があるため、筆者としては安全策でこの方式でデータファイルパスを指定することを推奨します。

■図 3-3-3：Excelファイルパスをシナリオファイルパスからの相対位置で取得した事例

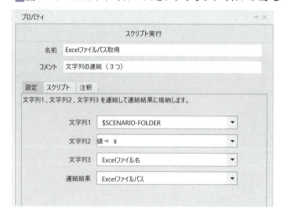

170

3-4　ユーザーライブラリ

①WinActorで利用可能なショートカットキー

シナリオ作成時の繰り返しのマウス操作は腕が疲れます。頻繁に使う幾つかの機能にはショートカットキーが準備されていますので、できるだけショートカットキーを使うようにしましょう。

シナリオ実行	F5
シナリオステップ実行	F7
変数一覧タブ表示	Ctrl+3
シナリオ一時停止	Ctrl+Alt+P
シナリオ停止	Ctrl+ Alt +U
シナリオ上書き保存	Ctrl+S

②ユーザーライブラリの検索方法

シナリオは、ノードやユーザーライブラリを、ノードパレットやライブラリパレットからフローチャート内に配置して作成します。ユーザーライブラリは数が多いため、ライブラリパレットのフォルダー構成を知らない初心者の方は、必要なユーザーライブラリを探すのに時間がかかるかもしれません。その場合は下記の手順で検索して見つけてください。[エミュレーション]ユーザーライブラリを検索する事例で説明します。

まずWinActor起動画面左下のライブラリパレットのライブラリタブをクリックします。

■ 図3-4-1：ライブラリタブをクリック

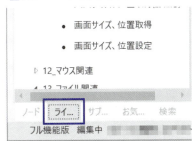

ユーザーライブラリ名を検索窓に入力(❶)します。
※ユーザーライブラリ名の一部を入力すれば、その名前を含むユーザーライブラリを検索します。

検索ボタンをクリック(❷)し、検索対象ユーザーライブラリにマウスカーソルが移動します(❸)。

■図3-4-2：[エミュレーション]ユーザーライブラリの検索

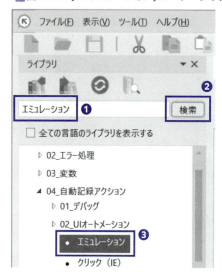

③ユーザーライブラリのオリジナル名の扱い

　ユーザーライブラリを、ライブラリパレットからフローチャート内にマウスで配置した後、名前を、シナリオ内での具体的な役割の表現に変えてしまうことはよくあります。次の図は「文字列の連結(3つ)」ユーザーライブラリ名を「PowerPointファイルパス作成」と変更した事例です。

図3-4-3：オリジナル名はノードのコメント欄に記入

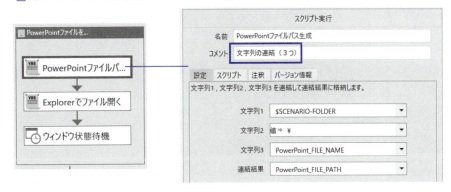

ただ、ユーザーライブラリ名を変えてしまうと、オリジナルのユーザーライブラリ名がわからなくなりますので、コメント欄に元の名前を記入しています。

これはシナリオの保守性を高めるためのベストプラクティスのひとつですので、ぜひ読者の皆さんも使ってみてください。

④ユーザーライブラリの追加方法

公開されていたり、他人からもらったりしたユーザーライブラリは、下記の手順で自らのユーザーライブラリに追加できます。

追加したいユーザーライブラリを指定のフォルダーへ保存

Windowsのバージョンによって詳細が異なりますが、WinActorをインストールすると、自身のドキュメントフォルダーに次のようなフォルダーが作成されています。そこに追加したいユーザーライブラリを移動・コピーします。

C:\(環境により異なるので省略)\Documents\WinActor\libraries

「ライブラリ更新」をクリック

次の図の、WinActorの「ライブラリ更新」ボタンをクリックすると、保存したライブラリが表示されます。

Chapter03　著者が現場で習得した様々なシナリオ作成TIPS

■図 3-4-4：ライブラリ更新ボタンをクリック

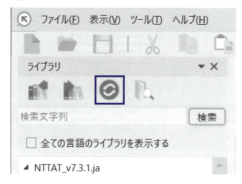

⑤ノードのプロパティ設定項目の「値 ⇒ 」と「＊」の相違

変数とは、データや値を一時的に入れておく入れ物のことです。

また、シナリオを作る際は、フローチャート表示エリアの[開始]と[終了]の間に並んだノードのプロパティを設定して行くことで、プログラム(シナリオ)を作成していきます。

プロパティを設定する際に、変数を選択したり、なければ変数を新規作成したり、変数を使わないで値を直接入力したりします。

次の図はWeb上のテキストボックスに文字列"1234"を設定する例です。

「文字列を送信」ノードは、指定したWebページ上のテキスト入力欄などに文字列を送信する機能を有します。

値を直接入力する場合は、マウスを一番上の「値 ⇒ 」まで移動して値を直接入力してください。

■図 3-4-5：送信文字列を「値 ⇒ 」に設定

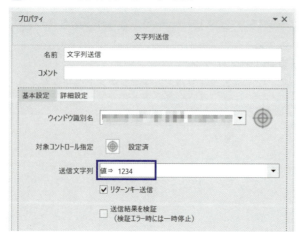

174

新たな変数を作成する場合は、マウスを一番下の「＊」まで移動して変数名を入力してください。

■ 図3-4-6：新たな変数を作成する場合

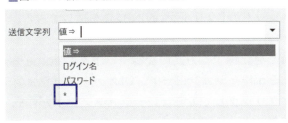

変数を選択する場合は、マウスでクリックして表示された変数の中から選択してください。

■ 図3-4-7：変数を選択する場合

⑥ マウスクリック位置絶対座標の求め方

画面上でマウスをクリックさせる場合、マウスクリック位置の絶対座標を知りたい場合があります。

マウスクリック位置の絶対座標の求め方は、383ページの「サンプルデータをクリアする」項目の中で解説しています。

⑦「クリック」ユーザーライブラリでクリックできない場合の対処策

ChromeでWebページ上の要素をクリックする場合、通常はライブラリパレットの［クリック］をマウスでフローチャートに配置後、Chromeデベロッパーツールで Copy XPathを取得して、プロパティにXPathを設定して使います。

しかし、稀にこの方法ではクリックできない場合があります。その場合には、筆者の経験では次の順番で代替策を検討することを推奨します。

Copy XPathの代わりに Copy full XPath を[クリック]のプロパティに設定してみる。それでも駄目な場合は、本書254ページの「③XPathの設定方法」項目を参考に、XPathを作り直す。

ライブラリパレットの[クリック(WIN32)]を試してみる。

マウス操作などを記録する方式の記録モードをChromeモード、イベントモード、エミュレーションモード、UIオートメーションモードに順番に変更して、クリックしてエミュレーションノードが作成できるモードがないか調べる。

マウスクリック位置絶対座標(x、y)を調べた後、ライブラリパレットの[マウス移動2]と[マウス左クリック]を組み合わせて使う。

[画像マッチング]もしくは[輪郭マッチング]を使う。

　[画像マッチング]と[輪郭マッチング]は、PCスクリーン上の特定画像を検索させ、検索された画像を起点に特定の場所でマウスを自動クリックする機能です。

　ただし背景が暗く、テキストフォントが黒い場合、テキスト画像にマッチしない場合があります。また、個人的な経験では、マッチング画像として、図形画像よりも、テキスト画像を選んだ方が安定して動くようです。

　「後判定繰り返し」と組み合わせれば、特定画像が表示されている間、処理を一時停止させることも可能です。

　またマッチング画像のサイズが記録時と実行時で異なると動きません。とても繊細な機能なので、原則として自分のPCで作成した[画像マッチング]は他人のPCで動きません。

　マッチング画像は大きくする方が安定動作するようです。また、必ず事前にブラウザのズーム比率を100%にしましょう(キーボード操作エミュレーションでCtrl+0キーが簡単に100%になって便利です)。

　私が受けた過去の研修では、シナリオ内で画面サイズを固定すると、他人のPCでも動く[画像マッチング]と[輪郭マッチング]を作成できると教わりました。やや面倒ですが、興味がある方はトライしてみてください。

　ユーザーライブラリの「画面サイズ、位置取得」と[待機ボックス]を接続すると、画面サイズを指定する4個のパラメータを現在値に取得できますので、この4個のパラメータを「画面サイズ、位置設定」に設定して実行すれば、同じ画面サイズを他PCでも再現可能となります。

3-4 ユーザーライブラリ

■ 図3-4-8：画面サイズや位置の取得方法

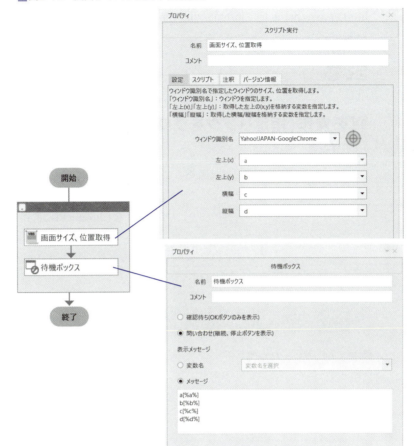

サンプルファイル 画面サイズや位置の取得方法

　フレームを使ったWebページの場合は、ライブラリパレットの[ウィンドウ識別クリア]を直前に作成したノードの直下に配置した後、外側のフレームから順番にライブラリパレットの[フレーム選択]を直前に作成したノードの直下に配置し、最後にライブラリパレットの[クリック]を直前に作成したノードの直下に配置する必要があるようです。

　その他、やや難しいですが、ChromeデベロッパーツールでCopy XPathやCopy full XPathで正しいXPathが取得できない場合、あくまで正しいXPathを調べるやり方もあります。興味のある方は、下記のサイトなどを参考に正しいXPath取得方法を研究してみてください。

177

- XPath解説サイト

https://www.octoparse.jp/blog/xpath-introduction/

⑧「IE操作（指定リンクをクリック）」をChrome用に置換する方法

　IEが2022年6月以降使えなくなったことから、IEのライブラリをChrome用に置換された方も多いと思います。

　[IE操作（指定リンクをクリック）]ライブラリをChrome用に置換するためには、ライブラリパレットの[クリック]をフローチャートに配置します。

　その後、例えば、"peach"の文字列を含む指定リンクをクリックする場合は、XPathに次のような内容を記入します。

```
//a[contains(text(), "peach")]
```

▪図3-4-9：クリックの設定

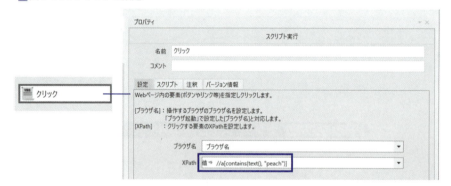

⑨Chromeウィンドウをすべて閉じる方法

　指定したブラウザ名のブラウザを閉じたり、WinActor起動中に「ブラウザ起動」で起動したすべてのブラウザを閉じるライブラリはありますが、起動中のChromeウィンドウをすべて閉じるライブラリはありません。そのようなニーズもあるかと思いますのでその方法を紹介します。

　ライブラリパレットの[コマンドを実行する(PowerShell, コマンドプロンプト)]をフローチャートに配置後、コマンド欄に以下の内容を記入して独自ライブラリを作成します。

```
cmd /c taskkill /IM chrome.exe
```

■ 図3-4-10：Chromeをすべて閉じる独自ライブラリの作成方法

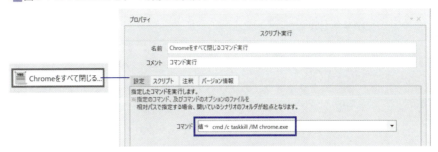

⑩プリンタドライバを簡単に変更する方法

シナリオの中でプリンタドライバを変更するニーズもあるかと思いますので、方法を紹介します。

ライブラリパレットの[コマンドを実行する(PowerShell, コマンドプロンプト)]をフローチャートに配置後、コマンド欄に次のように記入して独自ライブラリを作成します。

```
rundll32 printui.dll,PrintUIEntry /y /n "プリンタ名"
```

下図はプリンタドライバをMicrosoft Print to PDFに変更する場合の設定事例です。

■ 図3-4-11：プリンタドライバ変更独自ライブラリの作成方法

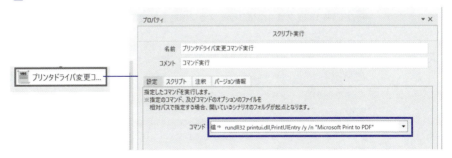

Chapter03 著者が現場で習得した様々なシナリオ作成TIPS

⑪IEでクリックした位置を調べる方法

IE（Internet Explore）は2022年6月16日にマイクロソフトサポートが終了しました。その結果、IEをベースにWinActorシナリオを開発してきたプログラマには、WinActorシナリオで使用していたブラウザをIEから他のブラウザに変更する仕事が発生しました。

IEを起動できない状態で、IEでクリックしていたブラウザのUI要素の位置をどのように調べれば良いでしょうか？

クリックライブラリのプロパティの詳細設定タブに対象特定種別（属性）が記載されているのでその値で検索してUI要素の位置を調べるのが基本的な手順です。

具体的には、［IE操作（指定CLASSをクリック）］ライブラリの場合はプロパティの設定の「class」、［クリック（IE）］ライブラリの場合は、プロパティの詳細設定の「name,type,id,value」の4つの対象特定種別がありますので、これを使います。

typeやvalueは、複数のUI要素が該当する場合があるため、対象の特定が困難かもしれません。もし可能であれば、nameやidの値で検索することを推奨します。

［クリック（IE）］ライブラリでnameがdescriptionだった場合は、Chromeのデベロッパーツールでdescriptionを検索して見ると良いでしょう。

■ 図3-4-12：[IE操作（指定CLASSをクリック）] ライブラリの対象特定種別（属性）を調査

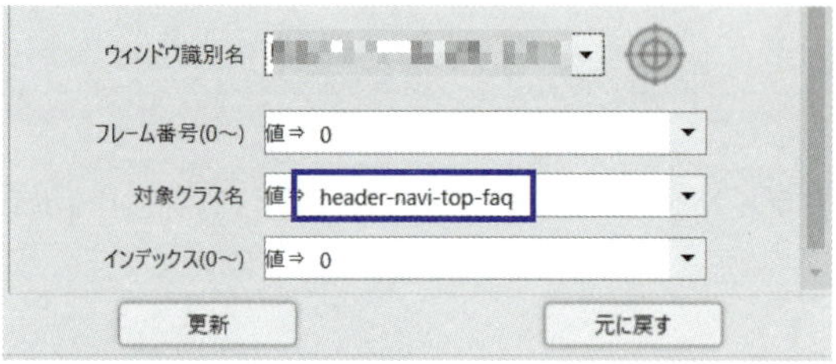

■ 図3-4-13：[クリック(IE)]ライブラリの対象特定種別（属性）を調査

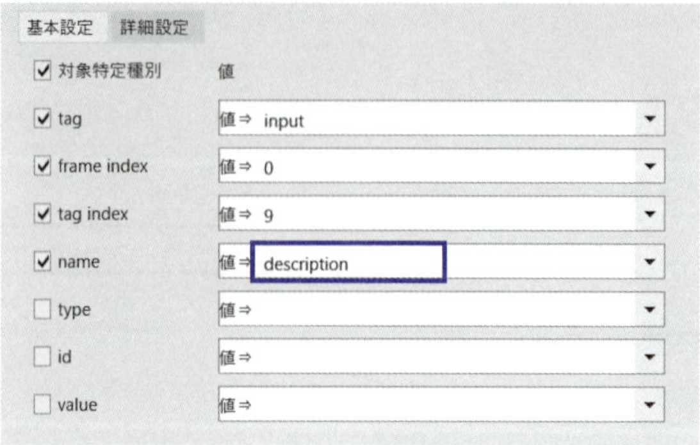

⑫「画像マッチング」は使わない

「画像マッチング」ノードは非常に不安定なノードのため、一度正常動作しても、数日後に正常動作しなくなるケースが多いです。より安定性が高く類似機能を持つ「輪郭マッチング」ノードがあるにも関わらずこのノードを残してある理由がわかりません。どうしても「画像マッチング」ノードを使いたい場合は「輪郭マッチング」ノードを使いましょう。

3-5 正規表現

①正規表現チェッカーについて

正規表現を使うと、ノードパレットの[分岐]や、以下に紹介するプチライブラリの[正規表現(文字列抽出)]※で複雑な検索条件式を柔軟に指定できます。

- 株式会社NTTアドバンステクノロジが運営するプチライブラリ提供サイト
https://winactor.biz/library/2021/03/12_3788.html

※ WinActor 7.2.1以降は本体に同梱されている「正規表現(文字列抽出)」で同等の機能を使えます

ただこれらが難しいと感じた場合、以下の「正規表現チェッカー」を使うと正規表現の動作チェックが容易にできます。正規表現を使われる方は実行前にこれで試してみることをお勧めします。

- 正規表現チェッカー（WEB ARCH LABO/ Tools/WEB開発サポートツール）
https://weblabo.oscasierra.net/tools/regex/

Chapter03　著者が現場で習得した様々なシナリオ作成TIPS

②正規表現で日本語と英語の識別も簡単

　　正規表現を使うと、テキストファイルの内容が日本語か英語なのかの識別も簡単にできます。海外に進出している企業の中には、外国人には英語で、日本人には日本語で情報連絡したい場合も多いのではないでしょうか。変数「文字列」に1文字でも日本語があれば日本語の処理、なければ英語の処理を行うシナリオは下記の通りです。

　　正規表現パターン(囲み部分)は、[^\x01-\x7E]を入力しています。

■ 図3-5-1：変数「文字列」に1文字でも日本語があれば日本語の処理、なければ英語の処理を行うシナリオ

182

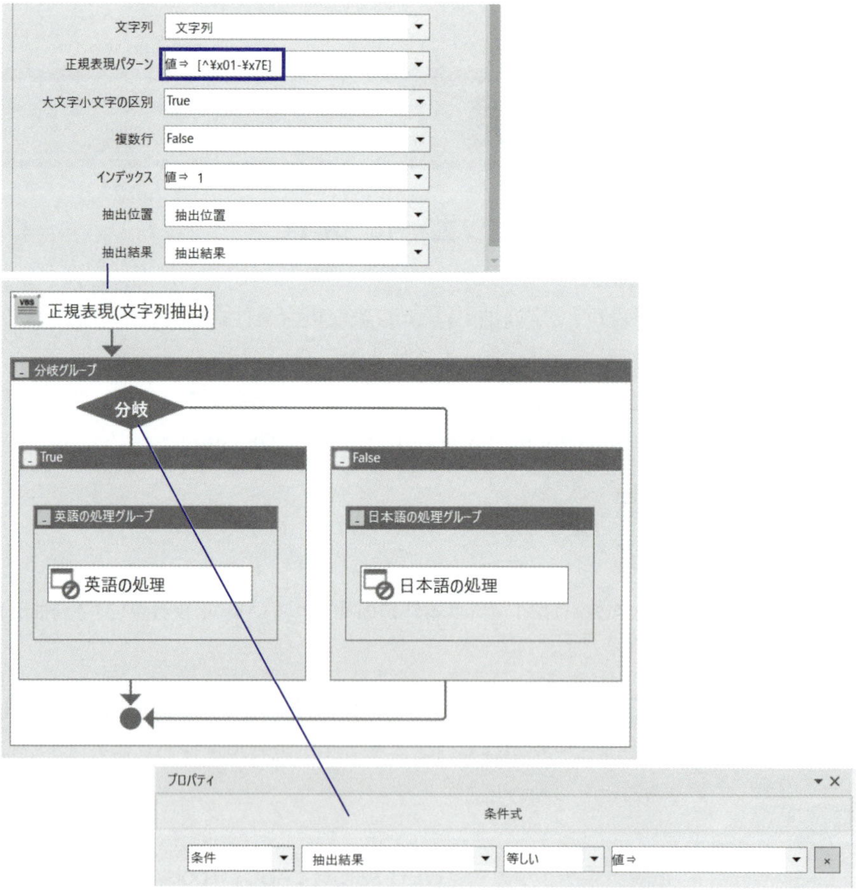

3-6　Excel操作

①[Excel開く（前面化）]の後にウィンドウ状態待機は不要

　ライブラリパレットの[Explorerでファイル開く]の後に、ノードパレットの[ウィンドウ状態待機]を配置して、ファイルが開くの待つ方は多いと思いますが、ライブラリの仕様上Excelが開くのを自分で待ってくれるため、ライブラリパレットの[Excel開く（前面化）]の後に、ノードパレットの[ウィンドウ状態待機]の配置は不要です。

②Excelファイルが開かない場合の対策

　リモート環境でExcelファイルを開いたり、複数のシート間でリンクを多数張っているExcelファイル、容量の大きなExcelファイルなどは開くのが遅い場合があり、場合によってはいくら待っても開かない場合があります。
　そのような場合は、事前にExcelファイルを開いた後で、シナリオを実行しましょう。既に開いているExcelファイルをシナリオで開いてもエラーにはなりません。

③クラウド上に置いたExcelファイルが開けない事象

　Excelファイルをクラウド上に置いた場合、ライブラリパレットの[Excel開く（前面化）]を使って、Excelファイルを開いたところ、下記のエラーメッセージが出て、Excelファイルを開けない場合がありました。

■図3-6-1：エラーメッセージ

　デスクトップをよく見ると、Windows10タスクバーの近くに、2枚のExcelウィンドウが小さく開いています。ひとつは、開きたかった本来のExcelファイル、もうひとつは何も入っていないExcelウィンドウです。

■ 図3-6-2：Windows10タスクバーの近くの2枚のExcelウィンドウ

　この後者のExcelウィンドウを閉じて、前者のExcelウィンドウを開いたままで、再度シナリオを実行すると、問題なく、シナリオは動きました。おそらく、ネットワークが混雑して、タイミングがずれて、複数のExcelが同じExcelファイルを開きに行っているからだと推定されます。
　このような場合、時間をあけて再度シナリオを実行すると、問題なくExcelファイルが開ける場合が多いです。
　なおNTTアドバンステクノロジ社運営のサイトには別の方法も案内されています。

- WinActor よくあるご質問

https://www.matchcontact.net/winactor_jp/faq.asp?faqno=JPN00431

3-7　WinActor操作

①技術的な質問の問い合わせ先

　シナリオ作成時にわからないことが発生した場合、詳しい人は近くにいない場合は、まず、WinActorライセンスを購入した、WinActor販売代理店に聞きましょう。有償/無償の様々なサポートをしてくれるはずです。
　株式会社NTTデータが運営する「WinActorユーザーフォーラム」に無料アカウントを作成して質問することもできます。おおよそ一両日以内にシナリオ作成有スキル者が回答を書いてくれます。

● WinActorユーザーフォーラム
https://winactor.com/questions/

■ 図 3-7-1：WinActorユーザーフォーラム

②リモートデスクトップ環境でWinActorを使う場合の注意点

　Windows10付属の「リモートデスクトップ」を使用して、リモートデスクトップ環境にあるWinActorを使用する場合、リモートデスクトップPCのシステムレジストリを編集しないと、リモートデスクトップ切断後のスクリーンセーバー解除機能が利用できないようです

● WinActor ユーザーフォーラム「スクリーンセーバー 解除機能」の質問・回答より
https://winactor.com/questions/question/%e3%82%b9%e3%82%af%e3%83%aa%e3%83%bc%e3%83%b3%e3%82%bb%e3%83%bc%e3%83%90%e3%83%bc-%e8%a7%a3%e9%99%a4%e6%a9%9f%e8%83%bd/

VNCという別のやり方もあります。

● 「RealVNC」Webページ
https://www.realvnc.com/en/

　VNCはセキュリティレベルの低下を気にされる方もいらっしゃるようですが、一般的な、IDパスワード方式で最低限のセキュリティレベルの確保はできます。

③マニュアルの場所

　WinActorには多くのマニュアルがありますが、シナリオ開発中はメニューバー［ヘルプ（H）］配下のWinActor簡易マニュアルとWinActor操作マニュアルしか目にしなくなるため、他のマニュアルがどこにあるか探した経験を持つ方もいらっしゃるのではないでしょうか。実はマニュアルの入り口は、WinActor起動画面の「ようこそタブ」の右側にありますので、覚えておきましょう。

▍図3-7-2：WinActorマニュアルの入り口

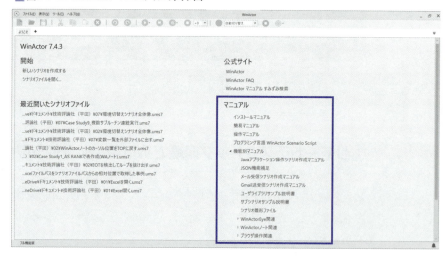

3-8　シナリオ制御

①WinActorって動作不安定？

　WinActorは長時間起動したり、PC上に他のアプリをたくさん起動していると動作が不安定になることがあります。WinActorの動作が不安定になったら、WinActorを再起動しましょう。不具合が直る場合があります。

　［ウィンドウ状態待機］ノードなど、必ずしも期待通りの動作をしてくれないノードやライブラリもあります。その場合は、ノードやライブラリの画面状態確認機能を利用するなど、ひとつのやり方にこだわらず、他の手段を考えましょう。

②実行抑止の保存方法

シナリオデバッグ中に、不要なノードの実行を抑止する方は多いと思われます(実行抑止はノードの上で右クリックして選択します)。しかし、この実行抑止状態はシナリオを終了させると消えてしまいます。

実行抑止状態を保存したい場合は、シナリオを開いてCtrl+Eを押下して、シナリオ情報画面の「その他タブ」にある「実行抑止状態を保存する」のチェックボックスをONにしてください。

■図3-8-1：その他タブに設定

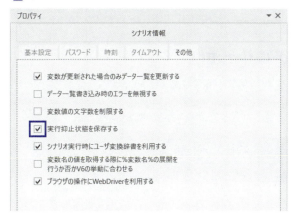

③ファイルパスは、シナリオフォルダーパスから生成すると便利

WinActor v6.2以降とv7すべての標準ライブラリでは、ファイルパスに「シナリオフォルダーからの相対ファイルパス」を指定すればファイルパスを自動的に解決するのですが、外部サイトから入手したり、誰かが自作したExcelライブラリには、Excelファイルを開く際に絶対ファイルパスを指定するようになっている場合があります。

その場合は、Excelファイルの絶対パスを生成するため、ライブラリパレットの[文字列の連結(3つ)]をフローチャートに配置後、下図の囲みの通りプロパティを設定します。

$SCENARIO-FOLDERはWinActor特殊変数で、シナリオが置かれているフォルダーパスが入ります。

■ 図3-8-2：絶対ファイルパス取得方法

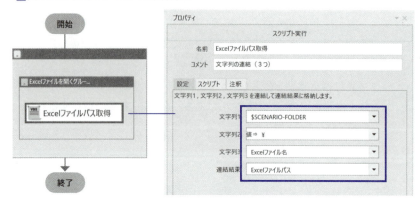

④一時停止と停止の違い

一時停止は、変数の状態が見えますが、停止すると変数がリセットされます。また一時停止、停止のショートカットキーは以下の表の通りです。覚えておきましょう。

一時停止	Ctrl+Alt+Mキー
停止	Ctrl+Alt+Uキー

⑤ WinActorノートのカーソル位置をTOPに戻すのは[選択クリア]

WinActorノートにテキストファイルを読み込ませた直後、カーソル位置はTOPの位置にいます。その後ライブラリパレットの[カーソル移動ツール]などで次のブロックに移動を連続した後、再度TOPの位置に戻るためにはどうすれば良いでしょうか。

[カーソル移動ツール]の操作欄には[EOT選択]メニューはありますが、[TOP選択]はありません。[選択クリア]（下図囲み部分）を選択すると、カーソル位置がTOPに戻ることは知っておいてください。

3-8 シナリオ制御

■ 図3-8-3：WinActorノートのカーソル位置をTOPに戻す

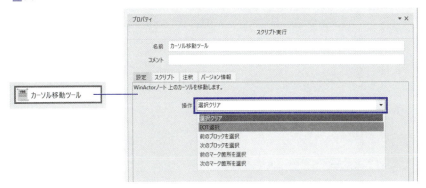

⑥類似シナリオを複数作成する場合に環境を簡単に切り替える方法

サンプルファイル 環境切替えシナリオ全体像.ums7

※シナリオ実行前に、変数パネルで、変数「変数一覧ファイルパス」の初期値に変数一覧.xlsxのファイルパスを指定してください。

　シナリオ開発時には、似たシナリオを複数本作成することがあります（事例：本番環境とテスト環境、同じ顧客の複数工場向けに類似シナリオを作成するなど）。そのような場合、シナリオの作りや変数名は同じでも変数初期値が異なっていたりして、開発者を混乱させバグの原因になります。

　その対策として、シナリオはできるだけ一本化し、異なる環境ごとに環境ファイルを切り替えて動かすことが、重要になります（ここでいう環境ファイルとは、変数一覧タブのこと）。

　変数一覧タブに異なる環境の変数を混在させるとバグの原因になります。

　そこで、本番とテストのシナリオで変数を分けたい場合や、同じ顧客の複数工場や複数営業所向けに類似シナリオを提供する場合、個々の変数一覧を独立したExcelファイルに持たせることを推奨します（下図は変数一覧をExcelファイルに持たせた事例です）。

Chapter03　著者が現場で習得した様々なシナリオ作成TIPS

■ 図3-8-4変数一覧をExcelファイルに持たせた事例

	A	B	C
1	初期値	変数名	説明
2		シナリオフルパス	
3		シナリオフォルダ名	
4		シナリオ名	
5		ユーザ名	
6		PWD	メールサーバにログインするためのパスワード
7		ログファイルパス	
8		年月日時分秒	
9		ログメッセージ	
10	XX¥data¥Fukuoka.xlsx	コピー元ファイル名	
11	XX¥data¥Sendai.xlsx	コピー先ファイル名	
12	変数	シート名変数	
13		変数一覧ファイルパス	
14	_	文字列アンダーバー	
15		実行結果	
16	XX¥mail_text¥完了メールタイトル.txt	完了メールタイトルファイルパス	完了メールのタイトルファイルパス
17	XX¥mail_text¥完了メールメッセージ.txt	完了メール本文ファイルパス	完了メールの本文ファイルパス
18	XX¥mail_text¥エラーメールタイトル.txt	エラーメールタイトルファイルパス	エラーメールのタイトルファイルパス
19	XX¥mail_text¥エラーメールメッセージ.txt	エラーメール本文ファイルパス	エラーメールの本文ファイルパス
20		エラー発出ノード名	
21		エラー発出ノードID	
22	XXXXX@yahoo.co.jp	TO	メール送信先アドレス
23		メール本文	
24		メールタイトル	
25		ERROR_MSG	
26		エラーメッセージ	
27		セルの値	
28		呼び出しノードID	
29		選択	
30	XX¥config¥変数一覧_本番.xlsx	変数一覧ファイルパス本番	
31	XX¥config¥変数一覧_test.xlsx	変数一覧ファイルパステスト	

　次にシナリオ実行前に、本番環境とテスト環境を切り替えるためのサンプルシナリオを解説します（変数一覧はExcelファイルに持たせています）。

　このようなシナリオの作りにすれば、同じシナリオを、本番用とテスト用に簡単に切り替えることができます。

● 変数一覧を切り替える実例

　最初に変数一覧をお見せします。内容はExcelファイルと一致させていますが、ExcelB列の変数名と変数一覧タブの変数名が一致していれば、変数の並びは一致させる必要はありません。

■ 図 3-8-5 変数一覧

ここからシナリオ概要を説明します。まずシナリオ全体像をお見せします。

■ 図 3-8-6：環境切り替えシナリオ全体像

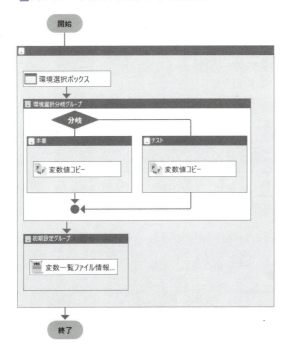

次にシナリオのノードのプロパティを解説します。

ユーザーに[本番]か[テスト]を選択させ、結果を変数[選択]に取得するため、ノードパレットの[選択ボックス]をフローチャートに配置後、下図囲み部分の通りプロパティを設定します。

■ 図3-8-7：選択ボックスの設定

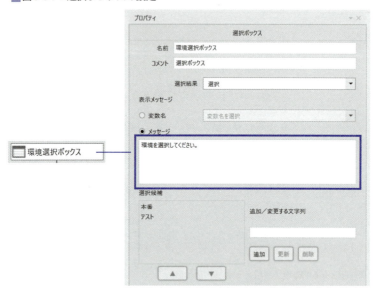

変数[選択]に"本番"が入っているかそうでないかで処理を分岐するため、ノードパレットの[分岐]を直前に作成したノードの直下に配置後、下図囲み部分の通りプロパティを設定します。

■ 図3-8-8：分岐の設定

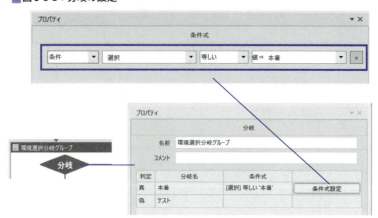

本番用の変数一覧ファイルパスを設定するため、ノードパレットの[変数値コピー]を直前に作成したノードの直下に配置後、下図囲み部分の通りプロパティを設定します。

■ 図 3-8-9：変数値コピーの設定

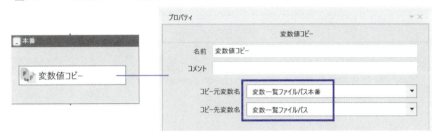

テスト用の変数一覧ファイルパスを設定するため、ノードパレットの[変数値コピー]を直前に作成したノードの直下に配置後、下図囲み部分の通りプロパティを設定します。

■ 図 3-8-10：変数値コピーの設定

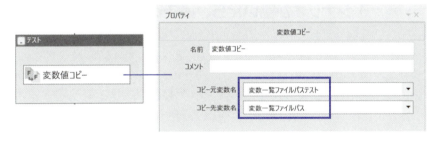

変数[変数一覧ファイルパス]に格納されたExcelファイルパスから変数情報を読み込むために、独自ライブラリ[変数一覧ファイル情報取得]を直前に作成したノードの直下に配置後、下図囲み部分の通りプロパティを設定します。

プロパティの[開始行]は、Excelファイルで変数が記入されている開始行番号を[初期値列]は変数初期値が記入されている列名を[変数名列]は変数名が記入されている列名をそれぞれ記入します。

■図3-8-11：独自ライブラリ[変数一覧ファイル情報取得]の設定

独自ライブラリ[変数一覧ファイル情報取得]のスクリプトタブの内容は、次章の4-4-2に記述しているため、そちらを参照ください。

3-9 デバッグ

①シナリオが動いたら、必ずいったん保存しよう

　動くシナリオにノードを1個追加しただけで、動かなくなることがよくあります。その際に、動くバージョンをきちんと保存しておかないと、動くバージョンを再度作り直さなければならない羽目になります。そうならないよう、グループが部分実行で動くように動くようになったら、必ず保存する癖をつけましょう。
　作成中のシナリオが、一定レベルまで動くようになったらCtrl+Sキーでこまめにシナリオを上書き保存しましょう。同様にノードのプロパティを更新したら、最後に更新ボタンをクリックする癖をつけましょう。

②初心者に伝えたい2つのこと

　なかなか初心者が気づかないことで、知らないと大きな墓穴を掘ってしまいそうな点は2つあります

シナリオ開発中は、開発の区切りがついたらシナリオバックアップを残すこと。

　シナリオ開発中は、以前の状態に引き返したくなることがよくあります。WinActor本体にも自動でシナリオバックアップを残す機能がありますが、数時間

前のバックアップしか取れないようです。

　なので、ブラウザが動くようになった、指定のグループまでシナリオが実行できるようになったなど、開発の区切りがついたら必ずシナリオバックアップを残すことを習慣づけてください。

開発中の案件が本番環境を触ることができる環境か、そうでないかを見極めること。

　シナリオ開発には、テスト環境とテストデータが準備されていて、どんどんアルゴリズムの作り込みができる案件と、本番データがテスト環境に紛れ込んでいるセンシティブな案件の2種類あります。

　ブラウザへのXPath設定が典型的な事例ですが、設定しても動くかどうかは実際に部分実行しないとわからない場合は、開発者としては実行したくなりますが、後者の案件の場合は、設定しても、本番実行が許されるまでは絶対に実行してはいけません。

③シナリオの定期的メンテナンスについて
● 未使用イメージ名削除

　シナリオファイル容量が大きくなると、特にリモートアクセスでVPN回線を使っているときなどに、通信回線が混雑してシナリオが開かないことがあります。これを避けるため、シナリオファイル容量を削減する方法があります。

　WinActor起動画面から、Ctrl+Mキーの同時押し、もしくは、WinActorのメニューバー［表示(V)］-［イメージ］をクリックすると、画面下半分にイメージタブが表示されます。下記の「未使用イメージ削除アイコン」をクリックすると、シナリオファイルの容量が削減できることがあります。

▌図3-9-1：未使用イメージ削除

◉ ウィンドウ識別ルールの集約

2-4-4で説明した、ウィンドウ識別ルールの集約をときどき実行すれば、シナリオ実行時の安定性を向上させることができます。

④エラー発生個所が修正対象となるとは限らない

WinActorが出すエラーメッセージやログを見てもバグ解析の参考になるとは限りません。

実際のエラー発生原因と、エラーメッセージの内容が異なる場合もあります。

WinActorがエラーで止まると、エラーが発生したノードの色が変わって、エラー発生個所がわかりますが、そこが本当のエラー発生個所かどうかはわかりません。

筆者の経験では、実際のエラー個所が、エラーが発生した、ひとつ前のノードの場合もありました。見かけ上のエラー発生個所は、ひとつ前のノードでの変数設定ミスが原因で発生したエラーであり、見かけ上のエラー発生個所は二次災害ということでした。もちろんこのような場合、根本エラー発生個所を直すと、二次災害のエラーも出なくなりました。

⑤エラーが出てもシナリオを止めない方法

複数のサブルーチンを連続実行させる場合など、エラーが発生してもシナリオ実行を途中で止めたくない場合があります。その場合は、ノードパレットの[例外処理]をフローチャートに配置し、[例外処理]の正常系に正常系のノードを配置し、異常系に何も入れないでください。そうすれば正常系にエラーが発生しても、次の処理に進むことができます。

⑥エラーを起こしにくくする最終手段はスロー実行？

ブラウザをシナリオで操作する際に、エラーを起こしたグループやノードの前にライブラリパレットの[スロー実行の設定]を配置して、スロー実行にすると、エラーが解消される場合があります。ぜひ試してみてください。

Case Study

本Chapterでは、実践的なシナリオ作成技法を解説しています。RPAツールの本質は、アプリ間での自動データ転記であり、特定の業務に限らず広く活用できます。そのため本Chapterのサンプルは、特定の業務ではなくニュートラルな事例を用いて「どのアプリからどのアプリへ自動データ転記をするのか」という観点で解説します。

最初に、WebページからExcelシートへの文字列転記(Webスクレイピング)を取り上げます。SaaSやクラウド技術の普及により、Webのデータをローカルにダウンロードしたり、Excelに転記するニーズが高まっています。

WinActorでもWebスクレイピングを行うための様々な手段が用意されていますので、読者の皆さんはこれらの技術をマスターしてください。

4-1 シナリオ作成前の準備

4-1-1 Webスクレイピングとは？

Webスクレイピングは、Webサイトから情報を抽出する技術です。Webページからエクセルシートへの文字列転記は、Webスクレイピングの利用シーンの一つです。

「クローリング」という似た言葉もありますが、「クローリング」は、単にWeb上の情報を収集する行為を指し「スクレイピング」は、Web上の情報を収集した後に、目的に応じて利用しやすいように加工したり、フォーマット変換したりする目的で使われているようです。

WinActorにおけるWebスクレイピングでは、ExcelシートやPowerPointファイルに文字列や画像を抽出するケースがほとんどです。

4-1-2 Webスクレイピング可能な対象サイト

Webスクレイピングは、技術力さえあれば、どのようなサイトでも実現できてしまうので、興味本位でやってしまいがちですが、場合によっては迷惑行為になる場合があります。

例えば、愛知県の岡崎市立中央図書館では、利用者がクローラーを作成し情報を収集していたため、閲覧障害が発生しました。クローラーを作成した男性には業務妨害する意図はありませんでしたが、図書館は警察に被害届を出し、男性が逮捕されるという事件にまで発展しました。

このように本人が意図していなくても、結果的に迷惑行為となる場合がありますので、頻度の多いWebスクレイピング行為は業務で使用している社内Webサイトに限定するようにしましょう。

4-1-3 本書で扱うブラウザの種別

WinActorのブラウザ関連ライブラリは、ブラウザの種別によっては一部のライブラリが動作しません。本書では、世の中で幅広く使われており、ブラウザ関連の全てのライブラリを利用することできるChromeとします。Microsoft社のEdge（Chromium）でも基本操作は同じですので、それでも構いません。

4-1-4　WinActorノートとは何か

　WinActorはバージョン6からWinActorノートという新しい機能が追加されました。WinActorノートは、WinActor付属のテキスト編集ツールです。

　テキストファイルから、ブロック単位（行単位）で、指定テキストの抽出・検索ができるため、メール本文の加工や、Webサイトの指定テキストの抽出にも利用できます。

　WinActorノートは実際にシナリオをたくさん使って、手を動かして使い方を覚えていく方が良いでしょう。ただ、使い方の基本パターンのようなものはありますので、それは、本Chapterの4-2-5で説明します。

　次の項から、下表のとおり、具体的なWebサイトを使って、3つのCase StudyでWebスクレイピング用シナリオ作成技術を解説していきます。

■ 表4-1-4-1：Web スクレイピング Case Study

No.	事例の内容
Case Study1	Webサイトの表データを一括してExcelに転記する事例
Case Study2	Webページ内の指定文字列存否チェックする事例
Case Study3	XPathを使って、Webサイト上に、ばらばらに存在するデータを抽出してExcelに一覧表を作成する事例

4-1-5　Case Studyで使用するユーザライブラリの出自について

　次節から、シナリオ作成方法を具体的事例で説明します。シナリオを作る際に、多くのノードやユーザライブラリをノードパレットやライブラリパレットから、マウスでフローチャート内に配置して使いますが、ライブラリフォルダはたくさんあるので、ユーザライブラリを一件ずつ探すと時間がかかります。下記の検索窓にライブラリ名の一部を入れて検索すると簡単に検索できます。

Chapter04　Case Study

■図 4-1-5-1：ユーザライブラリの検索

　検索方法の詳細は、3-4 の「❷ユーザライブラリの検索方法」を参照してください。

　また、ノードやユーザライブラリを、ノードパレットやライブラリパレットからフローチャート内にマウスで配置後、名前を、シナリオ内での具体的な役割の表現に変えてしまうことはよくあります。その場合はノードのプロパティのコメント欄にオリジナルの名前を記入して、オリジナルの名前がわかるようにしています(一部記入を省略している場合もあります)。

　なお、これから実践的なシナリオ作成 Case Study を合計 9 個紹介していきますが、ノードが幾つかできたら、意味のある単位でグループ化する作業や、プロパティの設定が終了したらプロパティの更新ボタンをクリックする操作は省略しています。
　またサンプルの性質上、Windows や Office 365 のバージョンや、リボンなど UI の設定を、デフォルトの表示設定から変更されている場合は途中でエラーになる可能性があるため、実際に使う際は、個々の環境に合わせて修正する必要があります。

4-2 Webスクレイピングのシナリオ作成

4-2-1 Case Study1 テーブルスクレイピング事例

サンプルフォルダ Case Study1

①シナリオの目的

- AS Rankサイト

https://asrank.caida.org/asns?asn=17676&type=search

このサイトは、世界中のISP（Internet Service Provider）同士の接続関係を表形式で表してくれるサイトです。

このシナリオの目的は、Excelファイル「AS Rank list.xlsx」に記入してある日本のISP3社と接続している世界のISPを加入者の多い順にTOP15をリストアップし、Excelファイル内にシートを追加して、そこに書き込むことです。調査対象の日本のISPは3社のため、追加するシートも3枚になります。

ソフトバンク株式会社を例に説明します。前述のURLをChromeで開き、searchBOXに17676と入れてsearchボタンをクリックすると下記のページが表示されます。

■ 図4-2-1-1：AS Rankサイト ソフトバンク株式会社情報表示

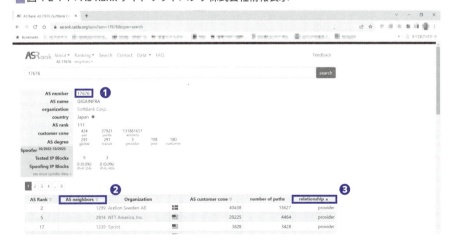

世界中のISPには、国際機関からグローバルでユニークな番号が割り振られてい

Chapter04　Case Study

ます。この番号をAS（Autonomous System）番号といいます。

❶はソフトバンクのAS番号である17676です。❷のAS neighborsはソフトバンクに直接つながっているISPのAS番号を表しています。❸のrelationshipとは、AS同士のつながり方を表しています。AS同士のつながり方にはpeer, providerなどがあります。

※ここではpeer, providerの意味を解説するのは止めておきます。ご存じない方はつながり方を識別する識別子程度に捉えておいてください。

例えば、AS番号1299のTelia Company ABとAS番号17676のソフトバンクとのつながり方はproviderです。AS番号6762とAS番号17676のソフトバンクとのつながり方はpeerです。

そこで、このサイトを使って、世界中のISP同士のつながり方を簡単に調査できるのではないかと考え、シナリオを作成してみることにしました。

手順を説明します。

まずExcelファイルにJP_ISP_LISTというシート名で、日本のISPリストを作成します。

■図4-2-1-2：日本のISPリスト

▲	A	B	C
1	No.	AS Name	ASN
2	1	KDDI	2516
3	2	SoftBank Corp.	17676
4	3	NTT DOCOMO, INC.	9605

このISPリストには、C列に各ISPのAS番号が書かれています。

シナリオで、このAS番号を上から順番に読み取り、前述のサイトのsearchBOXに入力してsearchボタンをクリックして表を表示させます。

その後、Excelファイルに、AS番号の名前で追加シートを作成、表の中の"Organization"と"AS neighbors（※）"のTOP15をAS customer coneの大きい順にExcelに転記します。AS customer coneの説明は省略しますが、これが大きいASほど加入者数が多いISPになります。

Web上の表がTableタグで記述されている場合は、「テーブルスクレイピング」ユーザライブラリを使って、Webページから表データを読み取ってCSVに出力する方が簡単で処理も速いのですが、最近はTableタグで取得できない事例もあるようです。

202

その場合は、本事例のようにWebページ全体をWinActorノートに貼付けてテーブルスクレイピング処理をする方が確実なので、ぜひ試してみてください。

※NTTの方からの情報によると、「AS neighbors」は実際は「AS Number(AS番号)」と呼ぶのが一般的なようなので、ASNと言い換えます。

②シナリオの概要

WinActorでテーブルスクレイピングをするための、サンプルシナリオ"AS RANKで表作成(WAノート).ums7"の概要を説明します。

シナリオの全体フローチャートは下図のようになります。繰り返し処理の中の下から2つ目のノードも実は繰り返し処理なのですが、概要フローの段階ではそこまで詳細化する必要はないかと思います。ざっくりと全体の流れが把握できれば十分です。

■図4-2-1-3：シナリオの全体フローチャート

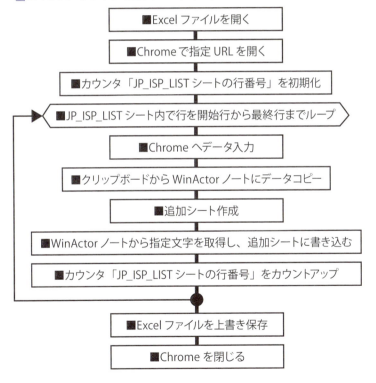

上図をさらに詳細化したフローチャートに解説を加えると次ページのようになります。

Chapter04　Case Study

■図 4-2-1-4：詳細化したフローチャート

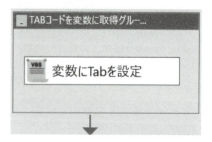

①後で文字列分割に使用するため、変数にTABコードを設定します。

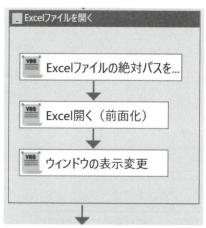

②Excelファイルを開きます。

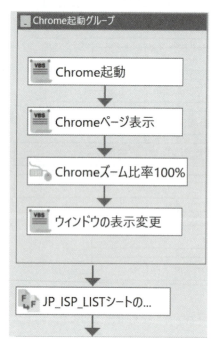

③Chromeを起動して指定URLを開きます。

④WebでAS番号を検索します。

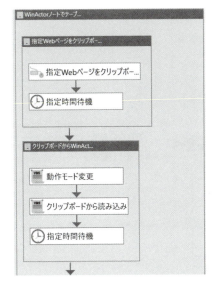

⑤指定WebページをWinActorノートに貼り付けます。

Chapter04　Case Study

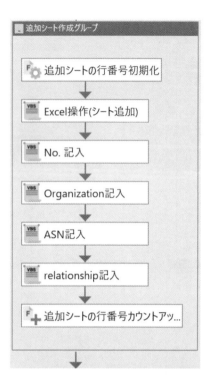

⑥追加シートを作成して列名を記入します。

⑦Webからデータ取得するための前処理をします。

4-2 Webスクレイピングのシナリオ作成

⑧WinActorノートから指定文字列を取得し、Excelに書き込みます。

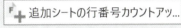

⑨追加シートの行番号をカウントアップします。

⑩JP_ISP_LISTシートの行番号をカウントアップします。

⑪Excelを上書き保存してChromeを閉じます。

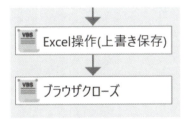

※Ver7.4では主要ライブラリに「タイムアウト設定」が追加されているため、Ver7.4では、「指定時間待機」の代わりに「指定時間待機」の直前のライブラリの「タイムアウト設定」をお使いください。

207

Chapter04　Case Study

　　シナリオが作成するアウトプットは、AS Rank list.xlsxの中のISP番号[2516]
[17676][9605]が記入された3枚のシートになります。

■ 図4-2-1-5：シナリオが作成するアウトプット

	A	B	C	D
1	No.	Organization	ASN	relationship
2	1	Level 3 Parent, LLC	3356	provider
3	2	NTT America, Inc.	2914	provider
4	3	Sprint	1239	provider
5	4	Internet Initiative Japan Inc.	2497	provider
6	5	NTT PC Communications, Inc.	2514	provider
7	6	Hurricane Electric LLC	6939	peer
8	7	RETN Limited	9002	peer
9	8	GlobeNet Cabos Submarinos Colombia, S.A.S.	52320	peer
10	9	PJSC "Vimpelcom"	3216	peer
11	10	Joint Stock Company TransTeleCom	20485	peer
12	11	Angola Cables	37468	peer
13	12	CJSC RASCOM	20764	peer
14	13	FLAG TELECOM UK LIMITED	15412	peer
15	14	Core-Backbone GmbH	33891	peer
16	15	Fiord Networks, UAB	28917	peer
17	16	COLT Technology Services Group Limited	8220	peer
18	17	Inetcom LLC	35598	peer
19	18	Peer 1 Internet Service LLC	1031	peer
20	19	IX Reach Ltd	4455	peer
21	20	HGC Global Communications Limited	9304	peer
22				
23				
24				
25				
26				
27				
28				
29				
30				
31				
32				
33				
34				
35				
36				
37				

JP_ISP_LIST　9605　17676　2516　⊕

③シナリオ・ノードのプロパティ解説

最初に変数一覧をお見せします。

■図4-2-1-6：変数一覧

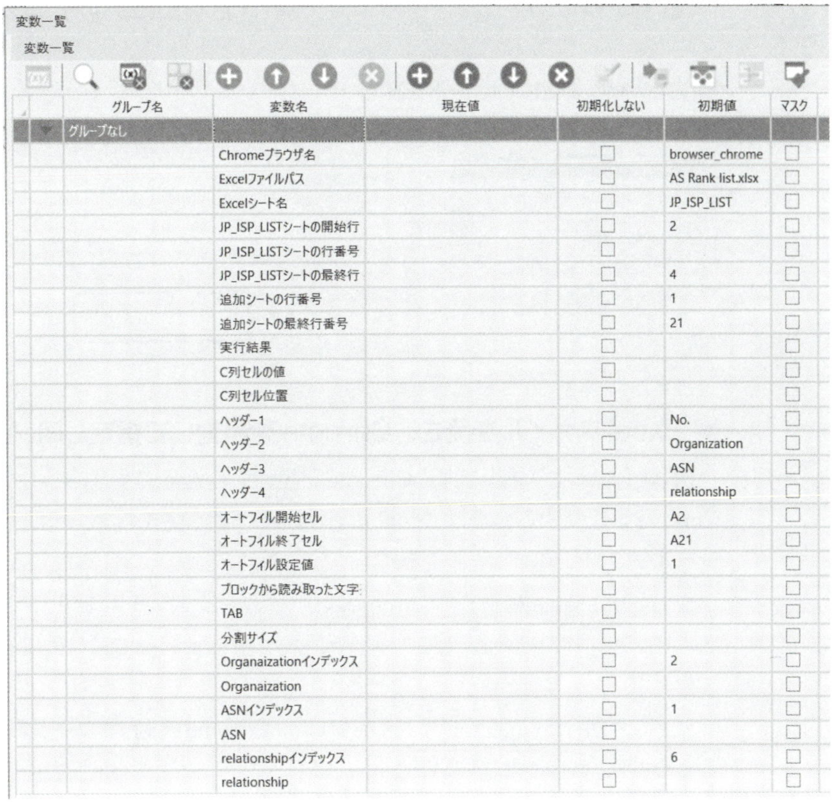

変数一覧
変数一覧

グループ名	変数名	現在値	初期化しない	初期値	マスク
グループなし					
	Chromeブラウザ名		☐	browser_chrome	☐
	Excelファイルパス		☐	AS Rank list.xlsx	☐
	Excelシート名		☐	JP_ISP_LIST	☐
	JP_ISP_LISTシートの開始行		☐	2	☐
	JP_ISP_LISTシートの行番号		☐		☐
	JP_ISP_LISTシートの最終行		☐	4	☐
	追加シートの行番号		☐	1	☐
	追加シートの最終行番号		☐	21	☐
	実行結果		☐		☐
	C列セルの値		☐		☐
	C列セル位置		☐		☐
	ヘッダー1		☐	No.	☐
	ヘッダー2		☐	Organization	☐
	ヘッダー3		☐	ASN	☐
	ヘッダー4		☐	relationship	☐
	オートフィル開始セル		☐	A2	☐
	オートフィル終了セル		☐	A21	☐
	オートフィル設定値		☐	1	☐
	ブロックから読み取った文字		☐		☐
	TAB		☐		☐
	分割サイズ		☐		☐
	Organaizationインデックス		☐	2	☐
	Organaization		☐		☐
	ASNインデックス		☐	1	☐
	ASN		☐		☐
	relationshipインデックス		☐	6	☐
	relationship		☐		☐

● 変数にTabコードを設定

このシナリオ後半で文字列分割の区切り文字としてTabコード（16進0x09）を使用しています。

TabコードはWinActorの変数として直接扱えないため、自作スクリプトで、WinActor変数[TAB]にTabコードを入れることにしました。

テキストエディターで、下記のコードを作成します。

```
Call SetUMSVariable($変数名$, vbtab)
```

上記のコードを貼付けるために、ノードパレットの[スクリプト実行]をフローチャートに配置後、スクリプトタブをクリックしてそこに貼付けます。

Chapter04 Case Study

　設定タブの変数名欄に新たな変数[TAB]を作成すれば、シナリオ内で、変数[TAB]をTabコードとして使うことができます。
　なお、ここで作成した「TABコードを変数に取得」グループは次のCase Study2でも使いますので、ユーザライブラリに追加しておいてください。追加方法は3-4の「❹ 他人からもらったユーザライブラリの追加方法」にて説明してあります。

■図4-2-1-7：変数にTabコードを設定

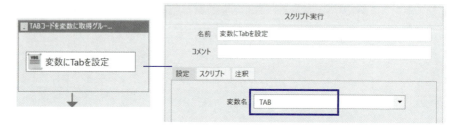

● Excelファイルを開き、Chromeを起動して指定URLを開く

　次は、Excelファイルを開きChromeを起動する処理です。Excelファイルを開き、Chromeを起動する処理は、シナリオ作成時によく使うので、グループ全体をユーザライブラリに追加して置くと良いでしょう。
　なお、「Chrome起動」は「Chrome起動(プロキシ設定)」に変更すると、社内システムログインのためのID,パスワード入力もChrome起動時に自動で行うことができます。
　便利ですが、WinActorV7.1以前では、「Chrome起動(プロキシ設定)」を利用するためには、64bit版OSのWindows10PCであっても、32bit版Chromeの使用が推奨されています(2021年1月28日の情報)。WebドライバーもWinActorV6.3.0同梱の32bit版Chromedrivber.exeの利用が推奨されていますので、注意が必要です。詳細は下記URLを参照ください(なおWinActorV7.2ではこの不具合は解消されています)。

- WinActorよくあるご質問
http://www.matchcontact.net/winactor_jp/faq.asp?faqno=JPN00425&sugtype=0&logid=768140099

　WinActorv6.2以降とv7全部の標準ライブラリでは、ファイルパスに「シナリオ

4-2 Webスクレイピングのシナリオ作成

フォルダからの相対ファイルパス」を指定すればファイルパスの問題は自動的に解決するのですが、外部サイトから入手したり、誰かが自作したExcelライブラリには、Excelファイルを開く際に絶対パスを指定するようになっている場合があります。今回のシナリオでは、ノードID:712「Excel操作（AutoFill）」がそれに該当します。

　したがいまして、今回のシナリオでは、最初のノードで、WinActor特殊変数 $SCENARIO-FOLDERと文字列" ￥ "とExcelファイル名"AS Rank list.xlsx"を文字列結合して、Excelファイルの絶対パス（フルパスとも言います）を生成しています。

　Excelファイルの絶対パスを生成するため、ライブラリパレットの［文字列の連結（3つ）］をフローチャートに配置後、❶のとおり、プロパティを設定します。

　Excelファイルを最前面のウィンドウで開くため、ライブラリパレットの［Excel開く（前面化）］を直前に作成したノードの直下に配置後、❷のとおりプロパティを設定します。

　直前に開いたExcelファイルのウィンドウを最大化するために、ライブラリパレットの［ウィンドウの表示変更］を直前に作成したノードの直下に配置後、❸のとおりプロパティを設定します。

■ 図4-2-1-8：Excelファイルを開く

4-2 Web スクレイピングのシナリオ作成

　［Chrome 起動］や［Chrome ページ表示］は、2-3-4で説明したとおり、Chrome モードで自動作成できます。ユーザライブラリに登録済みであれば、それをフローチャートに配置後、❹❺のプロパティを設定します。

　「ASRank:AS ～）-GoogleChrome」ウィンドウを選択（❼）するために、ライブラリパレットの［エミュレーション］を直前に作成したノードの直下に配置後、ターゲット選択ボタンをクリック（❻）して、その後、Chrome ズーム比率を100%にするため、操作欄（❽）に手作業で次のように追記します。なお Ver7.4では主要ライブラリに「タイムアウト設定」が追加されているため、Ver7.4では、「指定時間待機」の代わりに「指定時間待機」の直前のライブラリの「タイムアウト設定」をお使いください。

- 待機 [300] ミリ秒
- キーボード [Ctrl] を Down
- キーボード [0] を Down
- 待機 [300] ミリ秒
- キーボード [Ctrl] を Up
- キーボード [0] を Up
- 待機 [300] ミリ秒

　Chrome ページのウィンドウを最大化するために、ライブラリパレットの［ウィンドウの表示変更］を直前に作成したノードの直下に配置後、❾のとおりプロパティを設定します。

　「JP_ISP_LIST シートの開始行番号」の初期化をするため、ノードパレットの［変数値コピー］を直前に作成したノードの直下に配置後、❿のとおりプロパティを設定します。

Chapter04　Case Study

■図4-2-1-9：Chrome起動して指定URLを開く

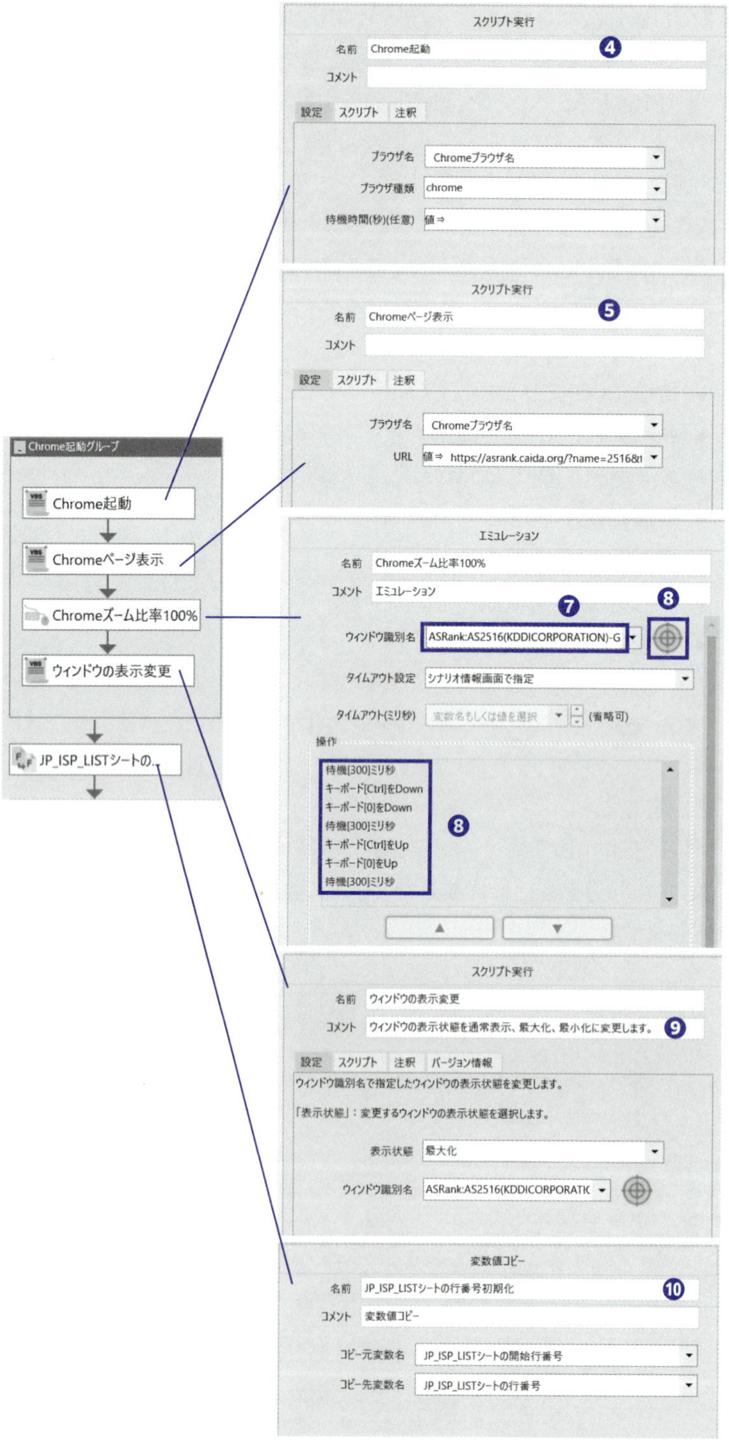

4-2 Web スクレイピングのシナリオ作成

　ここで再度変数一覧を確認します。変数「JP_ISP_LISTシートの開始行番号」の初期値は"2"ですが、ここを他の数値に変更すれば、途中行からでもシナリオ実行中断・再開できます。

　変数「追加シートの行番号」は、追加シートのデータ存在行です。追加シート処理を途中で中断すると、再開処理が困難なため、追加シート作成中のシナリオ実行中断・再開はありません。変数「JP_ISP_LISTシートの開始行番号」の初期値を修正して、最初からシナリオを実行してください。

■ 図 4-2-1-10：変数一覧タブ

	グループ名	変数名	現在値	初期化しない	初期値	マスク
	グループなし					
		Chromeブラウザ名		☐	browser_chrome	☐
		Excelファイルパス		☐	AS Rank list.xlsx	☐
		Excelシート名		☐	JP_ISP_LIST	☐
		JP_ISP_LISTシートの開始行		☐	2	☐
		JP_ISP_LISTシートの行番号		☐		☐
		JP_ISP_LISTシートの最終行		☐	4	☐
		追加シートの行番号		☐	1	☐
		追加シートの最終行番号		☐	21	☐
		実行結果		☐		☐
		C列セルの値		☐		☐
		C列セル位置		☐		☐
		ヘッダー1		☐	No.	☐
		ヘッダー2		☐	Organization	☐
		ヘッダー3		☐	ASN	☐
		ヘッダー4		☐	relationship	☐
		オートフィル開始セル		☐	A2	☐
		オートフィル終了セル		☐	A21	☐
		オートフィル設定値		☐	1	☐
		ブロックから読み取った文字		☐		☐
		TAB		☐		☐
		分割サイズ		☐		☐
		Organaizationインデックス		☐	2	☐
		Organaization		☐		☐
		ASNインデックス		☐	1	☐
		ASN		☐		☐
		relationshipインデックス		☐	6	☐
		relationship		☐		☐

　なお、ここで作成した「Excelファイルを開く」と「Chrome起動」グループは、次のCase Study2でも使いますので、ユーザライブラリに追加しておいてください。

● Webへデータ入力

次はExcelファイルのJP_ISP_LISTシートから、ISPのAS番号を読み取り、WebのSearchBOXに入力して、Searchボタンをクリックし、表を表示させる処理です。

JP_ISP_LISTシートのC2からC4までセルを順番に読んでいくので、繰り返し処理になります。

■ 図4-2-1-11：JP_ISP_LISTシート

	A	B	C
1	No.	AS Name	ASN
2	1	KDDI	2516
3	2	SoftBank Corp.	17676
4	3	NTT DOCOMO, INC.	9605

セル位置を作成して、Excelの該当セルから値を読み取り、WebのSearchBOXに入力して、Searchボタンをクリックする処理は次のとおりとなります。

「JP_ISP_LISTシートの開始行番号」の初期化をするために、ノードパレットの[繰り返し]を直前に作成したノードの直下に配置後、⓫のとおりプロパティを設定します。

■ 図4-2-1-12：[繰り返し]ノードの設定

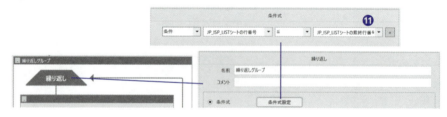

C列セル位置の作成をするため、ライブラリパレットの[文字列の連結(2つ)]を直前に作成したノードの直下に配置後、⓬のとおりプロパティを設定します。

次に、C列の値の取得をするため、ライブラリパレットの[Excel操作(値の取得)]を直前に作成したノードの直下に配置後、⓭のとおりプロパティを設定します。

さらにC列の値をWebに貼り付けるため、ライブラリパレットの[値の設定]を直前に作成したノードの直下に配置後、⓮のとおりプロパティを設定します。

4-2 Web スクレイピングのシナリオ作成

　searchボタンのクリックをするため、ライブラリパレットの[クリック]を直前に作成したノードの直下に配置後、⓯のとおりプロパティを設定します。
　画面が表示されるまで待つため、ノードパレットの[ウィンドウ状態待機]を直前に作成したノードの直下に配置後、⓰のとおりプロパティを設定します。

■ 図4-2-1-13：Webへデータ入力

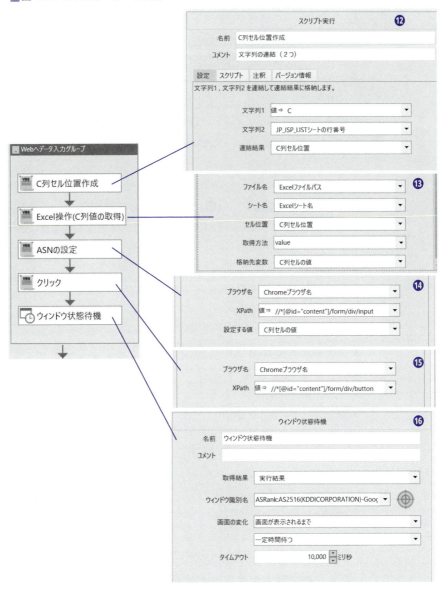

Chapter04　Case Study

● 指定Webページをクリップボード経由でWinActorノートにコピー

次は、指定Webページをクリップボード経由でWinActorノートにコピーする処理です。

シナリオで実行するノードの中には、実行する際に動的にUI(UserInterface)を変更するものがあります。そして、ノードが動的にUIを変更している最中にシナリオが次のノードの処理を始めるとライブラリエラーが発生します。

このような場合、ノードが動的にUIを変更しているノードの次に「指定時間待機」で300ミリ〜数秒程度の待ち(待ち時間は環境に依存します)をするとエラーを回避できることがあります。

今回のシナリオの場合、指定Webページ読み込み処理が未完了の状態で指定Webページをクリップボードに取得すると後者のノードが動作しないことがあるようだったので、後者のノードの前に、「指定時間待機」を入れました。

ライブラリパレットの[エミュレーション]を直前に作成したノードの直下に配置後、ターゲット選択ボタン(**⓱**)をクリックして「ASRank:AS〜)－GoogleChrome」ウィンドウを選択します。その後、操作欄に手作業で次のように追記(**⓳**)します。

- 待機[300]ミリ秒
- キーボード[Ctrl]をDown
- キーボード[A]をDown
- 待機[300]ミリ秒
- キーボード[Ctrl]をUp
- キーボード[A]をUp
- 待機[300]ミリ秒
- キーボード[Ctrl]をDown
- キーボード[C]をDown
- 待機[300]ミリ秒
- キーボード[Ctrl]をUp
- キーボード[C]をUp
- 待機[300]ミリ秒

キーボード操作の間に待機[300]ミリ秒を挿入することがシナリオを安定動作させるポイントです。直前のノードの動作が完了するのを待つため、ノードパレットの[指定時間待機]を直前に作成したノードの直下に配置後、**⓴**のとおりプロパティ

218

4-2 Webスクレイピングのシナリオ作成

を設定します。

　WinActorノートの動作モードを変更するため（シナリオ実行時は通常は動作モードを非表示にします）、ライブラリパレットの［動作モード変更］を直前に作成したノードの直下に配置後、㉑のとおりプロパティを設定します。

　「動作モード変更」ノードはWinActorノートを画面に表示させたり、非表示にしたりする際に使います。WinActorノートを画面に表示させるとシナリオ実行速度が低下しますので、シナリオ実行時には、動作モードを非表示にすることを推奨します。このノードはなくても、シナリオ全体の動作に影響はありません。

　指定Webページをクリップボードから読み込むため、［クリップボードから読み込み］を直前に作成したノードの直下に配置後、㉒のとおりプロパティを設定します。

　直前のノードの動作が完了するのを待つため、ノードパレットの［指定時間待機］を直前に作成したノードの直下に配置後、㉓のとおりプロパティを設定します。Ver7.4では主要ライブラリに「タイムアウト設定」が追加されているため、Ver7.4では、「指定時間待機」の代わりに「指定時間待機」の直前のライブラリの「タイムアウト設定」をお使いください。

Chapter04　Case Study

■図4-2-1-14：指定WebページをクリップボードにWinActorノートにコピー

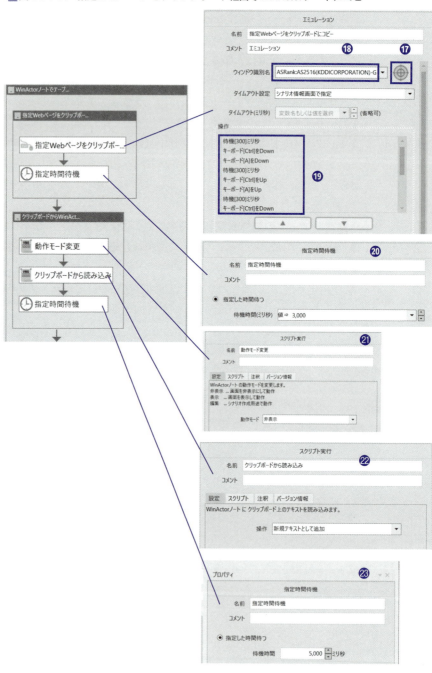

4-2 Web スクレイピングのシナリオ作成

● 追加シート作成

「JP_ISP_LISTシートの開始行番号」の初期化をするため、ノードパレットの［変数値設定］を直前に作成したノードの直下に配置後、❷❹のとおりプロパティを設定します。

Excelシート追加のため、ライブラリパレットの［Excel操作（シート追加）］を直前に作成したノードの直下に配置し、変数「追加シートの行番号」を初期化（"1"を設定する）した後、❷❺のとおりプロパティを設定します。

「AS Rank list.xlsx」のJP_ISP_LISTシートのA列に2行目から下方向に通番"No."記入のため、ライブラリパレットの［Excel操作（値の設定2）］を直前に作成したノードの直下に配置後、❷❻のとおりプロパティを設定します。以下、Organization、ASN、relationshipの記入も同様のノードを追加しているので説明は省略します。

次の処理で、追加シートの行番号カウントアップを行うため、ノードパレットの［カウントアップ］を直前に作成したノードの直下に配置後、❷❼のとおりプロパティを設定します。

■ 図4-2-1-15：追加シート作成

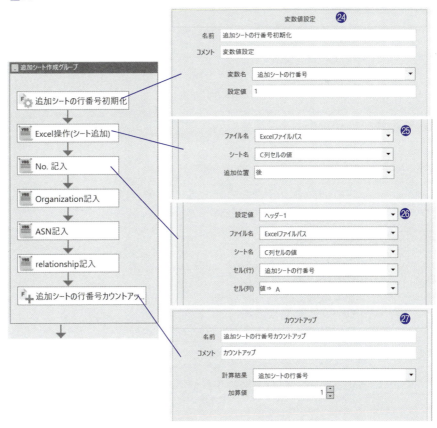

Chapter04　Case Study

　次は、追加シートに、WinActorノートから、繰り返しExcelにデータを転記する
繰り返し処理に入りますが、その前にやっておかなければならない処理があります。
　それは、追加シートA列に通番をオートフィルする処理と、WinActorノートに貼っ
たデータの先頭から不要なデータを削除する処理です。
　追加シートA列に通番をフィルコピーする処理は、ライブラリパレット［Excel操
作（値の設定）］と独自ライブラリ［Excel操作（AutoFill）］の組み合わせで実行してい
ます。
　独自ライブラリ［Excel操作（AutoFill）］は具体的には、ノードパレットの［アクショ
ン］－［スクリプト実行］を直前に作成したノードの直下に配置後、スクリプトタブに
下記の内容をテキストエディターで作成後、転記して作成します。

```
Option Explicit

'  指定されたセルの範囲にオートフィルをします。
'  開始セルと終了セルの行方向（または列方向）は一致させる必要があり、
'  範囲セルを指定する場合は始点を合わせてください。
'
'INPUT
' ファイル名 ：filePath
' シート名 ：sheetName
' 開始セル ：scell
' 終了セル ：ecell
' オートフィルの種類：AutoFillType
'
'OUTPUT
' -
'

==================================================
Dim filePath  '操作対象のファイルパス（絶対パス）
Dim sheetName  '操作対象のシート名
Dim scell          '開始セル
Dim ecell            '終了セル
Dim AutoFillType   'オートフィルの種類
Dim scellFlag  '開始セルの範囲フラグ
Dim ecellFlag  '終了セルの範囲フラグ
Dim workbook  'workbookオブジェクト
Dim existingXlsApp '既存のExcelオブジェクト
Dim xlsApp  'Excelオブジェクト
Dim book  'bookオブジェクト
Dim worksheet  'worksheetオブジェクト
Dim objRegExp          '正規表現のオブジェクト
```

222

```
Dim objMach              '検索結果
Dim cell1  'Range オブジェクト
Dim cell2  'Range オブジェクト
Dim cell3              'Range オブジェクト
Dim cellRanges          '開始セルと終了セルの結合範囲

' 変数の読み込みと初期設定
filePath = ! ファイル名 !
sheetName = ! シート名 !
scell = ! 開始セル !
ecell = ! 終了セル !
AutoFillType = ! オートフィルの種類 |0,1,2,3,4,5,6,7,8,9,10,11!
scellFlag = False
ecellFlag = False

' ==== 入力チェック =======================================
' ファイル名の入力チェック
If filePath = "" Then
  Err.Raise 1, "", " ファイル名が入力されていません。"
  WScript.Quit
End If

' 開始セルの入力チェック
If scell = "" Then
  Err.Raise 1, "", " 開始セルが入力されていません。"
  WScript.Quit
End If

' 終了セルの入力チェック
If ecell = "" Then
  Err.Raise 1, "", " 終了セルが入力されていません。"
  WScript.Quit
End If

' ==== 指定されたファイルを開く ===================================
===
' workbook オブジェクトを取得する
Set workbook = Nothing
On Error Resume Next
  ' 既存のエクセルが起動されていれば警告を抑制する
  Set existingXlsApp = Nothing
  Set existingXlsApp = GetObject(, "Excel.Application")
  existingXlsApp.DisplayAlerts = False
```

Chapter04　Case Study

```vb
' 先ずWorkbookオブジェクトをGetObjectしてみる
Set workbook = GetObject(filePath)
Set xlsApp = workbook.Parent

' GetObjectによって新規に開かれたWorkbookなら
' 変数にNothingを代入することで参照が0になるため
' 自動的に閉じられる。
Set workbook = Nothing

' Workbookがまだ存在するか確認する
For Each book In xlsApp.Workbooks
  If StrComp(book.FullName, filePath, 1) = 0 Then
    ' Workbookがまだ存在するので、このWorkbookは既に開かれていたもの
    Set workbook = book
    xlsApp.Visible = True
  End If
Next

' Workbookが存在しない場合は、新たに開く。
If workbook Is Nothing Then
  Set xlsApp = Nothing

  ' Excelが既に開かれていたならそれを再利用する
  If Not existingXlsApp Is Nothing Then
    Set xlsApp = existingXlsApp
    xlsApp.Visible = True
  Else
    Set xlsApp = CreateObject("Excel.Application")
    xlsApp.Visible = True
  End If

  Set workbook = xlsApp.Workbooks.Open(filePath)
End If

' 警告の抑制を元に戻す
existingXlsApp.DisplayAlerts = True
Set existingXlsApp = Nothing
On Error Goto 0

If workbook Is Nothing Then
  Err.Raise 1, "", "指定されたファイルを開くことができません。"
End If
```

4-2 Web スクレイピングのシナリオ作成

```
' ==== 指定されたシートを取得する ========================================
==================
Set worksheet = Nothing
On Error Resume Next
 ' シート名が指定されていない場合は、アクティブシートを対象とする
 If sheetName = "" Then
   Set worksheet = workbook.ActiveSheet
 Else
   Set worksheet = workbook.Worksheets(sheetName)
 End If
On Error Goto 0

If worksheet Is Nothing Then
 Err.Raise 1, "", "指定されたシートが見つかりません。"
End If

worksheet.Activate

' ====セルの形式チェック=========================================
' 開始セルおよび終了セルが単一セル指定か範囲指定かどうかで処理を分岐させる
' 入力された値が半角英数字のみ（単一セル指定）か確認するため、正規表現のオブジェ
クトを生成
Set objRegExp = CreateObject("VBScript.RegExp")

' 検索パターンに半角英数字のみの文字列かどうかという条件を設定する
objRegExp.Pattern = "(^[a-zA-Z0-9]+$)"

' 開始セルがパターンに一致するか検索する（一致すればobjMach = 1件）
Set objMach = objRegExp.Execute(scell)

' 検索結果が0件であれば範囲指定のため内部フラグをTrueに設定する
If objMach.Count = 0 Then
 scellFlag = True
End If

' 念のためobjMachを初期化
Set objMach = Nothing

' 終了セルがパターンに一致するか検索する（一致すればobjMach = 1件）
Set objMach = objRegExp.Execute(ecell)

' 検索結果が0件であれば範囲指定のため内部フラグをTrueに設定する
```

Chapter04 Case Study

```
If objMach.Count = 0 Then
  ecellFlag = True
End If

'念のため objMach を初期化
Set objMach = Nothing

'開始セルと終了セルの内部フラグ (指定形式) を比較し、不一致であればエラー
If scellFlag <> ecellFlag Then
  Err.Raise 1, "", "開始セルと終了セルのいずれかの指定が不正です。例えば、両方の
指定形式が単一セルまたは範囲セルのいずれかで統一されているかどうか確認してく
ださい。"
  WScript.Quit
End If

' セルを小文字→大文字に変換
scell = UCase(scell)
ecell = UCase(ecell)

' ====AutoFill を実行============================================
====
' 警告を抑制する
xlsApp.DisplayAlerts = False

'開始セルおよび終了セルが範囲セル指定の場合
If scellFlag AND scellFlag = True Then
  Set cell1 = Nothing
  Set cell2 = Nothing

  'セル範囲の有効チェック
  On Error Resume Next
    Set cell1 = worksheet.Range(scell)
    Set cell2 = worksheet.Range(ecell)
  On Error Goto 0

  If cell1 Is Nothing Then
    Err.Raise 1, "", "指定された開始セル範囲が無効です。"
  End If

  If cell2 Is Nothing Then
    Err.Raise 1, "", "指定された終了セル範囲が無効です。"
  End If
```

226

```
  ' AutoFill を実行
  cell1.AutoFill cell2,AutoFillType

' 開始セルおよび終了セルが単一セル指定の場合
Else

  ' セル範囲の有効チェック
  ' 開始セルと終了セルはそれぞれ単一指定のため結合結果を範囲に設定する
  Set cell3 = Nothing
  cellRanges = scell&":"&ecell

  On Error Resume Next
    Set cell3 = worksheet.Range(cellRanges)
  On Error Goto 0

  If cell3 Is Nothing Then
    Err.Raise 1, "", "指定された範囲が無効です。開始セルおよび終了セルが正しいか確
認してください。"
  End If

  ' AutoFill を実行
  worksheet.range(scell).AutoFill cell3,AutoFillType

End If

' 警告の抑制を元に戻す
xlsApp.DisplayAlerts = True

' ====終了処理===================================================
=
Set filePath = Nothing
Set sheetName = Nothing
Set scell = Nothing
Set ecell = Nothing
Set AutoFillType = Nothing
Set scellflag = Nothing
Set ecellflag = Nothing
Set workbook = Nothing
Set existingXlsApp = Nothing
Set xlsApp = Nothing
Set book = Nothing
Set worksheet = Nothing
Set objRegExp = Nothing
```

```
Set objMach = Nothing
Set cell1 = Nothing
Set cell2 = Nothing
Set cell3 = Nothing
Set cellRanges = Nothing
```

WinActorノートに貼ったデータの先頭から不要なデータを削除する処理は、「ブロック検索ツール」と「ブロック抽出ツール」の組み合わせで実行します。この処理はWinActorノート処理で良く使うため、ライブラリパレットに追加しておくと良いでしょう。

次のノードで数値のオートフィル(図の囲み参照)を行うため、ライブラリパレットの[Excel操作(値の設定)]を直前に作成したノードの直下に配置後、図4-2-1-17❶のとおりプロパティを設定します。

図4-2-1-16：数値のオートフィル

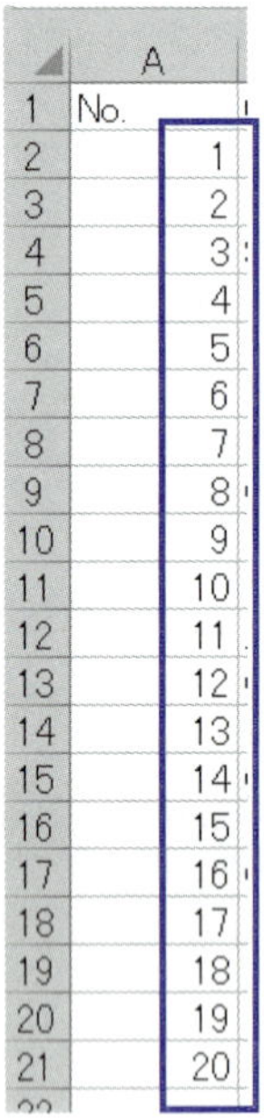

	A
1	No.
2	1
3	2
4	3
5	4
6	5
7	6
8	7
9	8
10	9
11	10
12	11
13	12
14	13
15	14
16	15
17	16
18	17
19	18
20	19
21	20

数値のオートフィルを行うため、独自ライブラリ[Excel操作(AutoFill)]を直前に作成したノードの直下に配置後、❷のとおりプロパティを設定します。

AS Rank を含む文字列をWinActorノートテキストエリアで前方検索(下方向へ)するため、ライブラリパレットの[ブロック検索ツール]を直前に作成したノードの直下に配置後、❸のとおりプロパティを設定します。

先頭から選択直前までのブロックを削除するため、ライブラリパレットの［ブロック抽出ツール］を直前に作成したノードの直下に配置後、❹のとおりプロパティを設定します。

■ 図4-2-1-17：Webからデータ取得前処理

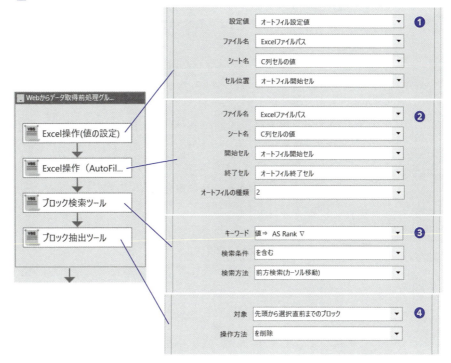

● WinActorノートから指定文字を取得し、Excelに書き込む

追加シートにタイトル行を書き込んだので、次は繰り返し処理の中で、追加シートに20行書き込む処理を行います。

最初の「カーソル移動と読み取り」で次のブロックを変数「ブロックから読み取った文字列」に読み取った後、変数「Organization」、「ASN」、「relationship」にそれぞれ指定WebページのOrganization、AS neighbors、relationship の値を入れています。

追加行番号が最大値になるまで繰り返すために、ノードパレットの［繰り返し］を直前に作成したノードの直下に配置後、図4-2-1-18❶のとおりプロパティを設定します。

■図4-2-1-18：[繰り返し]ノードの設定

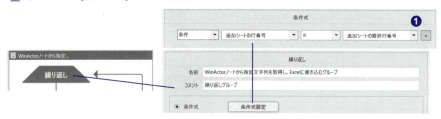

次のブロックを選択し読み取った結果を変数に格納するために、ライブラリパレットの[カーソル移動と読み取り]を直前に作成したノードの直下に配置後、❷のとおりプロパティを設定します。

ブロックから読み取った文字列を水平TABコードで分割し、変数Organizationに値を取得するために、ライブラリパレットの[文字列分割]を直前に作成したノードの直下に配置後、❸のとおりプロパティを設定します。

以下、変数ASN、relationshipに値を取得する操作も同様のノードを使用しているので説明は省略します。

■図4-2-1-19：Webからデータ取得

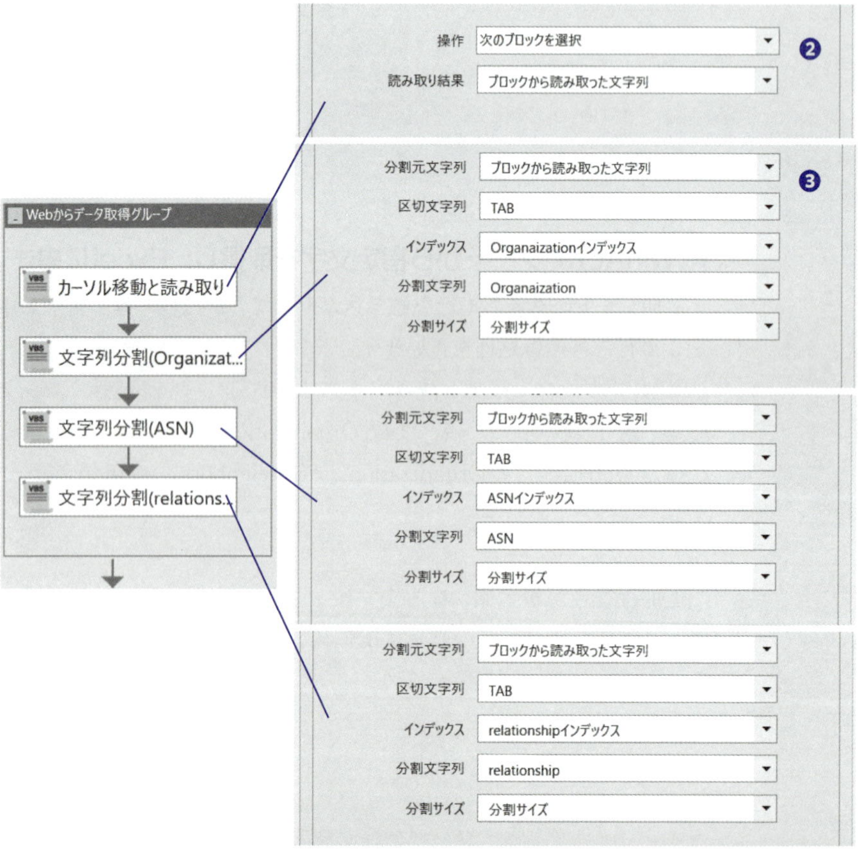

4-2 Webスクレイピングのシナリオ作成

　次は、WinActorノートから読み取ったデータをExcelに書き込む処理です。変数「Organization」、「ASN」、「relationship」の3つのデータをExcelに書き込みます。
　カウンタ「追加シートの行番号」を+1して、WinActorノートの次のブロックを読みに行きます。20個のブロックを読み取った後は、カウンタ「JP_ISP_LISTシートの行番号」を+1して、JP_ISP_LISTシートに書かれてある次のAS番号を読みに行きます。このカウンタ「JP_ISP_LISTシートの行番号」の繰り返しも10回繰り返したら終了です。

　変数Organizationの値をセルに書き込むために、ライブラリパレットの[Excel操作(値の設定)]を直前に作成したノードの直下に配置後、❹のとおりプロパティを設定します。以下、変数ASN, relationshipの値をセルに書き込む操作も同様のノードを使用しているので説明は省略します。
　追加シートの行番号をカウントアップするために、ノードパレットの[カウントアップ]を直前に作成したノードの直下に配置後、❺のとおりプロパティを設定します。
　JP_ISP_LISTシートの行番号をカウントアップするために、ノードパレットの[カウントアップ]を直前に作成したノードの直下に配置後、❻のとおりプロパティを設定します。

■ 図4-2-1-20：Excelにデータ書き込み

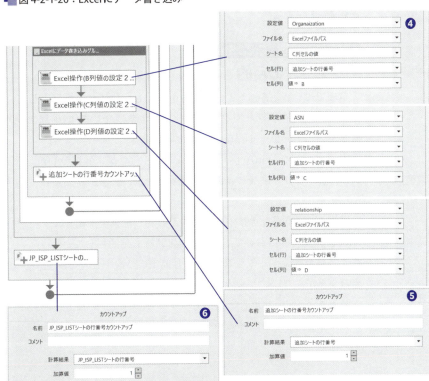

● Excelを上書き保存して、Chromeを閉じる

最後は、Excelを上書き保存して、Chromeを閉じて終了です。

Excelファイルを上書き保存するために、ライブラリパレットの[Excel操作(上書き保存)]を直前に作成したノードの直下に配置後、❶のとおりプロパティを設定します。

ブラウザをクローズするために、ライブラリパレットの[ブラウザクローズ]を直前に作成したノードの直下に配置後、❷のとおりプロパティを設定します。

図 4-2-1-21：Excelを上書き保存して、Chromeを閉じる

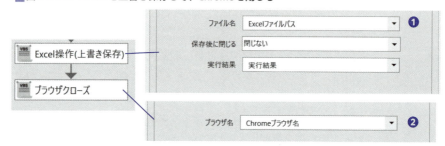

4-2-2 Case Study2 Webページ内の指定文字列存否チェック

サンプルフォルダ　Case Study2

①シナリオの目的

本項では、WinActorノートを活用したもうひとつの事例として、Webページ内の指定文字列存否チェックを行うシナリオを紹介します(前節で使用したサイトを再び使います。以下asrankサイトと呼びます)。

Webページを WinActor ノートにコピーした後、WinActor ノート内で指定文字列を含むかどうか調査し、調査結果をExcelに書き込みます。

何故このようなシナリオを作成するのか、背景を説明します。

asrankサイトにおいて、WinActorノートを活用して、Webページ内の指定AS番号の存否を調べることで、AS番号同士のつながり方を調査できます。AS番号同士のつながり方には、peer、providerの2種類あることを前節でご説明しました。

例えば、asrankサイトでsearchボックスに"4713"を入力し、searchボタンをクリックすると下記のWebページが表示されます。

4-2 Web スクレイピングのシナリオ作成

■ 図 4-2-2-1：asrank サイト

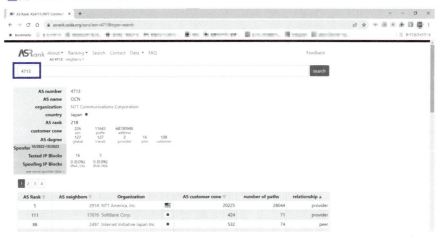

このWebページは、AS番号4713とつながっているAS番号のリストが降順に(加入者数の多い順に)表示されています。中ほどにAS番号15169 Google LLCが存在することから、AS番号15169 Google LLC は、AS番号4713とつながっていることがわかります。

このリストは降順に並んでいるため、AS番号15169 Google LLC のような加入者の多いISPは、存在すれば必ず1ページ目に表示されます。したがって、1ページ目の、指定文字列"15169"の存否をチェックすれば、調査対象AS番号のISPとAS番号15169 Google LLC がつながっているかどうかがわかります。

調査対象AS番号リストは、Excelシート"JP_ISP_list.xlsx"に入っています。

それでは、さっそく、調査対象AS番号のISPとAS 番号15169 Google LLC がつながっているかどうか、調べるシナリオを作成しましょう。

②シナリオの概要

WinActorでWebページ内の指定文字列存否チェックをするための、サンプルシナリオ"AS-Rank指定文字列存否確認.ums7"の概要を説明します。

シナリオの全体フローチャートは下図のようになります。

■図4-2-2-2：シナリオの全体フローチャート

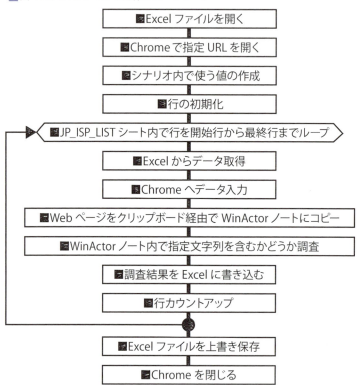

上図をさらに詳細化したフローチャートに解説を加えると下記のようになります。

■図4-2-2-3：詳細化したフローチャート

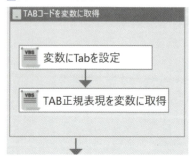

①後で文字列分割に使用するため、変数にTABコードを設定します。

4-2 Webスクレイピングのシナリオ作成

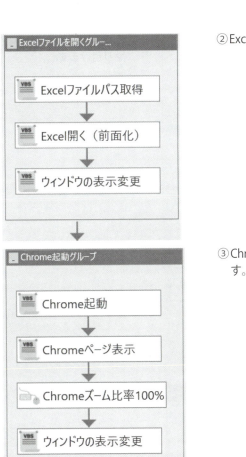

②Excelファイルを開きます。

③Chromeを起動して指定URLを開きます。

④ASNをWeb入力後、指定Webページを開きます。

Chapter04 Case Study

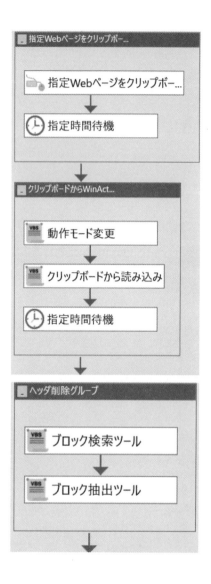

⑤指定WebページをWinActorノートに貼り付けます。

⑥ヘッダを削除します。

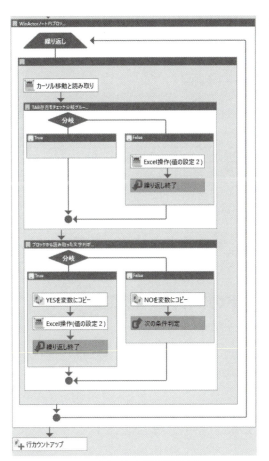

⑦指定Webページが指定文字列を含むかどうか調査し調査結果をYes/NoでExcelに書き込みます。

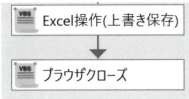

⑧Excelを上書き保存してChromeを閉じます。

シナリオが作成するExcelファイルは下記になります。

シナリオが書き込むのは、下図の囲んだ箇所になります。

■図4-2-2-4：シナリオが作成するExcelファイル

	A	B	C	D
1	Ranking	Name	ASN	direct connection with 15169
2	1	KDDI	2516	NO
3	2	Softbank Corp.	17676	NO
4	3	NTT Communications Corporation	4713	YES
5	4	NTT DOCOMO, INC.	9605	NO
6	5	JCOM Co., Ltd.	9824	NO
7	6	OPTAGE Inc.	17511	NO
8	7	Sony Network Communications Inc.	2527	YES
9	8	BIGLOBE Inc.	2518	YES
10	9	Chubu Telecommunications Company, Inc.	18126	YES
11	10	ARTERIA Networks Corporation	17506	YES

③シナリオ・ノードのプロパティ解説

最初に変数一覧をお見せします。

■図4-2-2-5：変数一覧

変数にTabコードを設定

まず、最初にシナリオで使う2つの値(TabコードとTab正規表現)を変数に取得します。シナリオで使う前であれば、挿入位置はどこでも良いのですが、忘れないよう、シナリオの最初に作ることにします。

[変数にTabを設定](図4-2-2-6❶)は前節4-2-1で作成しましたので、それと同じノードをフローチャートに配置します。ユーザライブラリに追加してあればそれを

4-2 Webスクレイピングのシナリオ作成

フローチャートに配置して使いましょう。

ライブラリパレットの[文字列の連結(3つ)]を直前に作成したノードの直下に配置後、❷のとおりプロパティを設定します。目的は、TAB正規表現を変数に取得するためです。

❶で作成したWinActor変数「TAB」を使って、「Tabコードが含まれる場合には」を表す、正規表現式を作成します。❷の指定文字列や制御コードを".*("と") .*$"で挟むだけで、「○○を含む」を表す正規表現を作成できますので、覚えておくと良いでしょう。

このノードは後で、Tabコード存否をチェックする用途で使います。

■図4-2-2-6：変数にTabコードを設定

Chapter04　Case Study

Excelファイルを開き、Chromeを起動

まず最初は、いつものようにExcelファイルを開き、Chromeを起動する処理です。Excelファイルを開き、Chromeを起動するグループは、直前のCase Study1で作成してユーザライブラリに追加したのでそれを直前に作成したノードの直下に配置します。同じグループはCase Study1で作成したので、説明は省略します。

■ 図4-2-2-7：Excelファイルを開く

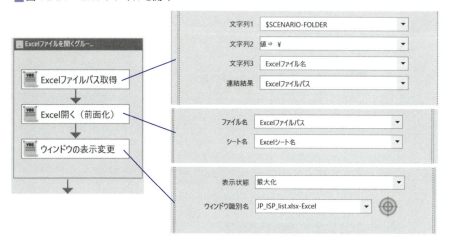

図 4-2-2-8：Chrome 起動して指定 URL を開く

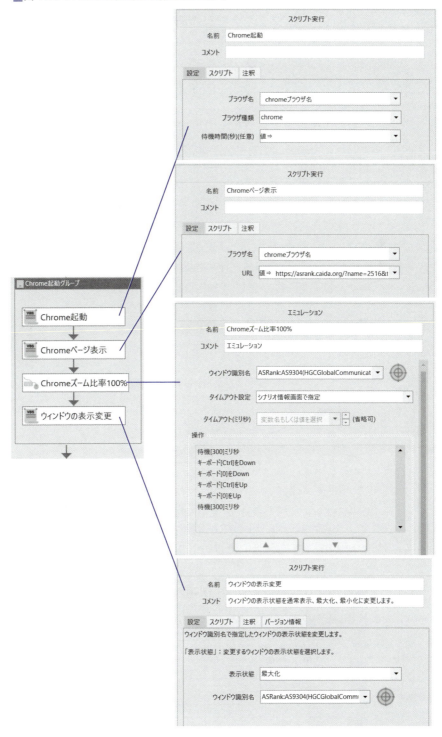

● Excelから値を取得し、指定Webページに値を入力する

Excelの行を読み込む繰り返し処理に入る前に、行の初期化を行います。

行の初期化をするため、ノードパレットの[変数値コピー]を直前に作成したノードの直下に配置後、(❸)のとおり開始行を行にコピーします。

■図4-2-2-9：行の初期化

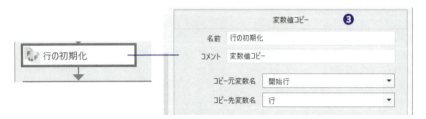

Excelの行を最終行まで繰り返し読み出すため、ノードパレットの[繰り返し]を直前に作成したノードの直下に配置後、(❹)のとおりプロパティを設定します。

■図4-2-2-10：[繰り返し]ノードの設定

ExcelファイルのC列に記述してあるASN(下図囲み)を上から順番に読み出すため、ライブラリパレットの[Excel操作(値の取得2)]を直前に作成したノードの直下に配置後、(❺)のとおりプロパティを設定します。

■図4-2-2-11：ExcelファイルのC列に記述してあるASNを上から順番に読み出す

	A	B	C	D
1	Ranking	Name	ASN	direct connection with 15169
2	1	KDDI	2516	NO
3	2	Softbank Corp.	17676	NO
4	3	NTT Communications Corporation	4713	YES
5	4	NTT DOCOMO, INC.	9605	NO
6	5	JCOM Co., Ltd.	9824	NO
7	6	OPTAGE Inc.	17511	NO
8	7	Sony Network Communications Inc.	2527	YES
9	8	BIGLOBE Inc.	2518	YES
10	9	Chubu Telecommunications Company, Inc.	18126	YES
11	10	ARTERIA Networks Corporation	17506	YES

4-2 Webスクレイピングのシナリオ作成

図4-2-2-12：ExcelからASNを取得

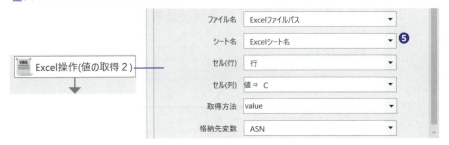

　下図の囲み部分のsearchBOXにASNを設定するため、ライブラリパレットの[値の設定]を直前に作成したノードの直下に配置後、(❻)のとおりプロパティを設定します。
　ちなみに最初にsearchBOXに設定されるASNは、ExcelファイルのC列に最初に記述してある"2516"となります。

図4-2-2-13：asrankサイト

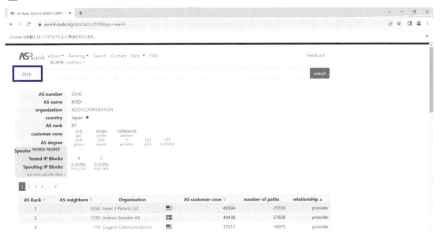

図4-2-2-14：searchBOXにASNを設定

searchボタン（囲み）をクリックするため、ライブラリパレットの[クリック]を直前に作成したノードの直下に配置後、(❼)のとおりプロパティを設定します。

図4-2-2-15：asrankサイト

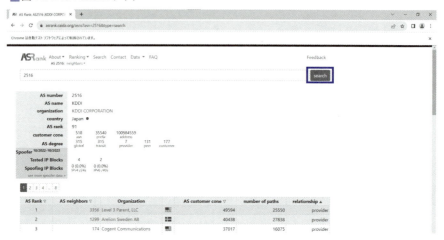

図4-2-2-16：searchボタンをクリック

クリックした後、Webページが読み込まれるのを待つため、ノードパレットの[ウィンドウ状態待機]を直前に作成したノードの直下に配置後、ターゲット選択ボタンをクリック(❽)して、asrankウィンドウを選択(❾)します。

asrankウィンドウを選択後は忘れずに、ウィンドウ識別ルールの緩和を実行してください（詳細は2-4-4のウィンドウ識別エラーの回避方法を参照）。

図4-2-2-17：ウィンドウ状態待機

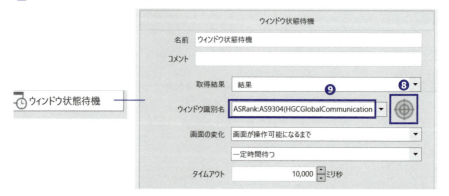

4-2 Webスクレイピングのシナリオ作成

● 指定WebページをクリップボードにWinActorノートにコピー

次に、Webスクレイピングをするための準備作業として、指定Webページ全体をクリップボード経由でWinActorノートにコピー＆ペーストします。

この手順は、Webスクレイピングをするための常套手段ですので、作成したら、この2つのグループはユーザライブラリに登録することをお薦めします。

以下ノードのプロパティ設定内容を解説していきます。

■ 図4-2-2-18：指定WebページをクリップボードにWinActorノートにコピー

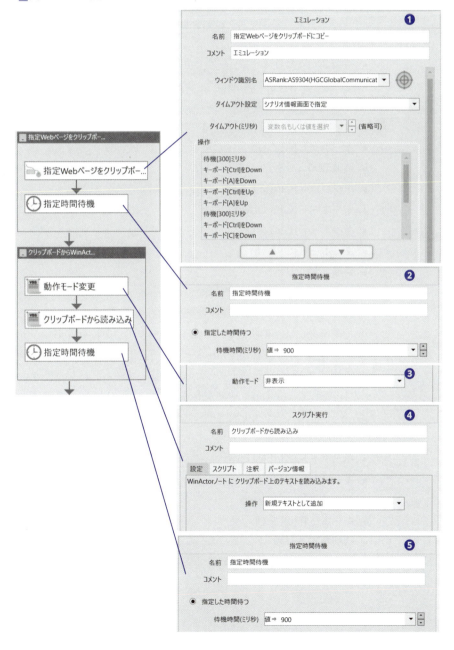

Chapter04　Case Study

　図4-2-2-18 ❷と❺は、指定Webページ全体をクリップボードに読み込んだり、ク
リップボードの内容をWinActorノートに貼り付ける際に、若干データの転送待ち
時間が発生するため、900ミリ秒の指定時間待機を入れています。指定時間待機を
挿入する位置や長さは環境により異なりますので、各自の環境に合わせて決めてく
ださい。なおVer7.4では主要ライブラリに「タイムアウト設定」が追加されているた
め、Ver7.4では、「指定時間待機」の代わりに「指定時間待機」の直前のライブラリの
「タイムアウト設定」をお使いください。

　上図❷は、指定webページをクリップボードに貼り付ける操作をキーボードエミュ
レーションで実行しています。具体的な操作は下記のとおりです。

- 待機300ミリ秒
- キーボード [Ctrl] を Down
- キーボード [A] を Down
- キーボード [Ctrl] を Up
- キーボード [A] を Up
- 待機300ミリ秒
- キーボード [Ctrl] を Down
- キーボード [C] を Down
- キーボード [Ctrl] を Up
- キーボード [C] を Up
- 待機300ミリ秒

　画面に表示されているWebページをクリップボードに貼り付ける操作は以上で
すが、Chromeは起動画面からCtrl+Uキーの同時押しでWebページのHTMLソー
スコードを表示するため、WebページのHTMLソースコードに取得したい文字列
が存在するのであれば、以下のとおりでも構いません。好みの問題ですが、Webペー
ジのHTML文にはTabコードが存在しないため、こちらの方が扱いやすいと感じ
る方もいらっしゃるかもしれません。

- キーボード [Ctrl] を Down
- キーボード [U] を Down
- キーボード [Ctrl] を Up
- キーボード [U] を Up
- 待機300ミリ秒
- キーボード [Ctrl] を Down

- キーボード [A] を Down
- キーボード [Ctrl] を Up
- キーボード [A] を Up
- 待機 300 ミリ秒
- キーボード [Ctrl] を Down
- キーボード [C] を Down
- キーボード [Ctrl] を Up
- キーボード [C] を Up
- 待機 300 ミリ秒

　図4-2-2-18の❸は、WinActorノートの動作モードを変更します。デバッグ中は「編集」に設定してWinActorノートを編集しますが、シナリオ実行中は、WinActorノートの表示が邪魔になることと、少しでもシナリオ実行速度を上げるため「非表示」を推奨します。

　同じく❹は、WinActorノートにクリップボードからテキストを読み込みます。操作は「新規テキストとして読み込み」を選択します。

● ヘッダ削除

　WinActorノートにクリップボードにテキストを読み込んだ直後は、Webスクレイピングしたい表データの前に使わない情報が貼り付いています（下記のヘッダ情報です）。

　このような使わないヘッダ情報は、見苦しいので、削除してしまいましょう。

■ 図 4-2-2-19：ヘッダ情報

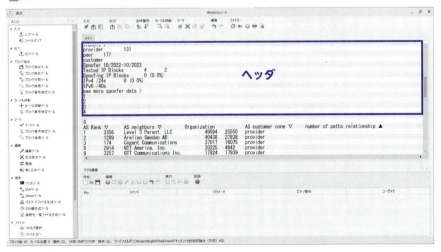

Chapter04 Case Study

　下記のヘッダ削除グループでヘッダ情報を削除できます。ブロック検索ツールで抽出したい前のブロックまでカーソルを移動させ、ブロック抽出ツールで先頭から選択直前のブロックまでを削除しています。

　このヘッダ削除グループも、WinActorノートを使うWebスクレイピングによく使うため、ユーザライブラリに登録しておきましょう。

■図4-2-2-20：ヘッダ削除

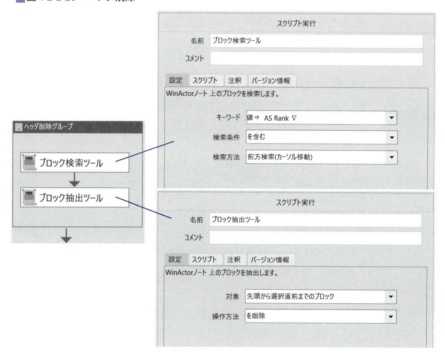

● 指定Webページが指定文字列を含むかどうか調査し、調査結果をExcelに書き込む

　ヘッダ情報を削除した後は、WinActorノート上で1ブロックずつ下に移動しながら、検索対象文字列"15169"を含むブロックを探していきます。

　そのアルゴリズムは下記のようになります。まず、無限ループの繰り返しを作成し(❶)、カーソル移動と読み取りを行うノードを作成(❷)します。

4-2 Webスクレイピングのシナリオ作成

■ 図4-2-2-21：無限ループの繰り返しとカーソル移動と読み取りを行うノードを作成

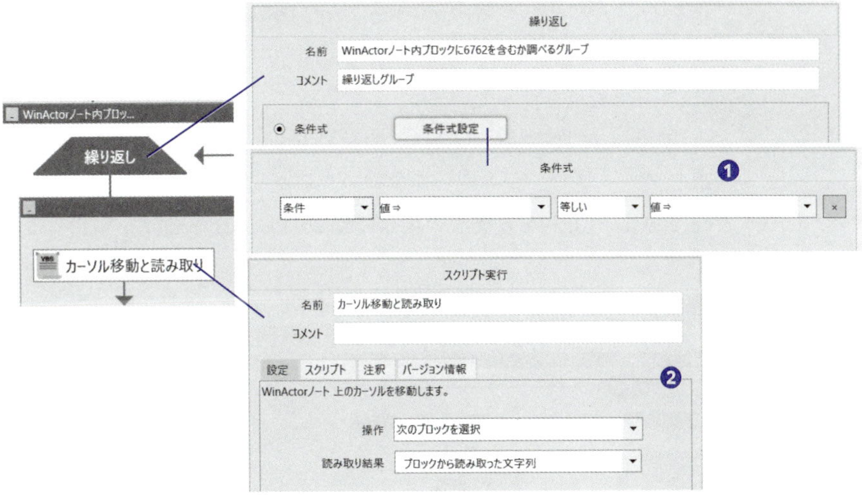

次に、無限ループを抜ける条件を作成します。

クリップボードの内容をテキストエディターに貼ってみると、調べるべき表データが存在するブロックには必ずTABコードが存在することがわかります。表データが終了するとTABコードが無くなることがわかります。そこで、「カーソル移動と読み取り」ノードで1つずつブロックを変数「ブロックから読み取った文字列」に読み取り、TABコードが存在しなくなった場合に、繰り返しのループを抜ける作りにします。

■ 図4-2-2-22：表データが存在するブロックには必ずTABコードが存在

TABコード

249

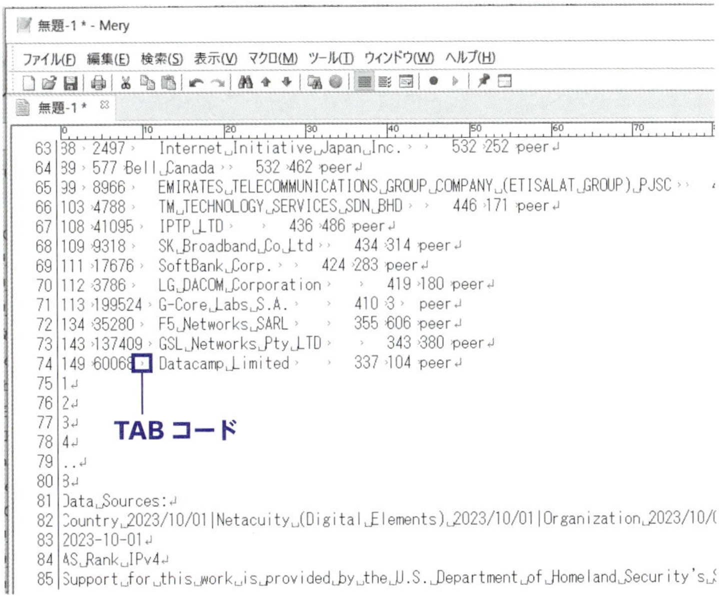

ブロックを変数「ブロックから読み取った文字列」に読み取り、TABコードの存否をチェックして、TABコードが存在しない場合に、繰り返しを抜けるアルゴリズムは下記のとおりです。TABコードの存否チェックに、シナリオの冒頭で作成したTAB正規表現を使っています。

繰り返し処理を抜ける際に、変数「YES_or_NO」の値をExcelに書き込みますが、次のグループで、読み取ったブロックに指定文字列"15169"を含めば、変数「YES_or_NO」に「YES」を含まない場合に変数「YES_or_NO」に「NO」を設定しています。

■図4-2-2-23：TABコードの存否をチェック

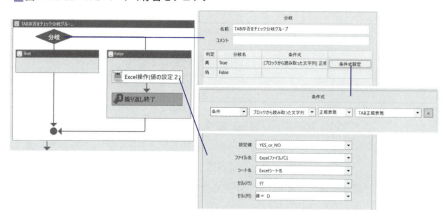

以下のグループにて、読み取ったブロックに指定文字列"15169"を含めば、変数「YES_or_NO」に「YES」を含まない場合に変数「YES_or_NO」に「NO」を設定しています。ここでも、読み取ったブロックに指定文字列"15169"を含むかどうかのチェックに正規表現を使っています。厳密に言うと、下図囲みの正規表現「.*(15169).*$」では、「1516912」のような文字列も真になりますが、ランダムな数字のAS番号において、同一Webページに同じ5桁数字が2回以上発生する確率は低いため、このような書き方をしました。気になる方は、「.*(15169).*$」の代わりに「¥t15169¥t」のように、前後をタブ文字で囲んで設定してみてください。

図 4-2-2-24：変数 temp が 15169 を含むか否かチェック

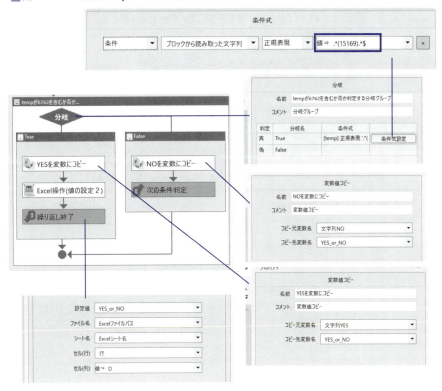

繰り返しの最後に行を +1 します。

図 4-2-2-25：行カウントアップ

● Excelを上書き保存して、Chromeを閉じる

図4-2-2-26：Excelを上書き保存して、Chromeを閉じる

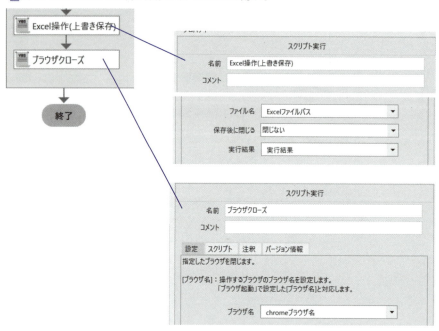

4-2-3 Chromeデベロッパーツール操作法および XPath設定方法

　次節では、Webページの情報をExcelに転記する（Webスクレイピングをする）シナリオを説明しますが、その事前準備として、必須知識のChromeデベロッパーツール（以下本書ではデベロッパーツールと略します）操作法とXPath設定方法を説明します。

①XPathとは何か？

　XPathとは、わかりやすく説明すると、Webページ内に存在するボタンやテキストボックス、文字列などの要素の場所を特定するための住所のようなものです。例えば、下図はWebページ上にあるボタンをクリックするユーザライブラリですが、プロパティの設定項目XPathでクリックするボタンの位置の住所を指定しています。

4-2 Web スクレイピングのシナリオ作成

図 4-2-3-1：XPath 設定事例

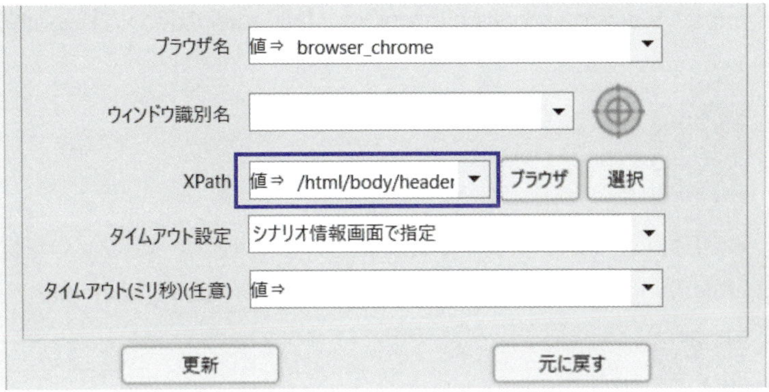

XPathを使いますと、ブラウザ上の要素を安定してクリックしたり、文字列入力できますが、すべてのWebページのすべての要素に対して100%XPathが使える訳ではありません。XPathが使えない場合は、「クリック（WIN32）」ライブラリなど他の手段を検討することになります。

②デベロッパーツール操作法

XPathは、デベロッパーツール操作で取得します。

デベロッパーツール操作で重要なポイントは下記の2点です。覚えておきましょう。

1. デベロッパーツール画面を表示する方法は、XPath を取得したいボタンの上で右クリックして「検証」をクリックするか、Chrome 上でF12 キーを押下する。

2. デベロッパーツール起動後は、Ctrl+Shift+C キーを同時押下したあと、左画面で、XPath を取得したい UI 要素をクリックした後、右のソースコード表示画面で、グレイアウトされた箇所で右クリックした後、Copy-Copy XPath を順番に選択して、クリップボードに XPath をコピー

XPathについては下記のサイトなどを参考に研究してみてください。

- XPath解説サイト

https://www.rpa-roboffice.jp/column/【winactorの使い方】xpathの使い方を習得して、ブラウザ/

- XPath入門講座 初歩から関数まで(NTTアドバンステクノロジ株式会社)

https://winactor.biz/event/docs/20230228community_xpath.pdf

③ XPathの設定方法

　XPathには様々な設定方法があります。開発現場では、いろいろ試してみて最も安定動作する設定方法を採用することになると思います。

　以下NTT-AT社のWinActor販売パートナー一覧・お問い合わせページ(https://winactor.biz/reseller/?limit=1000)を例に順番に様々なXPath設定方法を説明していきます。

● タグで指定

　WinActor販売パートナー一覧の左上にある株式会社NTTデータの画像をクリックし、スクロールダウンすると「WEBサイトはこちら」(下図囲み)というバナー画像があります。

4-2 Web スクレイピングのシナリオ作成

■ 図4-2-3-2：WinActor販売パートナー一覧サイト

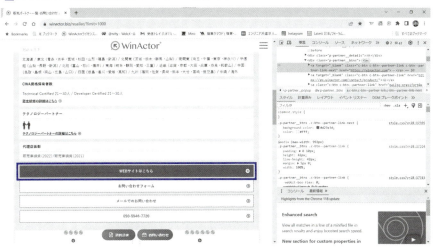

このバナー画像のCopy XPathをデベロッパーツールで取得すると、下記が取得できます。

//*[@id="js_fs_search_result"]/li[1]/div[2]/div[2]/a[1]

最後のa[1]は、1番目のインデックスを有するaタグという意味です。このXPathを［クリック（Chrome）］ライブラリのXPathに設定すると、このバナー画像をクリックできます。

● 属性で指定

今度は前ページのバナー画像のXPathを属性で指定してみましょう。

このバナー画像のCopy outerHTMLをデベロッパーツールで取得すると、下記が取得できます。

<a target="_blank" class="c-btn c-btn--partner-link c-btn--partner-link-next" href="https://winactor.com">WEBサイトはこちら</a>

このうち、aタグの開始タグと終了タグに挟まれたtarget, class, hrefなどが属性になります。

hrefが他の属性に比べてユニークにバナー画像を指定できそうなので、XPathをhrefで指定することにします。開始タグには属性の記述があります。

属性とは、タグの情報を細かく表すもので、＜タグ名 属性名="属性値"＞となっており、XPathで属性を指定する時は、属性名の前に@をつけ、以下のように記述します。

```
//タグ名[@属性名="属性値"]
```

したがって今回のXPath設定内容は以下のようになります。

```
//a[@href="https://winactor.com"]
```

● テキストで指定

今度は前ページのバナー画像のXPathをテキストで指定してみましょう。

開始タグと終了タグに挟まれた"WEBサイトはこちら"の文字列を含む要素をクリックさせたい場合、XPath設定内容は次のようになります。

```
//a[text()="WEBサイトはこちら"]
```

なお、テキストを部分一致で指定したい場合は、containsを使うと便利です。今回の事例に適用するとXPath設定内容は次の書き方でも行けることになります。

```
//a[contains(text(),"WEBサイトはこちら"]
```

● 最後の要素を指定

WinActor販売パートナー一覧に並んでいる最後の会社「株式会社アビリティ・インタービジネス・ソリューションズ」の会社名の文字列のCopy XPathをデベロッパーツールで取得すると、下記が取得できます。※2024年10月8日現在

```
「株式会社アビリティ・インタービジネス・ソリューションズ」
 //*[@id="js_fs_search_result"]/li[21]/div[1]/div[2]
```

ひとつ前の会社の会社名のCopy XPathは下記のとおりです。

```
//*[@id="js_fs_search_result"]/li[20]/div[1]/div[2]
```

"["と"]"に挟まれた数字はタグの順番を示すため、liタグが会社名の並ぶ順番を表していることが何となくわかります。

常に最後のタグを指定したいけれど、最後のタグの順番が変わる場合は、lastを使うことができます。表記法としては次のようになります。

```
タグ名[last()]
```

具体例として、「株式会社アビリティ・インタービジネス・ソリューションズ」のリンク文字列を「クリック(Chrome)」ライブラリでクリックする場合、設定するXPathは上述の書き方だけではなく以下のように書くこともできます。

//*[@id="js_fs_search_result"]/li[last()]/div[1]/div[2]

● 最後の要素からひとつ目を指定

次の記述を使うと、最後のタグからひとつ目を指定することもできます。

タグ名[last()]/preceding-sibling::タグ名[1]

具体例として、前ページで最後からひとつ目の会社のリンク文字列を「クリック(Chrome)」ライブラリでクリックする場合、次のように書くこともできます。

//*[@id="js_fs_search_result"]/li[last()]/preceding-sibling::li[1]/div[1]/div[2]

● タグや属性が複数階層になっている場合

WinActor販売パートナー一覧の左上にある「株式会社NTTデータ」の画像をクリックし、スクロールダウンすると「WEBサイトはこちら」というバナー画像があります。

次項目で説明するCase Study3のシナリオを実行してこのバナー画像のXPath"//*[@id="js_fs_search_result"] /li[1] /div[2] /div[2] /a[1] "で値を取得してみると、URLではなく、"WEBサイトはこちら"という文字列が入っていることがわかります(下図参照)。

株式会社NTTデータのURLを取得したい場合、これでは目的を達成できません。

■ 図4-2-3-3：「株式会社NTTデータ」の「WEBサイトはこちら」バナー画像のXPathで値を取得

Chapter04　Case Study

　クリック対象ボタンや取得文字列が複数の階層のタグになっている場合、より上の階層のタグのXPathを取得すると目的の情報が取得できる場合があります。
　前述「WEBサイトはこちら」バナー画像のHTML文はaタグで始まる下図点線囲み部分ですが、このタグのより上位のタグは下図実線囲みのdivタグになります。

■ 図4-2-3-4：aタグとdivタグの関係

　このdivタグのXPath "//*[@id="js_fs_search_result"] /li[1] /div[2] /div[2] "で値を取得すると、2行目に株式会社NTTデータの下図囲みでURL"https://winactor.com"が取得できたことがわかります。

■ 図4-2-3-5：divタグのXPathで値を取得

● 画面の変化に対応するため、ワイルドカードを使って合致するタグや属性を上から順番に検索

　画面の変化に対応するため、ワイルドカードを使って合致するタグや属性をWebページの上から順番に検索する場合、指定方法は下記になります。

- idで検索する方法

*[@属性="属性値"]

- 事例：idがappleのタグ

*[@id="apple"]

- 属性値で検索する方法

タグ名[@*="属性値"]

● 事例：属性値がhrefのaタグ

a[@*="href"]

◉ 使用可能なXPathを確認する方法

使用可能なXPathを確認する方法を、WinActor販売パートナー一覧・お問い合わせページ（https://winactor.biz/reseller/?limit=1000）で、「株式会社NTTデータ」の電話番号のXPathを取得する例で説明します。

デベロッパーツールでCtrl＋Fキーを同時に押すと、画面右側中央に「文字列、セレクタ、またはXPathで検索」という薄い灰色の文字が表示されますので、そこに電話番号の一部を入力（囲み部分）すると、該当する箇所が検索できますので、そこの箇所を右クリックしてCopy-Copy XPathを取得します。

■ 図4-2-3-6：「株式会社NTTデータ」の電話番号のXPathを取得

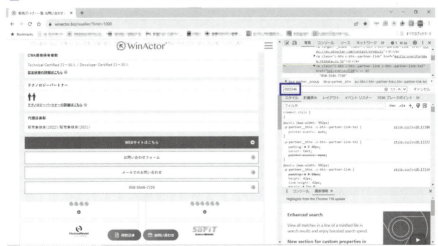

4-2-4 Case Study3 XPathの規則性に着目したWebスクレイピング

サンプルフォルダ　Case Study3

①シナリオの目的

今回のシナリオの目的は、NTTアドバンステクノロジ株式会社（以下NTT-AT社と略します）販売パートナー一覧から、販売パートナー会社名とTEL番号および会社URLを取得して、Excelファイルに転記することです（※シナリオ作成の都合上、調べるのは全部の会社ではなく、株式会社NTTデータから都築電気株式会社まで

Chapter04 Case Study

としました)。

本節では、表形式になっていないデータをXPathの規則性に着目して順次Webスクレイピングを行います。

今回のシナリオでは、販売パートナー会社によっては、TEL番号を表示していない会社があるため、その場合は「存在しません」という文字列をTEL番号の代わりにExcelに書き込みました(このサイトの構成は今後変わる可能性があります)。

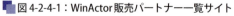
■ 図4-2-4-1：WinActor販売パートナー一覧サイト

● NTT-AT社販売パートナー一覧
https://winactor.biz/reseller/?limit=1000

本題に入る前に、簡単にこのサイトの構造を解説します。

販売パートナー会社のいちばん最初にある株式会社NTTデータの文字(❶)をクリックすると、画面が上方向にスクロールし、ページ下部に「WEBサイトはこちら」ボタンが表示されます。

「WEBサイトはこちら」(❷)ボタンをクリックすると、会社URLに飛んでいく仕組みになっています。

「WEBサイトはこちら」と同じ行に、「お問い合わせフォーム」「メールでのお問い合わせ」「会社TEL」が並んでいます。

4-2 Web スクレイピングのシナリオ作成

図 4-2-4-2：NTT-AT社販売パートナー一覧サイトの仕組み

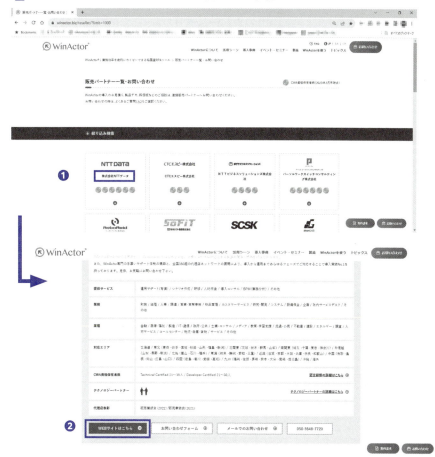

なお会社によっては、「お問い合わせフォーム」や「会社 TEL」が記載されていない場合があります。

②シナリオの概要

　WinActorでXPathの規則性に着目したWebスクレイピングをするための、サンプルシナリオ"NTT-AT販売パートナー（chrome）.ums7"の概要を説明します。
　シナリオの全体フローチャートは下図のようになります。

■図4-2-4-3：シナリオの全体フローチャート

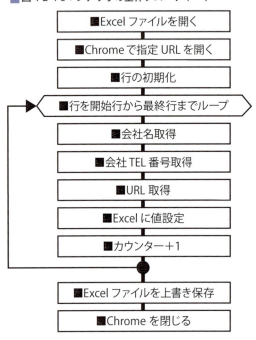

　上図をさらに詳細化したフローチャートに解説を加えると下記のようになります。

■図4-2-4-4：シナリオの全体フローチャート

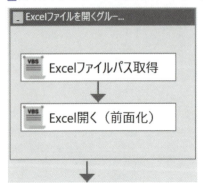

①Excelファイルを開きます。

4-2 Webスクレイピングのシナリオ作成

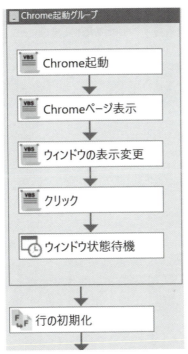

②Chromeを起動して指定URLを開きます。クッキーの利用に関するプライバシー確認ボタンをクリックします。

③Excel書き込み開始行の初期化を行います。

④開始行から最終行まで繰り返します。

⑤XPathを利用して会社名を取得します。

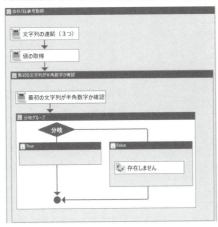

⑥XPathを利用して会社TEL番号を取得します。もし取得した会社TEL番号の最初の文字列が半角英数でない場合は、Excelに「存在しません」と書き込む準備をします。

⑦XPathとWinActorノートを利用してURLを取得します。

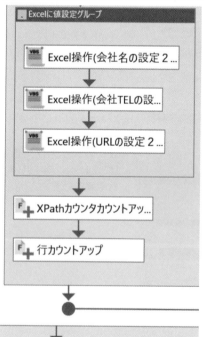

⑧会社名、会社TEL、URLをExcelに書き込みます。

⑨XPath構築に利用するカウンタを+1します。

⑩行カウンタを+1します。

4-2 Webスクレイピングのシナリオ作成

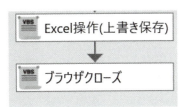

⑪Excelを上書き保存してChromeを閉じます。

シナリオが作成したExcelファイルは下記になります。

■図4-2-4-5：シナリオが作成したExcelファイル

	A	B	C
1	会社名	TEL番号	URL
2	株式会社NTTデータ		
3	CTCエスピー株式会社		
4	NTTビジネスソリューションズ株式会社		
5	パーソルワークスイッチコンサルティング株式会社		
6	ワークスアイディ株式会社		
7	日本ソフト開発株式会社		
8	SCSK株式会社		
9	株式会社ブレイン・ゲートプラス		
10	株式会社ソリューション		
11	株式会社日立システムズ		
12	エヌ・ティ・ティ・コムウェア株式会社		
13	都築電気株式会社		

③シナリオ・ノードのプロパティ解説

最初に変数一覧をお見せします。

■図4-2-4-6：変数一覧

グループ名	変数名	現在値	初期化しない	初期値	マスク	コメント
グループなし						
	chromeブラウザ名		☐	browser_chrome	☐	
	Excelファイルパス		☐		☐	自動生成
	Excelファイル名		☐	NTT-AT社販売パートナー一覧表.xlsx	☐	
	Excelシート名		☐	一覧	☐	
	開始行		☐	2	☐	
	行		☐		☐	
	XPath_cnt		☐	1	☐	
	最終行		☐	13	☐	
	結果		☐		☐	
	会社名_XPath		☐		☐	
	会社名		☐		☐	
	会社TEL_XPath		☐		☐	
	会社TEL		☐		☐	
	URL_XPath		☐		☐	
	URL		☐		☐	
	存在しません		☐	存在しません	☐	
	判定結果		☐		☐	

Chapter04 Case Study

● Excelファイルを開き、Chromeを起動して指定URLを開く

最初は、Excelファイルを開き、Chromeを起動して指定URLを開く処理です。

この処理は、今まで何度か繰り返し作成してきたので、グループ化してユーザライブラリに追加されていると思います。ユーザライブラリからドラッグして、プロパティを変更して、手早く作ってしまいましょう。過去に作成したシナリオをコピーして修正されても構いません。

今回のシナリオでは、最初のノードで、WinActor特殊変数$SCENARIO-FOLDERと文字列"¥"とExcelファイル名"AS Rank list.xlsx"を文字列結合して、Excelファイルの絶対パス(フルパスとも言います)を生成しています。

WinActor v6.2以降とv7全部の標準ライブラリでは、ファイルパスに「シナリオフォルダからの相対ファイルパス」を指定すればファイルパスを自動的に解決するため、WinActor v6.2以降かv7をお使いの方は、最初の[Excelファイルパス取得]なしで、いきなり[Excel開く(前面化)]から開始しても、Excelファイルを開くことができると思います。しかし、外部サイトから入手したり、誰かが自作したExcelライブラリには、Excelファイルを開く際に絶対パスを指定するようになっている場合があるため、筆者はExcelファイルを開く際の習慣として、[Excelファイルパス取得]から始めることにしています。

Excelファイルパスを取得するため、ライブラリパレットの[文字列の連結(3つ)]を直前に作成したノードの直下に配置後、図の囲み部分のとおりプロパティを設定します。

■ 図4-2-4-7：Excelファイルパスを取得

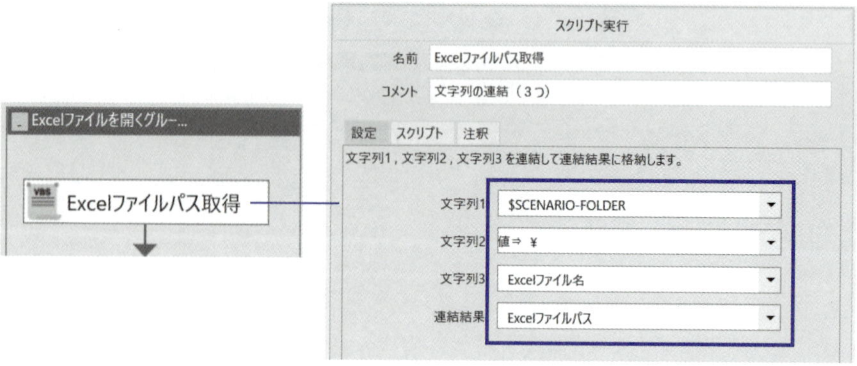

Excelファイルを開くため、ライブラリパレットの[Excel開く(前面化)]を直前に作成したノードの直下に配置後、図の囲み部分のとおりプロパティを設定します。

4-2 Webスクレイピングのシナリオ作成

■ 図4-2-4-8：Excelファイルを開く

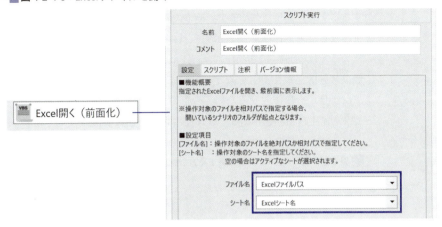

次は、Chromeを起動して指定URLを開く処理です。
最初の3個のノードは、Case Study1で説明したので、説明を省略します。

■ 図4-2-4-9：Chromeを起動して指定URLを開く

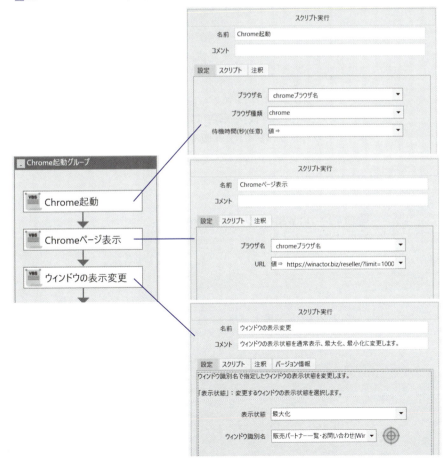

NTT-AT社のCookie使用に関する方針に同意を求めてくる画面が出るため、同意するボタンをクリックします。そのために、ライブラリパレットの[クリック]を直前に作成したノードの直下に配置後、図の囲み部分のとおりプロパティを設定します。

ここでは、テキスト指定によるXPath指定が安定動作することが確認されたので、テキスト指定でXPathを設定しています。

シナリオを動作させるため、今回はシナリオで自動クリックしていますが、NTT-AT社のCookie使用に関する方針は必ず事前にお読みください。

■図4-2-4-10：Cookie使用に関する方針に同意してクリック

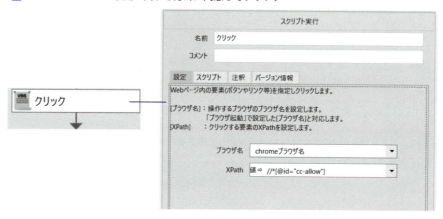

Webページをクリック後、ページの読み込み待ちをするために、ノードパレットの[ウィンドウ状態待機]を直前に作成したノードの直下に配置後、ターゲット選択ボタンをクリック(❶)して、「販売パートナー一覧・お問い合わせ|WinActor®|業務効率を劇的にカイゼンできる純国産RPAツール-GoogleChrome」ウィンドウを選択(❷)します。

■図4-2-4-11：Webページの読み込み待ち

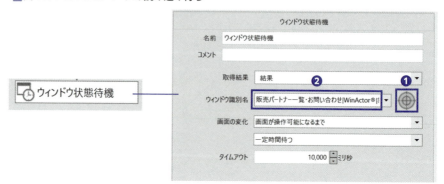

行の初期化をするため、ノードパレットの[変数値コピー]を直前に作成したノードの直下に配置後、図の囲み部分のとおりプロパティを設定します。

■ 図4-2-4-12：行の初期化

ここからシナリオのメインとなる繰り返し構造を作成します。指定Webサイトから情報を読み取り、Excelの開始行から最終行まで順番に情報を書き込むため、ノードパレットの[繰り返し]を直前に作成したノードの直下に配置後、図の囲み部分のとおりプロパティを設定します。

■ 図4-2-4-13：繰り返し構造

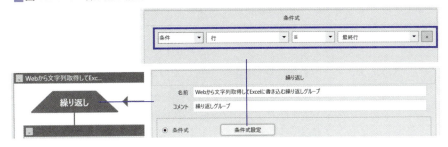

● 会社名の取得

次に、「会社名」と「TEL番号」および「URL」を取得するシナリオを作成しますが、その前に、デベロッパーツールを起動し、この3つの変数のXPathを取得して、規則性の調査をしておきましょう。

スクレイピング対象の文字列である「株式会社NTTデータ」の上でマウスを右クリックして「検証」をクリックします。そうすると、ChromeデベロッパーツールのChromeデベロッパーツールの画面が開きますので、今度はCtrl+Shift+Cキーを同時に押して、「株式会社NTTデータ」をクリックします。そうすると、下記の画面が開きます。

※F12キーを押下しても、デベロッパーツールは起動します。

そして、画面右のグレイアウトした個所にマウスを置いて右クリック-Copy-Copy XPathでクリップボードに「株式会社NTTデータ」の会社名XPathがコピーできます。

以上が、Webスクレイピング対象要素のXPath取得方法です。

■ 図4-2-4-14：「株式会社NTTデータ」の会社名XPathコピー

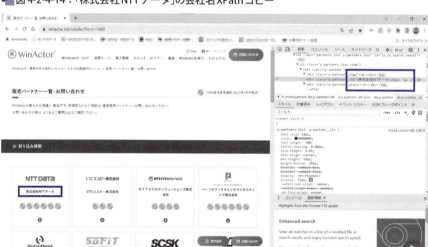

クリップボードにコピーしたXPathは、後で使いますので、お使いのテキストエディターの新規作成画面に貼り付けておきましょう。

「株式会社NTTデータ」の次は、「CTCエスピー株式会社」「NTTビジネスソリューションズ株式会社」と順番に会社名のXPathを取得してテキストエディターに貼っていきます。

■ 図4-2-4-15：会社名のXPath遷移

```
24  会社名のXPath遷移
25
26  //*[@id="js_fs_search_result"]/li[1]/div[1]/div[2]
27  //*[@id="js_fs_search_result"]/li[2]/div[1]/div[2]
28  //*[@id="js_fs_search_result"]/li[3]/div[1]/div[2]
29  //*[@id="js_fs_search_result"]/li[4]/div[1]/div[2]
30
```

各行の最後から3つ目の[]に囲まれた数字がインクリメント（※インクリメントとは、変数の値を1増やす演算のことです）する規則性があることが見て取れます。

そこで、インクリメントする値を変数「XPath_cnt」に入れ、その前後を次の2つの文字列で挟みます。

//*[@id="js_fs_search_result"]/li[

]/div[1]/div[2]

　会社名取得のためのXPathを構築するため、ライブラリパレットの［文字列の連結(3つ)］を直前に作成したノードの直下に配置後、図の囲み部分のとおりプロパティを設定します。

図 4-2-4-16：会社名取得のための XPath を構築

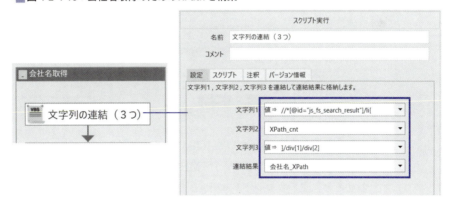

　前ノードで構築したXPathで会社名の値を取得するため、ライブラリパレットの［値の取得］を直前に作成したノードの直下に配置後、図の囲み部分のとおりプロパティを設定します。

図 4-2-4-17：XPathで会社名の値を取得

● 会社TEL番号の取得

　次にXPathを取得するのは、会社のTEL番号です。スクレイピング対象の文字列である株式会社NTTデータの会社のTEL番号が表示されたボタンの上でマウスを右クリックして「検証」をクリックします。そうすると、デベロッパーツール画面

が開きますが、番号は表示されません。このような場合、HTMLタグは階層構造になっていることを思い出してください。

下図の囲み部分の▶記号をクリックしてみてください。

■ 図4-2-4-18：XPathで「株式会社NTTデータ」の会社のTEL番号取得

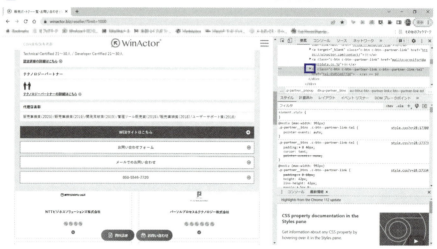

▶記号の配下に隠れていたHTMLタグ情報が開き、その中に050-5546-7720が存在することがわかります。HTMLタグ情報の050-5546-7720の上にカーソルをあわせると、左のウィンドウのTEL番号もハイライト表示されて正しくTEL番号をフォーカスしていることがわかります。

■ 図4-2-4-19：XPathで「株式会社NTTデータ」の会社のTEL番号取得

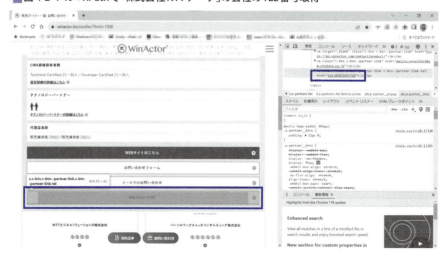

株式会社NTTデータの会社のTEL番号が表示されたボタン「050-5546-7720」に
カーソルを合わせた後、会社名と同じ方法で、XPathを取得します。同様に、2番
目〜4番目の会社についても、XPathを取得してテキストエディターに貼っていき
ます。

下図はTEL番号のXPathを最初から4個貼ったテキストエディターの画面です。
2番目の会社は、このサイトでTEL番号を公開していないため、XPathは取得し
ていません。
この画面をしばらく眺めて、TEL番号のXPath遷移の規則性について考えてみ
ます。

■ 図4-2-4-20：TEL番号のXPath遷移の規則性

```
24│TEL番号のXPath遷移↵
25│//*[@id="js_fs_search_result"]/li[1]/div[2]/div[2]/a[4]↵
26│なし↵
27│//*[@id="js_fs_search_result"]/li[3]/div[2]/div[2]/a[4]↵
28│//*[@id="js_fs_search_result"]/li[4]/div[2]/div[2]/a[3]↵
29│↵
```

最初に気づくのが、TEL番号のXPathの最後から4個目の[]に囲まれた数値が、
(TEL番号のない2番目の会社を除き)インクリメントしていることです。

■ 図4-2-4-21：TEL番号のXPath遷移の規則性

```
24│TEL番号のXPath遷移↵
25│//*[@id="js_fs_search_result"]/li[1]/div[2]/div[2]/a[4]↵
26│なし↵
27│//*[@id="js_fs_search_result"]/li[3]/div[2]/div[2]/a[4]↵
28│//*[@id="js_fs_search_result"]/li[4]/div[2]/div[2]/a[3]↵
29│↵
```

どうも、この数値が会社名をサイトに表示する順番を表しているらしいことが
推定できます。この数値を1を初期値にしてインクリメントしていけば、各会社の
TEL番号のXPathが取得できそうです。

次に気づくのは、TEL番号のXPathの最後から1個目の[]に囲まれた数値が、会
社ごとの「WEBサイトはこちら」「お問い合わせフォーム」「メールでのお問い合わせ」
「会社TEL」の中の、「会社TEL」を表示する順番を表しているらしいことです。

「株式会社NTTデータ」の場合は、会社TEL番号の表示順番は左から4番目のため、XPathの最後から1個目の[]に入る数値は4です。

■図4-2-4-22：「株式会社NTTデータ」の会社TEL番号の表示順番

ところが、「NTTビジネスソリューションズ株式会社」の場合は、会社TEL番号の表示順番は左から3番目のため、XPathの最後から1個目の[]に入る数値は3となる訳です。

■図4-2-4-23：「NTTビジネスソリューションズ株式会社」の会社TEL番号の表示順番

このように、会社TEL番号の表示順番は会社ごとに変化することがわかりました。しかし、会社TEL番号は常に最後に表示されるようですし、XPathには、最後の要素を指定するタグ名[last()]という書き方がありますので、これを採用することにします(実装方法は後で説明します)。

2番目の会社「CTCエスピー株式会社」は会社TEL番号をサイトに表示していないため、Excelの会社TEL番号記入セルに「存在しない」と書き込むことにします。

そのアルゴリズムは以下のとおり考えました。

■図4-2-4-24：会社TEL番号記入セルに「存在しない」と書き込むアルゴリズム

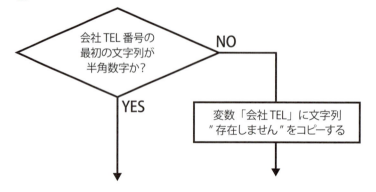

会社TEL番号の最初の文字列が半角数字かどうかを調べるノードは、独自ライブラリで作成しました。

4-2 Web スクレイピングのシナリオ作成

　ノードパレットの[スクリプト実行]を直前に作成したノードの直下に配置後、スクリプトタブに下記のVBScriptコードを貼り付けてください。

```
str = !文字列!
vm_result = $判定結果$

result = ""

ch = Left(str,1)
ac = Asc(ch)

 if ac >= 48 and ac <58 then
   result = 1
 end if

SetUmsVariable vm_result, result
```

　このように、ちょっとした文字列操作は、WinActorの標準ライブラリやプチライブラリを使うよりも、VBScriptでコードを書いた方が簡単に実現できることが多いです。

　VBScriptは変数の型宣言も不要だし、記述内容が日常英会話に似ているので、プログラミング経験者であれば、比較的容易に習得できます。

　WinActorシナリオ開発者の方は効率的にシナリオ開発を進めるため、下記のポケットリファレンスをいつも手元に置いて、必要があれば独自ライブラリ作成にチャレンジされることをお勧めします。

- [改訂版] VBScript ポケットリファレンス
- 株式会社アンク　著
- 株式会社技術評論社

　それでは、以上の考え方で会社TEL番号を取得するシナリオを作成していきます。

　会社TEL番号のXPathを構築するため、ライブラリパレットの[文字列の連結(3つ)]を直前に作成したノードの直下に配置後、図の囲み部分のとおりプロパティを設定します。文字列3でlast()で最後のタグを指定しています。

図4-2-4-25：会社TEL番号のXPathを構築

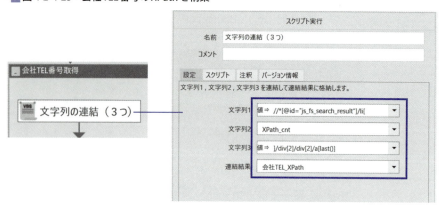

会社TEL番号の値を取得するため、ライブラリパレットの［値の取得］を直前に作成したノードの直下に配置後、図の囲み部分のとおりプロパティを設定します。

図4-2-4-26：会社TEL番号の値を取得

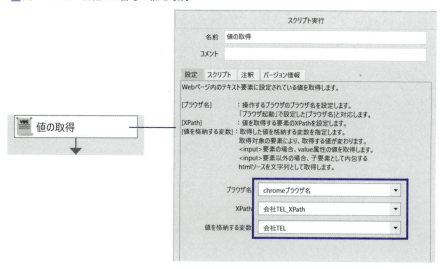

会社TEL番号の最初の文字列が半角数字か確認するため、独自ライブラリを直前に作成したノードの直下に配置後、図の囲み部分のとおりプロパティを設定します。

4-2 Webスクレイピングのシナリオ作成

■ 図 4-2-4-27：会社 TEL 番号の最初の文字列が半角数字か確認

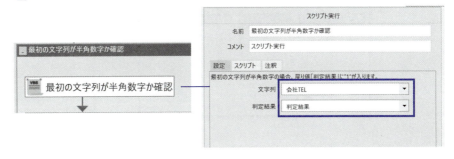

　変数「判定結果」が"1"の場合(つまり、変数「会社 TEL」の最初の文字列が半角数字の場合)シナリオ制御をTrueに移すため、ノードパレットの[分岐]を直前に作成したノードの直下に配置後、図の囲み部分のとおりプロパティを設定します。

■ 図 4-2-4-28：変数「会社 TEL」の最初の文字列が半角数字の場合シナリオ制御をTrueに移す分岐

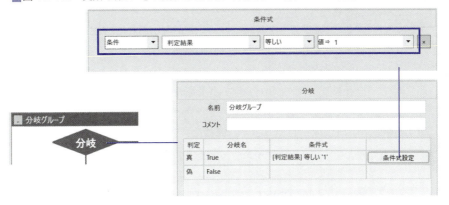

　[分岐]ノードでシナリオ制御がFalseに移った場合(つまり、変数「会社 TEL」の最初の文字列が半角数字でない場合)に、変数「会社 TEL」に"存在しない"の文字列を設定するため、ノードパレットの[変数値コピー]を直前に作成したノードの直下に配置後、図の囲み部分のとおりプロパティを設定します。

Chapter04　Case Study

■図 4-2-4-29：変数「会社TEL」の最初の文字列が半角数字でない場合の処理

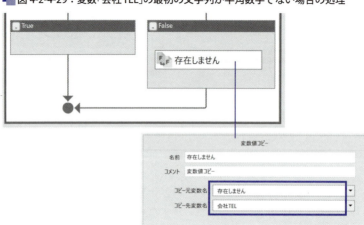

● URLの取得

　最後にXPathを取得するのは、URLです。スクレイピング対象の文字列である「株式会社NTTデータ」の会社のURLが表示された「WEBサイトはこちら」ボタンの上でマウスを右クリックして「検証」をクリックします。そうすると、デベロッパーツール画面が開きますので、Ctrl+Shift+Cキーを同時に押します。そうすると、「株式会社NTTデータ」の会社のURLを含む文字列が画面右側にハイライト表示されますので、会社名と同じ方法で、XPathを取得します。XPathを取得したら、テキストエディターに貼ります。同様に、2番目～4番目の会社についても、XPathを取得してテキストエディターに貼っていきます。

■図 4-2-4-30：XPathで「株式会社NTTデータ」の会社URL取得

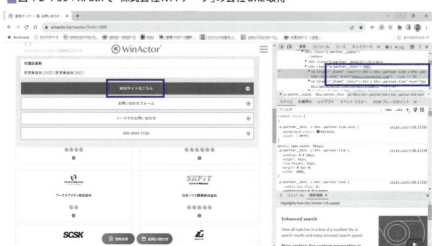

278

図4-2-4-31：1から4番目の会社URLのXPath遷移

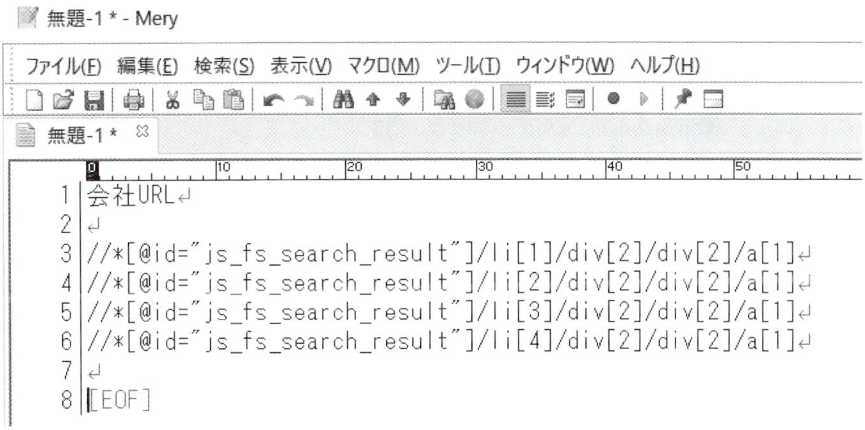

無題-1 * - Mery
ファイル(F) 編集(E) 検索(S) 表示(V) マクロ(M) ツール(T) ウィンドウ(W) ヘルプ(H)
無題-1 *
1 会社URL
2
3 //*[@id="js_fs_search_result"]/li[1]/div[2]/div[2]/a[1]
4 //*[@id="js_fs_search_result"]/li[2]/div[2]/div[2]/a[1]
5 //*[@id="js_fs_search_result"]/li[3]/div[2]/div[2]/a[1]
6 //*[@id="js_fs_search_result"]/li[4]/div[2]/div[2]/a[1]
7
8 [EOF]

「会社URL」のXPathについては、規則性があるので、最後から4個目の[]で囲まれた数値を1,2,3,4,,, とインクリメントしていけば、会社TEL番号と同様の方法でシナリオが正常に動きそうですが、実際にシナリオを動かしてみると、変数「会社URL」にURLではなく、“WEBサイトはこちら”という文字列が入っていることがわかります。

図4-2-4-32：変数「会社URL」にURLではなく、“WEBサイトはこちら”という文字列が入っている

会社URLを含む文字列を取得し...
文字列の連結（3つ）
値の取得
待機ボックス
クリップボード
クリップボードから読み込み
アクション例外
変数値コピー
WinActor
WEBサイトはこちら
継続
停止

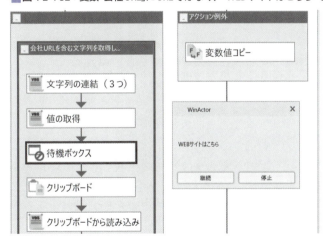

これでは、URLをWebスクレイピングできそうにありません。URL取得をあきらめるしかないのでしょうか？

クリック対象ボタンや取得文字列が複数の階層のタグになっている場合、より上の階層のタグのXPathを取得すると情報が取得できる場合があります。

今回の例で説明すると、「WEBサイトはこちら」ボタンのタグはaタグで始まる点線囲み部分ですが、このタグのより上位のタグは実線囲み部分のdivタグになります。そこで今回はこのdivタグに狙いを定めます。

■ 図4-2-4-33：aタグとdivタグの関係

1番目の会社から4番目の会社のdivタグの上で、右クリック-Copy-Copy XPathを取ってみると、下記のように規則性があることがわかります（XPathの最後から3つ目の[]で囲まれた数値がインクリメントしています）。

■ 図4-2-4-34：1から4番目の会社のdivタグ遷移

このdivタグのXPathで取得した値を変数「URL」に入れているのは、下図囲み部分の[値の取得]ノードになりますので、[値の取得]ノードの次の[クリップボード]ノードにブレイクポイントを設定してシナリオを実行します。

■ 図4-2-4-35：divタグのXPathで取得した値を変数「URL」に入れる

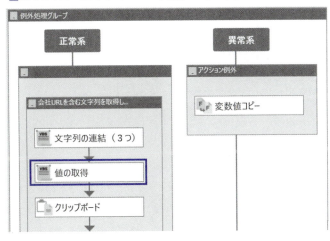

　[クリップボード]ノードでシナリオを一時停止させた状態で、Ctrl+3キーを同時押しして変数一覧タブを表示させ、変数「URL」の現在値をテキストエディターにコピーすると、次の図のとおりとなります。2行目に「株式会社NTTデータ」のURL"https://winactor.com"が取得できていることがわかります。

■ 図4-2-4-36：「株式会社NTTデータ」の会社URLを変数に取得

　それでは、以上の考え方でURLを取得するシナリオを作成していきます。
　URL取得に失敗した異常系の場合、変数「URL」に文字列"存在しません"を設定するため、ノードパレットの[例外処理]を直前に作成したノードの直下に配置後、ノードパレットの[変数値コピー]を異常系に配置後、図の囲み部分のとおりプロパティを設定します。

■ 図4-2-4-37：変数「URL」に文字列"存在しません"を設定

次に会社URLを取得する正常系の説明をします。

会社URLのXPathを構築するため、ライブラリパレットの[文字列の連結(3つ)]を直前に作成したノードの直下に配置後、図の囲み部分のとおりプロパティを設定します。

■ 図4-2-4-38：会社URLのXPathを構築

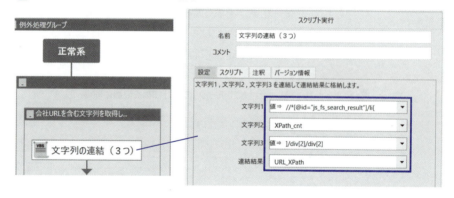

会社URLの値を取得するため、ライブラリパレットの[値の取得]を直前に作成したノードの直下に配置後、図の囲み部分のとおりプロパティを設定します。

■ 図4-2-4-39：会社URLの値を取得

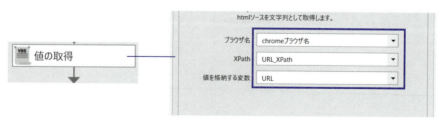

4-2 Webスクレイピングのシナリオ作成

　変数「URL」の値をクリップボードに取得するため、ノードパレットの［クリップボード］を直前に作成したノードの直下に配置後、図の囲み部分のとおりプロパティを設定します。

■ 図4-2-4-40：変数「URL」の値をクリップボードに取得

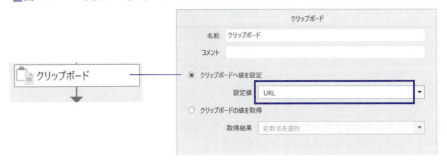

　クリップボードの値をWinActorノートに新規テキストとして追加するため、ライブラリパレットの［クリップボードから読み込み］を直前に作成したノードの直下に配置後、図の囲み部分のとおりプロパティを設定します。

■ 図4-2-4-41：クリップボードの値をWinActorノートに新規テキストとして追加

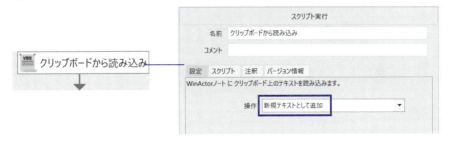

　WinActorノートの動作モードを非表示に変更するため、ライブラリパレットの［動作モード変更］を直前に作成したノードの直下に配置後、図の囲み部分のとおりプロパティを設定します。
　シナリオデバッグ中はWinActorノートの動作モードを「編集」に設定しますが、シナリオ実行中は、WinActorノートの表示が邪魔になることと、少しでもシナリオ実行速度を上げるため「非表示」を推奨します。

■図4-2-4-42：WinActorノートの動作モードを非表示に変更する

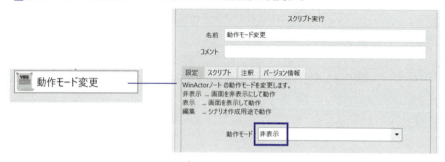

URLの文字列を含むブロック番号2を選択するため、ライブラリパレットの[ブロック番号指定ツール]を直前に作成したノードの直下に配置後、図の囲み部分のとおりプロパティを設定します。

■図4-2-4-43：URLの文字列を含むブロック番号2を選択する

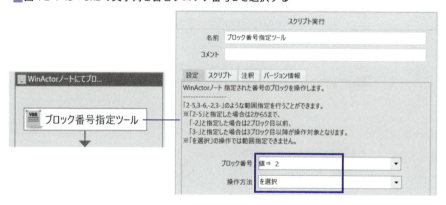

選択されているブロックのhttpより前を消すため、ライブラリパレットの[編集ツール]を直前に作成したノードの直下に配置後、図の囲み部分のとおりプロパティを設定します。

■図4-2-4-44：選択されているブロックのhttpより前を消す

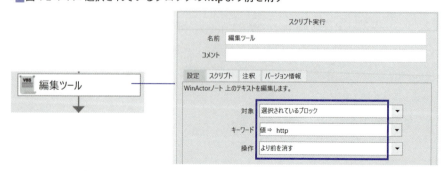

4-2 Webスクレイピングのシナリオ作成

選択されているブロックの">WEB以降を消すため、ライブラリパレットの［編集ツール］を直前に作成したノードの直下に配置後、図の囲み部分のとおりプロパティを設定します。

■ 図4-2-4-45：選択されているブロックの">WEB以降を消す

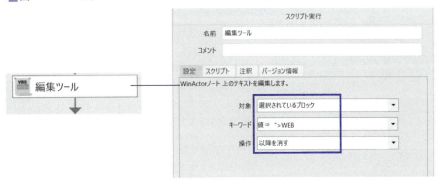

選択されているブロックの内容を変数「URL」に取得するため、ライブラリパレットの［変数に取り込み］を直前に作成したノードの直下に配置後、図の囲み部分のとおりプロパティを設定します。

■ 図4-2-4-46：選択されているブロックの内容を変数「URL」に取得

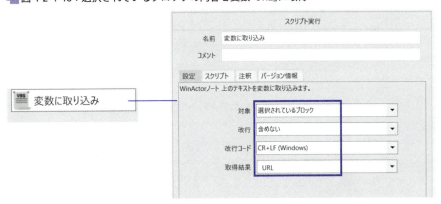

● 取得した文字列をExcelに書き込む

取得した文字列を変数からExcelに書込みます。
変数「会社名」の値をExcelに書き込むため、ライブラリパレットの［Excel操作（値の設定2）］を直前に作成したノードの直下に配置後、図の囲み部分のとおりプロパティを設定します。

■ 図4-2-4-47：取得した文字列を変数からExcelに書き込む

　変数「会社TEL」の値をExcelに書き込むため、ライブラリパレットの[Excel操作(値の設定2)]を直前に作成したノードの直下に配置後、図の囲み部分のとおりプロパティを設定します。

■ 図4-2-4-48：変数「会社TEL」の値をExcelに書き込む

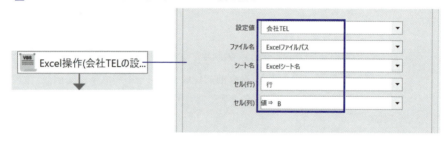

　変数「URL」の値をExcelに書き込むため、ライブラリパレットの[Excel操作(値の設定2)]を直前に作成したノードの直下に配置後、図の囲み部分のとおりプロパティを設定します。

■ 図4-2-4-49：変数「URL」の値をExcelに書き込む

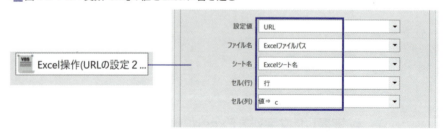

● カウンタのカウントアップ

　XPath作成に利用したカウンタと行カウンタを+1するため、ノードパレットの[カウントアップ]を直前に作成したノードの直下に配置後、図の囲み部分のとおりプロパティを設定します。

■ 図4-2-4-50：XPath作成に利用したカウンタをカウントアップ

■ 図4-2-4-51：行カウンタをカウントアップ

● Excelを上書き保存して、Chromeを閉じる

最後に、Excelを上書き保存して、Chromeを閉じます。

Excelを上書き保存するため、ライブラリパレットの[Excel操作(上書き保存)]を直前に作成したノードの直下に配置後、図の囲み部分のとおりプロパティを設定します。

■ 図4-2-4-52：Excelを上書き保存

Chromeを閉じるため、ライブラリパレットの[ブラウザクローズ]を直前に作成したノードの直下に配置後、図の囲み部分のとおりプロパティを設定します。

■ 図4-2-4-53：Chromeを閉じる

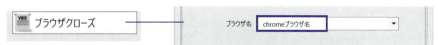

Chapter04　Case Study

※このシナリオは、Excelシート13行目までのWebスクレイピングを前提に作成しました。14行目以降も継続してWebスクレイピングをしようとすると新たな知見が必要となる可能性があります。筆者は14行目以降のWebスクレイピングについてはサポート範囲外とさせていただきますので、了承をお願いします

4-2-5　WinActorノートの代表的な使い方TOP3

　WinActorノートは、テキストファイルを編集加工し、文字列を抽出するためのWinActorイチオシの便利なツールです。WebページからExcelシートへの文字列転記(Webスクレイピング)や受信メールなど幅広い用途に使えます。

　筆者の経験では、WinActorノートを使ったアルゴリズムは、大体下記の3パターンに分類できます。

1. 指定キーワードを含むブロックだけをマーキングして抽出する方法
2. ブロック番号指定で指定ブロックだけを抽出する方法
3. 取得したいブロックの近くにある指定キーワードを含むアンカーブロックを探した後、1ブロックずつ下方向へ探していく方法

　以上の3パターンのアルゴリズムをどのようにシナリオ内で作り込むか、具体的なシナリオ事例で説明します。
　※WinActorノートは、Webスクレイピングだけで使われる技術ではありませんが、Webスクレイピングで使われることが多いため、この項で説明します。

①指定キーワードを含むブロックだけをマーキングして抽出する方法

サンプルファイル 指定キーワードを含むブロックだけをマーキングして抽出する方法.ums7

　事例として、受信メール本文の中から、「後任電話番号：」という文字列を検索し、後任電話番号：の右に記入されている電話番号を変数に取得するシナリオを作成してみました。
　下記の受信メール本文をWinActorノートの編集エリアに挿入した後のシナリオとなります。

■受信メール本文

経理部第一課
越谷雄二様

4-2　Webスクレイピングのシナリオ作成

総務部　高橋です。いつもお世話になっております。
勤務管理システムのアカウント棚卸をしたいので、現在のアカウント利用者である

現アカウント利用者：山下和重

の後任を、本メ－ルへの返信メ－ルにて連絡をお願いします。
自動処理をしますので、下記の記入欄に、後任の方の情報を記入して、そのまま返信
をお願いいたします。
現アカウント利用者が継続して、現在のアカウントを利用する場合は、下記の記入欄に、
後任の方の情報の代わりに、各-"変更なし"と記入をお願いします。

---＜記入欄＞---
後任氏名：菊池幸三
後任メ－ルアドレス：kozo.kikuchi@dummy.com
後任電話番号：03-1234-5678

お手数ですが、事務処理の関係上、3月23日までに返信をいただけると助かります。

以上、よろしくご協力をお願いいたします。

　手順としては下記のとおりです。

1. キーワードを含むブロックを上から下へ順番にマーキング
2. マーキングしていないブロックを削除
3. 残ったブロックを変数に取得する。

■ 図4-2-5-1：指定キーワードを含むブロックだけをマーキングして抽出

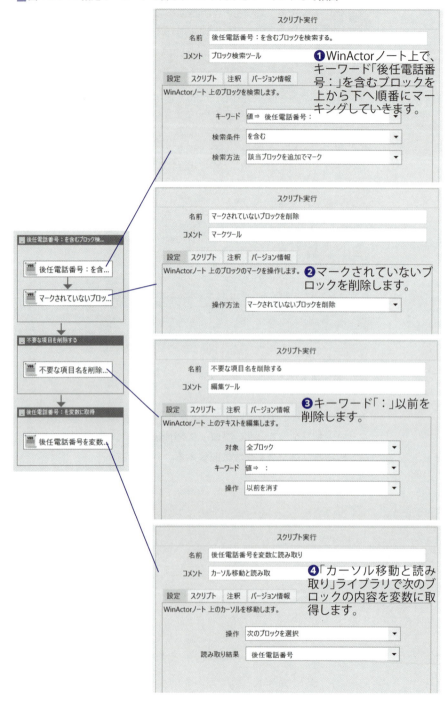

②ブロック番号指定で指定ブロックだけを抽出する方法

サンプルファイル ブロック番号指定で指定ブロックだけを抽出する方法.ums7

ライブラリパレットの[値の取得]をシナリオ内に配置して実行すると、Webに表示されている文字列を変数に取得できます。下記は文字列を変数に取得後、WinActorノート編集エリアに文字列を挿入し、ブロック番号2番を選択して、文字列を加工し、変数URLに加工後の文字列を取得したシナリオ事例です。

■図4-2-5-2：ブロック番号指定で指定ブロックだけを抽出

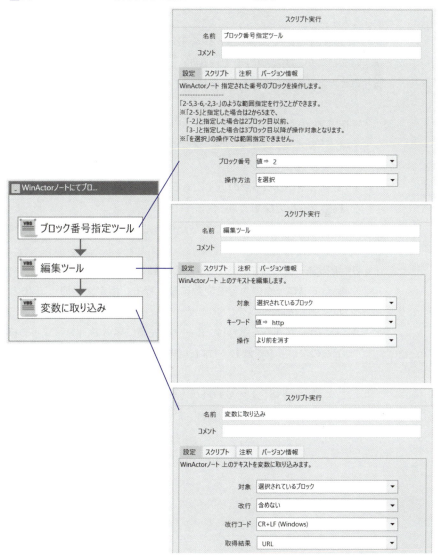

③アンカーブロックを探した後、1ブロックずつ下方向へ探していく方法

シナリオが操作するWebサイトは、Case Study2でも使用したAS Rankサイト（https://asrank.caida.org/asns?asn=17676&type=search）です。

　指定Webページをクリップボード経由でWinActorノート編集エリアに挿入後、無限ループ構造の中で、1ブロックずつ指定文字列"6762"を探し、見つかったら、変数にYESを格納し、見つからなかった場合は、変数にNOを格納して次のブロックを読みに行きます。そしてEOTまで行ったら、ループ構造を抜ける事例で説明します。

　Case Study2ではブロック内のTabコード存在有無でデータの終わりを判断していましたが、実際の現場ではEOTを見つけてデータの終わりを判断することが多いと想定されるため、EOTを見つける事例を紹介します。

　指定Webページをクリップボード経由でWinActorノート編集エリアに挿入後の手順は下記のとおりです。

1. 取得したいブロックの近くにあるキーワードを含むアンカーブロックをブロック検索ツールで探す。
2. アンカーブロックが見つかったら、先頭からアンカーブロックの直前のブロックまで削除
3. 無限ループの中で、「カーソルの移動と読み取り」で1ブロックずつ下方向に移動してブロックの内容を変数に読み取る。指定文字列"6762"を検出したら、ループを抜け出す。
4. 見つからなかった場合は、ループの先頭に戻って、「カーソルの移動と読み取り」で次のブロックを読む。ブロックの内容がEOTであれば、ループを抜け出す。

　この手順を詳細化したフローチャートにすると下図のようになります。
　最初に変数一覧タブをお見せします。

4-2 Web スクレイピングのシナリオ作成

■ 図 4-2-5-3：変数一覧

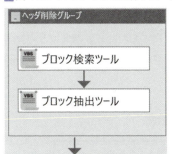

■ 図 4-2-5-4：シナリオの全体フローチャート

①取得したいブロックの近くにあるキーワードを含むアンカーブロックをブロック検索ツールで探して見つかったら、先頭からアンカーブロックの直前のブロックまで削除します。

②無限ループを繰り返します。

③無限ループの中で「カーソルの移動と読み取り」で1ブロックずつ下方向に移動してブロックの内容を変数に読み取り、指定文字列"6762"が見つかった場合、YESを変数にコピーしてループを抜け出します。

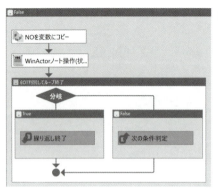

④指定文字列"6762"が見つからなかった場合は、NOを変数にコピーして、ループの先頭に戻って、「カーソルの移動と読み取り」で次のブロックを読む。ブロックの内容がEOTであれば、ループを抜け出します。

次に、各ノードのプロパティを説明します。

"AS Rank ▽"を含むブロックを検索するために、ライブラリパレットの[ブロック検索ツール]を直前に作成したノードの直下に配置後、下図の囲み部分のとおりプロパティを設定します。

■ 図4-2-5-5："AS Rank"を含むブロックを検索

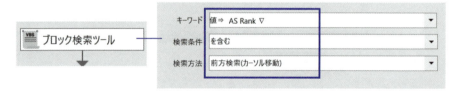

先頭から選択直前までのブロックを削除するために、ライブラリパレットの[ブロック抽出ツール]を直前に作成したノードの直下に配置後、図の囲み部分のとおりプロパティを設定します。

■ 図4-2-5-6：先頭から選択直前までのブロックを削除

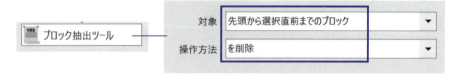

以上2個のノードでヘッダを削除する機能を作成しました。後で見て、この2個のノードが何をしているかわかりやすくするため、この2個のノードに「ヘッダ削除」というグループ名を付けてください。

4-2 Web スクレイピングのシナリオ作成

　無限ループを作成するため、ノードパレットの[繰り返し]を直前に作成したノードの直下に配置後、条件式設定ボタン(❶)をクリック後、(❷)のとおりプロパティを設定します。

■ 図 4-2-5-7：無限ループの作成

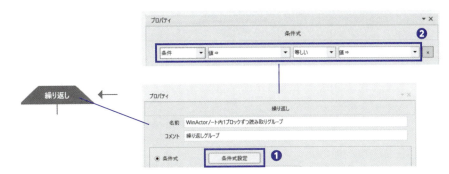

　次のブロックを選択して、ブロックの内容を変数に読み取るため、ライブラリパレットの[カーソル移動と読み取り]を直前に作成したノードの直下に配置後、下図囲み部分のとおりプロパティを設定します。

■ 図 4-2-5-8：次のブロックを選択して、ブロックの内容を変数に読み取る

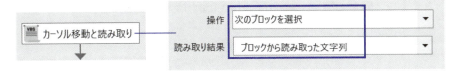

　ブロックから読み取った文字列に"6762"が含まれる場合は、YESを変数にコピーしてループを抜け出し、含まれない場合は、NOを変数にコピーします。次にWinActorスイートライブラリからダウンロードした「WinActorノート操作(状態読み取り(項目選択))」とノードパレットの[分岐]を使って、ブロックの内容がEOTか否かを判別し、YESであれば、ループを抜け出し、NOであれば、次のブロックを読みに行きます。

図4-2-5-9:詳細化したフローチャート

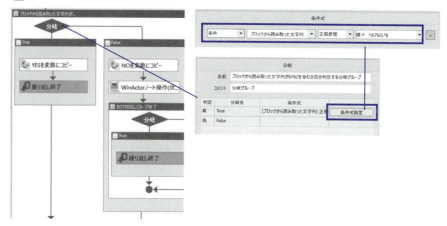

それでは、「ブロックから読み取った文字列が"6762"を含むか否か判定する分岐グループ」の中を詳しく説明していきます。

変数「YES_or_NO」に変数「文字列YES」をコピーするため、ノードパレットの[変数]-[変数値コピー]を直前に作成した[分岐]ノードのTrueセクションに配置後、下図囲み部分のとおりプロパティを設定します。

図4-2-5-10:変数「YES_or_NO」に変数「文字列YES」をコピー

ループを抜けるため、ノードパレットの[繰り返し終了]を直前に作成した[YESを変数にコピー]ノードの直下に配置します。

図4-2-5-11:ループを抜ける

変数「YES_or_NO」に変数「文字列NO」をコピーするため、ノードパレットの[変

数]-[変数値コピー]を[分岐]ノードのFalseセクションに配置後、下図囲み部分のとおりプロパティを設定します。

■ 図4-2-5-12：変数「YES_or_NO」に変数「文字列NO」をコピーする

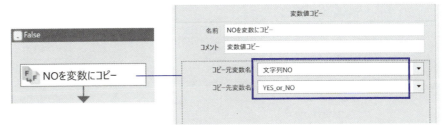

次にWinActorスイートライブラリから「WinActorノート操作(状態読み取り(項目選択))」を下記の手順でライブラリフォルダにダウンロードします。スイートライブラリとは、「利用者の皆様のご要望により早くお応えすること」「新たなライブラリをより早くお届けすること」をコンセプトに、エラー処理や機能検証を簡略化してNTT-AT社が無償で提供するライブラリです。

1. WinActor起動画面から、「ライブラリフォルダ参照ボタン」をクリックします。

■ 図4-2-5-13：「ライブラリフォルダ参照ボタン」をクリック

2. エクスプローラーが起動して、ライブラリフォルダのパスがわかります。下記囲み部分のパスがライブラリフォルダです。これからスイートライブラリをダウンロードしますが、もし間違ってライブラリフォルダ以外のフォルダにダウンロードしてしまったら、このフォルダに移動しましょう。

図 4-2-5-14：ライブラリフォルダのパス調査

3. 検索パネルのタブをクリック後（❶）、検索窓に「状態読み取り」と入力し（❷）、「CloudLibraryを検索する」と「スイートライブラリ」にチェックをつけて（❸）、検索ボタンをクリック（❹）します。数秒すると「スイートライブラリWinActorノート操作(状態読み取り)(項目選択)」が表示されますので、ダウンロードボタンをクリックします（❺）。

「WinActorノート操作(状態読み取り)」(項目選択)ライブラリが表示されますので、作成中のシナリオの「NOを変数にコピー」の次にコピー&ペーストします。

4-2 Web スクレイピングのシナリオ作成

■図4-2-5-15：スイートライブラリ検索とダウンロード

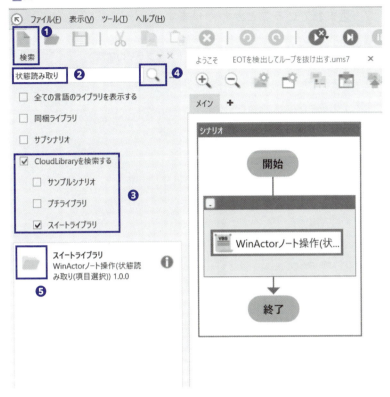

4. WinActor起動画面のライブラリ更新ボタン(囲み部分)をクリックします。

■図4-2-5-16：ライブラリ更新ボタンをクリック

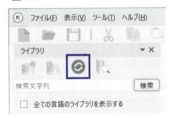

5. ダウンロードしたスイートライブラリが、ライブラリパレットに組み込まれていることがわかります。

図 4-2-5-17：ダウンロードしたスイートライブラリの確認

本ノードと次のノードの組み合わせで、読み取りブロックがEOTの場合にループ処理を抜けるアルゴリズムを作成します。

読み取りブロックがEOTか否かを判別するため、ライブラリパレットの[WinActorノート操作(状態読み取り(項目選択))]を直前に作成したノードの直下に配置し、下図囲み部分のとおりプロパティを設定します。読み取りブロックがEOTの場合に、変数「取得結果」にTrueが取得されます。

図 4-2-5-18：読み取りブロックがEOTか否かを判別

次に変数「取得結果」にTrueが取得されていた場合に、ループ処理を抜けるため、ノードパレットの[分岐]を直前に作成したノードの直下に配置し、下図のとおりプロパティを設定します。

■ 図4-2-5-19：変数「取得結果」にTrueが取得されていた場合に、ループ処理を抜ける

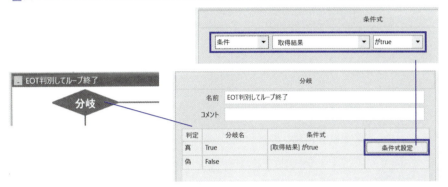

　ノードパレットの[分岐]は、条件式がTrueの場合と、Falseの場合に実行する処理を記述します。プログラミング的に説明すると、If~Then~ Elseの設定を行います。
　次に変数[取得結果]がTrueの場合にループ処理を抜けるため、下図囲み部分のとおり、ノードパレットの[繰り返し終了]を[分岐]のTrueセクション内に配置します。

■ 図4-2-5-20：ループ処理を抜ける

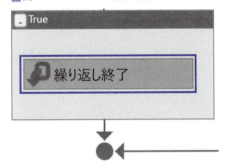

　変数[取得結果]がFalseの場合に次のブロックを読みに行くため、下図囲み部分のとおり、ノードパレットの[次の条件判定]を[分岐]のFalseセクション内に配置します。

■ 図4-2-5-21：[分岐]ノードのFalseセクション内に[次の条件判定]を配置

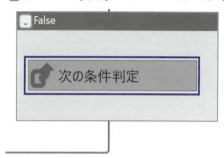

4-3 Microsoft365と連携するシナリオの作成

4-3-1 Case Study4 Excelを使った販売管理表作成

サンプルフォルダ　Case Study4

　WinActorを含むRPAソフトは、WebサイトからExcelシート、CSVファイルからExcelシートなどあらゆる方向へ自動データ転記が可能です。範囲コピーと言って、シートのある範囲を指定して別のシートにコピーもできます。
　本項Case Study4では、CSVファイルまたはExcelシートとExcelシート間データ転記とデータ加工を組み合わせた応用的な事例を説明します。

①シナリオの目的

　某石油販売会社の社内システムからダウンロードした、東京と神奈川の営業担当別石油売上金額が入った複数のCSVファイルが、それぞれ、フォルダA（東京分）とフォルダB（神奈川分）に入っています。
　このシナリオは、これらのCSVファイルを自動で順番に開き、データを加工して、他Excelシート「地域別売上集計表.xlsx」に文字列転記することが目的です。

②シナリオの概要

　WinActorでデータ転記とデータ加工を組み合わせた、サンプルシナリオ"Excel

4-3 Microsoft365 と連携するシナリオの作成

を使った販売管理表作成.ums7"の概要を説明します。

サンプルファイル Excelを使った販売管理表作成.ums7

シナリオの全体フローチャートは下図のようになります。

■ 図 4-3-1-1：シナリオの全体フローチャート

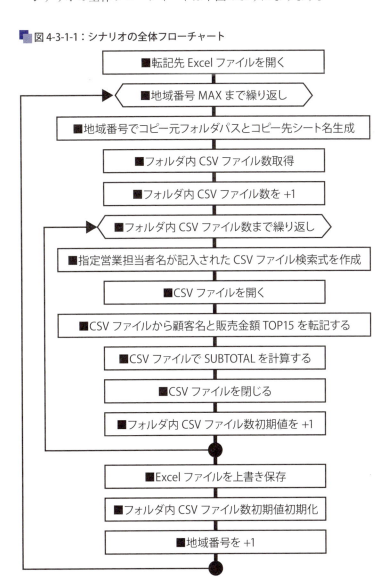

上図をさらに詳細化したフローチャートに解説を加えると下記のようになります。

■図4-3-1-2：詳細化したフローチャート

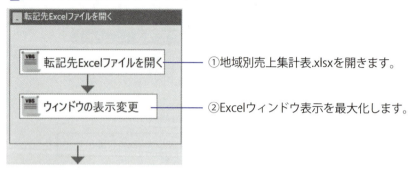

①地域別売上集計表.xlsxを開きます。

②Excelウィンドウ表示を最大化します。

③地域番号に応じたCSVファイル格納フォルダパスとコピー先Excelシート名を生成します。

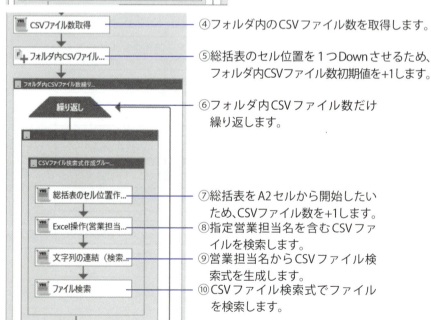

④フォルダ内のCSVファイル数を取得します。

⑤総括表のセル位置を1つDownさせるため、フォルダ内CSVファイル数初期値を+1します。

⑥フォルダ内CSVファイル数だけ繰り返します。

⑦総括表をA2セルから開始したいため、CSVファイル数を+1します。

⑧指定営業担当名を含むCSVファイルを検索します。

⑨営業担当名からCSVファイル検索式を生成します。

⑩CSVファイル検索式でファイルを検索します。

4-3 Microsoft365と連携するシナリオの作成

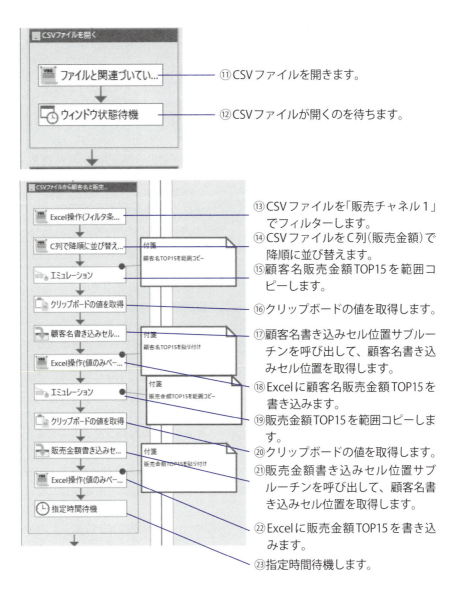

⑪CSVファイルを開きます。

⑫CSVファイルが開くのを待ちます。

⑬CSVファイルを「販売チャネル1」でフィルターします。

⑭CSVファイルをC列（販売金額）で降順に並び替えます。

⑮顧客名販売金額TOP15を範囲コピーします。

⑯クリップボードの値を取得します。

⑰顧客名書き込みセル位置サブルーチンを呼び出して、顧客名書き込みセル位置を取得します。

⑱Excelに顧客名販売金額TOP15を書き込みます。

⑲販売金額TOP15を範囲コピーします。

⑳クリップボードの値を取得します。

㉑販売金額書き込みセル位置サブルーチンを呼び出して、顧客名書き込みセル位置を取得します。

㉒Excelに販売金額TOP15を書き込みます。

㉓指定時間待機します。

Chapter04　Case Study

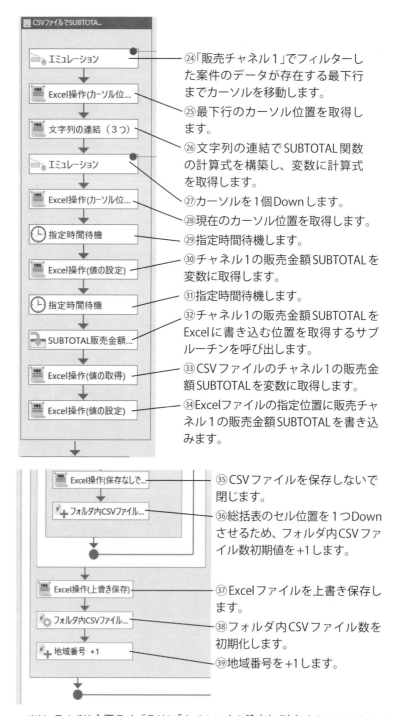

㉔「販売チャネル1」でフィルターした案件のデータが存在する最下行までカーソルを移動します。
㉕最下行のカーソル位置を取得します。
㉖文字列の連結でSUBTOTAL関数の計算式を構築し、変数に計算式を取得します。
㉗カーソルを1個Downします。
㉘現在のカーソル位置を取得します。
㉙指定時間待機します。
㉚チャネル1の販売金額SUBTOTALを変数に取得します。
㉛指定時間待機します。
㉜チャネル1の販売金額SUBTOTALをExcelに書き込む位置を取得するサブルーチンを呼び出します。
㉝CSVファイルのチャネル1の販売金額SUBTOTALを変数に取得します。
㉞Excelファイルの指定位置に販売チャネル1の販売金額SUBTOTALを書き込みます。
㉟CSVファイルを保存しないで閉じます。
㊱総括表のセル位置を1つDownさせるため、フォルダ内CSVファイル数初期値を+1します。
㊲Excelファイルを上書き保存します。
㊳フォルダ内CSVファイル数を初期化します。
㊴地域番号を+1します。

※Ver7.4では主要ライブラリに「タイムアウト設定」が追加されているため、Ver7.4では、「指定時間待機」の代わりに「指定時間待機」の直前のライブラリの「タイムアウト設定」をお使いください。

以上がメインのシナリオです。次に3つのサブルーチンを説明します。

顧客企業名書き込みセル位置を取得するサブルーチンです。変数一覧タブの変数の初期値からセル位置を取得しています。

■図4-3-1-3：顧客企業名書き込みセル位置を取得するサブルーチン

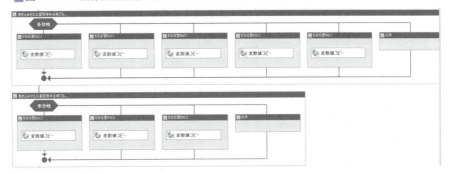

TOP15販売金額書き込みセル位置を取得するサブルーチンです。変数一覧タブの変数の初期値からセル位置を取得しています。

■図4-3-1-4：TOP15販売金額書き込みセル位置を取得するサブルーチン

SUBTOTAL販売金額書き込みセル位置を取得するサブルーチンです。変数一覧タブの変数の初期値からセル位置を取得しています。

図 4-3-1-5：SUBTOTAL 販売金額書き込みセル位置を取得するサブルーチン

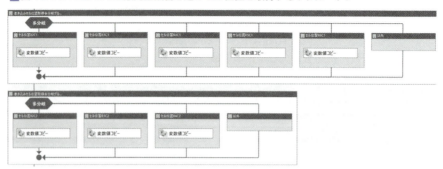

③シナリオ・ノードのプロパティ解説

最初に変数一覧をお見せします。

図 4-3-1-6：変数一覧

変数一覧

グループ名	変数名	現在値	初期化しない	初期値	マスク	コメント
グループなし						
	Excelファイル名		☐	地域別売上集計表.xlsx	☐	
	Excelファイルパス		☐		☐	
	フォルダ名		☐		☐	
	検索ファイルパス		☐		☐	
	総括表		☐	総括表	☐	
	地域番号		☐	1	☐	初期値（東京=1,神奈川=2))
	地域番号MAX		☐	2	☐	初期値
	フォルダ内CSVファイル数初		☐	2	☐	初期値
	フォルダ内CSVファイル数		☐		☐	
	総括表セル位置		☐		☐	
	ファイルパス格納		☐		☐	
	コピー先シート名		☐	★東京	☐	
	コピー先シート名A		☐	★東京	☐	
	コピー先シート名B		☐	★神奈川	☐	
	セル位置R2C1		☐	R2C1	☐	
	セル位置R3C1		☐	R3C1	☐	
	セル位置R4C1		☐	R4C1	☐	
	セル位置R5C1		☐	R5C1	☐	
	セル位置R6C1		☐	R6C1	☐	
	セル位置R2C2		☐	R2C2	☐	
	セル位置R3C2		☐	R3C2	☐	
	セル位置R4C2		☐	R4C2	☐	
	書き込みセル位置B8		☐	B8	☐	
	書き込みセル位置B32		☐	B32	☐	
	書き込みセル位置B56		☐	B56	☐	
	書き込みセル位置B80		☐	B80	☐	
	書き込みセル位置B104		☐	B104	☐	
	書き込みセル位置K8		☐	K8	☐	
	書き込みセル位置K32		☐	K32	☐	
	書き込みセル位置K56		☐	K56	☐	
	書き込みセル位置K80		☐	K80	☐	
	書き込みセル位置K104		☐	K104	☐	
	書き込みセル位置K26		☐	K26	☐	
	書き込みセル位置K50		☐	K50	☐	
	書き込みセル位置K74		☐	K74	☐	
	書き込みセル位置K98		☐	K98	☐	
	書き込みセル位置K122		☐	K122	☐	
	書き込みセル位置		☐		☐	
	フィルターをかける絞り込みキ		☐	販売チャネル 1	☐	
	フィルターをかけるセル位置		☐	A2	☐	
	フィルターをかける列番号		☐	1	☐	
	クリップボードの値		☐		☐	
	SUBTOTAL関数		☐		☐	
	SUBTOTAL数値		☐		☐	
	取得結果		☐		☐	
	格納した営業担当		☐		☐	
	実行結果		☐		☐	
	最終行カーソル位置		☐		☐	

次にシナリオ・ノードのプロパティを順に解説して行きます。

4-3 Microsoft365 と連携するシナリオの作成

◉ 転記先Excelファイルを開く

このシナリオは、ただ単に文字列転記するだけでなく、各営業担当が売った複数の販売チャネルから「販売チャネル1」のみを抽出し、そのデータの中から顧客別販売金額TOP15を抽出し、「地域別売上集計表.xlsx」に転記します。さらに、「販売チャネル1」全体の販売金額をExcelのSUBTOTAL関数で計算することで、顧客別販売金額データの「販売チャネル1」全体金額の中での比率を表示します。

CSVファイルには、下の左図のように、販売チャネル、顧客名、販売金額が入っています(顧客名は匿名化しています)。CSVファイルを加工して、データ転記する先のExcelシート「地域別売上集計表.xlsx」には「★東京」「★神奈川」営業地域別の2枚のシートがあり、シナリオ実行の結果、営業担当別に下の右図のような内容が入ります。

■図4-3-1-7：CSVファイル

■図4-3-1-8：地域別売上集計表.xlsx

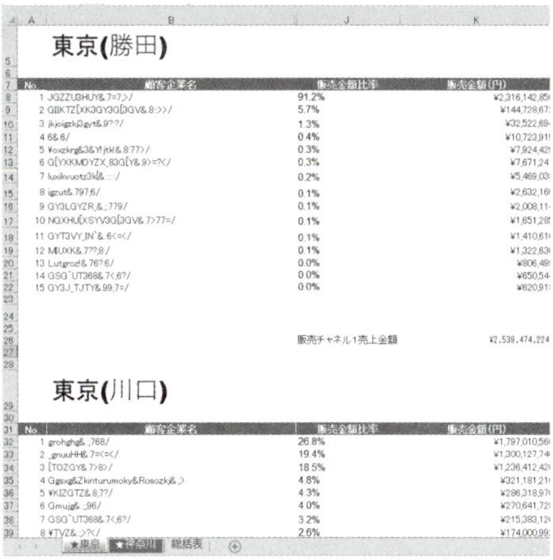

このシナリオでは、CSVファイル名の一部に営業担当者名を入れました。この工夫により、営業担当者数が増減しても、シナリオ変更の必要がなくExcelの総括表を修正するだけで済むメリットが生まれました。

某石油販売会社の社内システムからダウンロードした東京と神奈川の営業担当別売上金額のCSVファイルがそれぞれ、フォルダA、フォルダBに入っています。

東京の営業担当は以下のとおりです。

```
_katsuta_
_kawaguchi_
_sato_
_tanaka_
_yamada_
```

309

Chapter04　Case Study

神奈川の営業担当は、以下のとおりです。

```
_sakai_
_takai_
_yanagi_
```

CSVファイル名には、下記のとおり、営業地域(_tokyo_、_kanagawa_、)と営業担当者名(_katsuta_など)が含まれます。

- Business Report_tokyo_Katsuta_202007.csv

データ転記2.ums7シナリオを実行すると、まず、上記CSVファイルの"販売チャネル1"でフィルターを掛け、C列を降順に並び替えます。その後、販売金額の大きい順に顧客企業名と販売金額(円)のTOP15をエミュレーションモードでコピーして、上記の地域別売上集計表.xlsxに転記します。

その後、"販売チャネル1"の販売金額(円)のSUBTOTALを計算して、計算結果を上記の地域別売上集計表.xlsxに転記します。

以上の処理を、以下の順に処理します。

- 東京の営業担当 _katsuta_ → _kawaguchi_ → _sato_ → _tanaka_ → _yamada_
- 神奈川の営業担当 _sakai_ → _takai_ → _yanagi

このシナリオ制御は地域別売上集計表のExcelシートの"総括表"タブに基づいて実施しています。

読み出すセル位置をR2C1 → R3C1 → R4C1 → R5C1 → R6C1 → R2C2 → R3C2 → R4C2と移動させています。セル位置はR1C1形式で記述しています。このように、読み書きするセル位置を細かく制御するためには、このような総括表を作成し、R1C1形式でセル位置を指定するのが便利なのでぜひ覚えておいてください。

なおR1C1形式については、2-2-3「ジグザグ処理(二次元移動)」でも説明をしています。

■ 図4-3-1-9：総括表

	A	B
1	東京	神奈川
2	_katsuta_	_sakai_
3	_kawaguchi_	_takai_
4	_sato_	_yanagi_
5	_tanaka_	
6	_yamada_	

4-3 Microsoft365と連携するシナリオの作成

　転記先Excelファイルを開くため、ライブラリパレットの[Excel開く（前面化）]を直前に作成したノードの直下に配置後、❶のとおりプロパティを設定します。
　開いたExcelファイル最大化するため、ライブラリパレットの[ウィンドウの表示変更]を直前に作成したノードの直下に配置後、ターゲット選択ボタンをクリック（❷）して、「地域別売上集計表－Excel」ウィンドウを選択（❷）します。その後プロパティの「表示状態」と「ウィンドウ識別名」を❸のとおり設定します。

■ 図4-3-1-10：転記先Excelファイルを開く

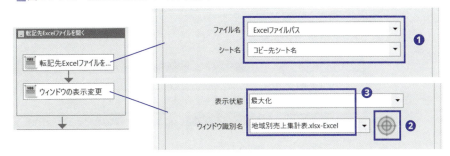

● 地域番号でフォルダパスとコピー先シート名を生成する

　地域番号を地域番号MAXまで繰り返すため、ノードパレットの[繰り返し]を直前に作成したノードの直下に配置後、❶のとおりプロパティを設定します。

■ 図4-3-1-11：地域番号を地域番号MAXまで繰り返す

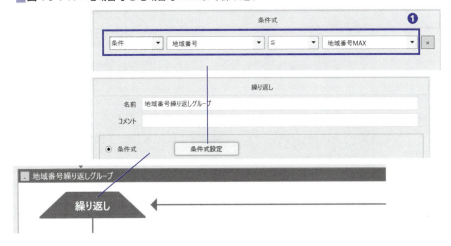

　地域番号で処理を分岐するため、ノードパレットの[分岐]を直前に作成したノードの直下に配置後、図4-3-1-12❶のとおりプロパティを設定します。変数一覧を見ればわかりますが、東京=1、神奈川=2の地域番号を割り充てています。

■図4-3-1-12：地域番号で処理を分岐する

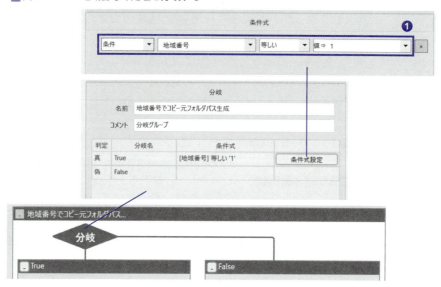

地域番号=1のコピー元フォルダパスを生成するため、ライブラリパレットの［文字列の連結(3つ)］を［分岐］ノードのTrueセクションに配置後、下図囲み部分のとおりプロパティを設定します。

■図4-3-1-13：地域番号=1のコピー元フォルダパスを生成

地域番号=1のコピー先シート名を生成するため、ノードパレットの［変数値コピー］を直前に作成したノードの直下に配置後、下図囲み部分のとおりプロパティを設定します。

■図4-3-1-14：地域番号=1のコピー先シート名を生成

地域番号=2のコピー元フォルダパスを生成するため、ライブラリパレットの[文字列の連結(3つ)]を[分岐]ノードのFalseセクションに配置後、下図囲み部分のとおりプロパティを設定します。

■ 図4-3-1-15：地域番号=2のコピー元フォルダパスを生成

地域番号=2のコピー先シート名を生成するため、ノードパレットの[変数値コピー]を直前に作成したノードの直下に配置後、下図囲み部分のとおりプロパティを設定します。

■ 図4-3-1-16：地域番号=2のコピー先シート名を生成

● 指定フォルダ内のCSVファイル数を取得する

指定フォルダ内のCSVファイル数を取得するため、独自ライブラリ[CSVファイル数取得]を直前に作成したノードの直下に配置して作成します。

具体的には、ノードパレットの[アクション]-[スクリプト実行]を直前に作成したノードの直下に配置後、スクリプトタブに下記の内容をテキストエディターで作成後、転記します。

```
Set objFileSys = CreateObject("Scripting.FileSystemObject")

'フォルダオブジェクトを取得

'Set objFolder = objFileSys.GetFolder(GetUmsVariable(!フォルダ名!))
Set objFolder = objFileSys.GetFolder(!フォルダ名!)

'ファイルの数を数える変数を初期化
count = 0
```

```
'拡張子がCSVのファイルを数える
For Each f In objFolder.Files
  If UCase(objFileSys.GetExtensionName(f.Path)) = "CSV" Then
    count = count + 1
  End If
Next

'結果をWinActorの変数に設定
SetUMSVariable $ファイル数$, count

Set objFileSys = Nothing
```

下図囲み部分のとおりプロパティを設定します。

■ 図4-3-1-17：指定フォルダ内のCSVファイル数を取得

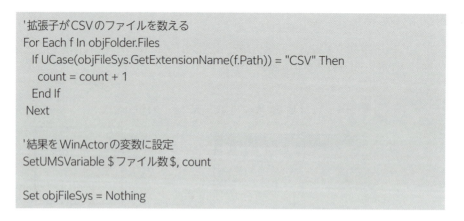

次に、指定フォルダ内のCSVファイル数を+1するため、ノードパレットの[カウントアップ]を直前に作成したノードの直下に配置後、下図囲み部分のとおりプロパティを設定します。

■ 図4-3-1-18：指定フォルダ内のCSVファイル数を+1する

指定フォルダ内のCSVファイル数を+1する理由は、地域別売上集計表.xlsxの総括表の営業担当者名の記載位置が1行目からではなく、2行目から始まっているからです（囲み部分参照）。

本シナリオでは、CSVファイル数は、指定フォルダ内の繰り返し回数最大値や総括表でセル位置を指定する際の行番号としても使われていることに注目してください。同じ理由で、変数「フォルダ内CSVファイル数初期値」の初期値も1ではなく2を設定しています。

4-3 Microsoft365と連携するシナリオの作成

■ 図4-3-1-19：総括表

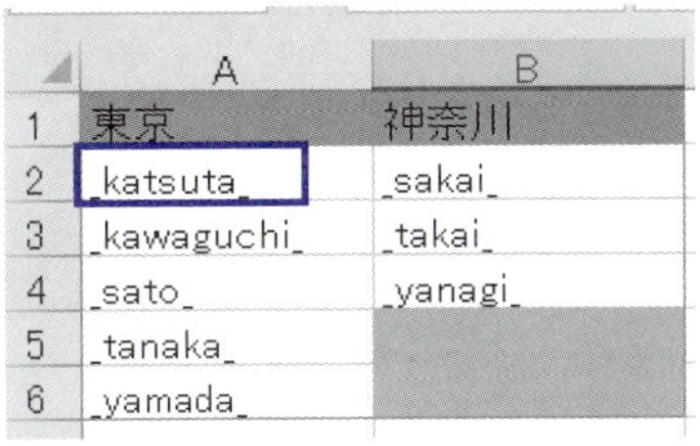

	A	B
1	東京	神奈川
2	_katsuta_	_sakai_
3	_kawaguchi_	_takai_
4	_sato_	_yanagi_
5	_tanaka_	
6	_yamada_	

● CSVファイルを検索して開く

次はExcelファイル総括表のセル位置から営業担当を特定し、CSVファイルを検索して開く処理です。

フォルダ内CSVファイル数初期値からフォルダ内CSVファイル数まで繰り返すため、ノードパレットの[繰り返し]を直前に作成したノードの直下に配置後、下図囲み部分のとおりプロパティを設定します。

■ 図4-3-1-20：フォルダ内CSVファイル数初期値からフォルダ内CSVファイル数まで繰り返す

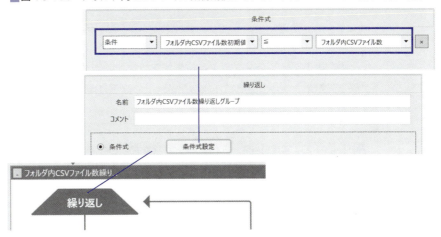

総括表のセル位置を作成するため、ライブラリパレットの[文字列の連結(4つ)]を直前に作成したノードの直下に配置後、下図囲み部分のとおりプロパティを設定します。

■図4-3-1-21：総括表のセル位置を作成

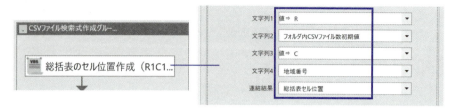

総括表のセル位置から営業担当を取得するため、ライブラリパレットの[Excel操作(値の取得)]を直前に作成したノードの直下に配置後、下図囲み部分のとおりプロパティを設定します。

■図4-3-1-22：総括表のセル位置から営業担当を取得

営業担当名からCSVファイル検索式を生成するため、ライブラリパレットの[文字列の連結(3つ)]を直前に作成したノードの直下に配置後、下図囲み部分のとおりプロパティを設定します。

■図4-3-1-23：営業担当名からCSVファイル検索式を生成

指定営業担当名を含むCSVファイルを検索するため、ライブラリパレットの[ファイル検索]を直前に作成したノードの直下に配置後、下図囲み部分のとおりプロパティを設定します。

4-3 Microsoft365と連携するシナリオの作成

■ 図4-3-1-24：指定営業担当名を含むCSVファイルを検索

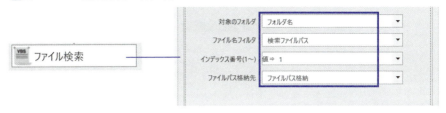

　CSVファイルを開くため、ライブラリパレットの[ファイルと関連づいているアプリ起動]を直前に作成したノードの直下に配置後、下図囲み部分のとおりプロパティを設定します。

■ 図4-3-1-25：CSVファイルを開く

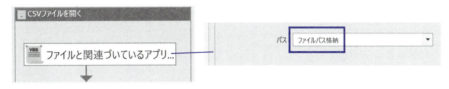

　CSVファイルが開くのを待つため、ノードパレットの[ウィンドウ状態待機]を直前に作成したノードの直下に配置後、下図囲み部分のとおりプロパティを設定します。

■ 図4-3-1-26：CSVファイルが開くのを待つ

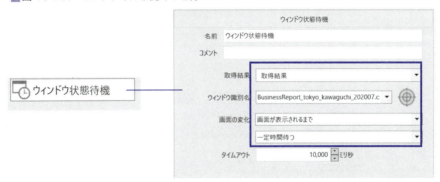

● CSVファイルからExcelファイルに販売チャネル1の販売金額TOP15の顧客名と販売金額を転記

　CSVファイルを「販売チャネル1」でフィルターするため、ライブラリパレットの[Excel操作（フィルター条件設定）]を直前に作成したノードの直下に配置後、下図囲み部分のとおりプロパティを設定します。

Chapter04　Case Study

■ 図4-3-1-27：CSVファイルを「販売チャネル1」でフィルターする

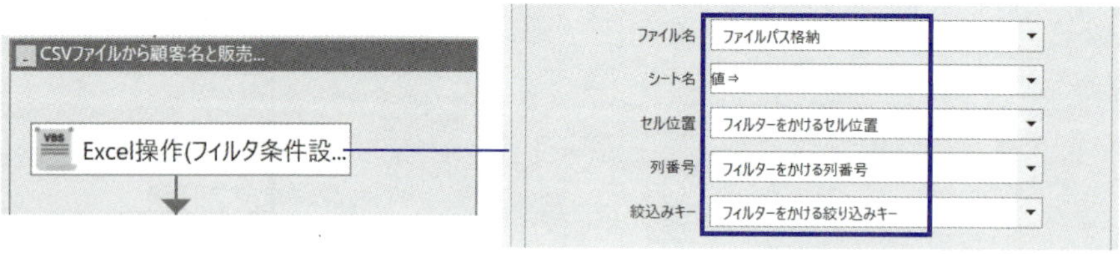

　CSVファイルをC列（販売金額）で降順に並び替えるため、独自ライブラリ［C列で降順に並び替えを行う］を直前に作成したノードの直下に配置します。

　具体的には、ノードパレットの［アクション］－［スクリプト実行］を直前に作成したノードの直下に配置後、スクリプトタブに下記の内容をテキストエディターで作成後、転記します。

```
' ====指定されたファイルを開く=====================================
=================

' ファイルのパスをフルパスに変換する
Set fso = CreateObject("Scripting.FileSystemObject")
filePath = fso.GetAbsolutePathName(!ファイル名!)

' workbookオブジェクトを取得する
Set workbook = Nothing
On Error Resume Next
  ' 既存のエクセルが起動されていれば警告を抑制する
 Set existingXlsApp = Nothing
 Set existingXlsApp = GetObject(, "Excel.Application")
 existingXlsApp.DisplayAlerts = False

 ' 一先ずWorkbookオブジェクトをGetObjectしてみる
 Set workbook = GetObject(filePath)
 Set xlsApp = workbook.Parent

' GetObjectによって新規に開かれたWorkbookなら
' 変数にNothingを代入することで参照が0になるため
' 自動的に閉じられる。
Set workbook = Nothing

' Workbookがまだ存在するか確認する
For Each book In xlsApp.Workbooks
  If StrComp(book.FullName, filePath, 1) = 0 Then
```

318

4-3 Microsoft365 と連携するシナリオの作成

```
        ' Workbookがまだ存在するので、このWorkbookは既に開かれていたもの
        Set workbook = book
        xlsApp.Visible = True
      End If
    Next

    ' Workbookが存在しない場合は、新たに開く。
    If workbook Is Nothing Then
      Set xlsApp = Nothing

      ' Excelが既に開かれていたならそれを再利用する
      If Not existingXlsApp Is Nothing Then
        Set xlsApp = existingXlsApp
        xlsApp.Visible = True
      Else
        Set xlsApp = CreateObject("Excel.Application")
        xlsApp.Visible = True
      End If

      Set workbook = xlsApp.Workbooks.Open(filePath)
    End If

    ' 警告の抑制を元に戻す
    existingXlsApp.DisplayAlerts = True
    Set existingXlsApp = Nothing
  On Error Goto 0

  If workbook Is Nothing Then
    Err.Raise 1, "", "指定されたファイルを開くことができません。"
  End If

  ' ====指定されたシートを取得する=====================================
  ================

  sheetName = !シート名!
  Set worksheet = Nothing
  On Error Resume Next
    ' シート名が指定されていない場合は、アクティブシートを対象とする
    If sheetName = "" Then
      Set worksheet = workbook.ActiveSheet
    Else
      Set worksheet = workbook.Worksheets(sheetName)
    End If
```

Chapter04　Case Study

```
On Error Goto 0

If worksheet Is Nothing Then
  Err.Raise 1, "", "指定されたシートが見つかりません。"
End If

worksheet.Activate

' ====ハイライトを表示する=========================================
=================

' Hwnd プロパティは Excel2002 以降のみ対応
On Error Resume Next
  ShowUMSHighlight(xlsApp.Hwnd)
 On Error Goto 0

' ====指定された列で並べ替え=========================================
==============
'対象列は並び替え対象列、ヘッダはヘッダ行が存在する場合1、存在しない場合は2
を指定、並び順は0が降順、1が昇順

targetColumn = !対象列! & "1"

hasHeader = !ヘッダ!
If hasHeader = 1 then
  hasHeader = 1
 Else
  hasHeader = 2
 End If

sortOrder = !並び順!
If sortOrder = 1 then
  sortOrder = 1
 Else
  sortOrder = 2
 End If

On Error Resume Next
 ' シート内のすべてセルを対象にソートを適用する
worksheet.Range("A1", worksheet.Cells(worksheet.Rows.Count, worksheet.
Columns.Count)).Sort worksheet.Range(targetColumn), sortOrder, , , , , ,
hasHeader
 On Error Goto 0
```

320

```
Set objRe = Nothing
 Set xlsApp = Nothing
 Set worksheet = Nothing
 Set workbook = Nothing
 Set fso = Nothing
```

下図囲み部分のとおりプロパティを設定します。

■ 図4-3-1-28：CSVファイルをC列（販売金額）で降順に並び替える

顧客名TOP15を範囲コピー（コピー範囲は図4-3-1-29❶）するため、ライブラリパレットの［エミュレーション］の記録対象アプリケーション選択ボタン（❷）でウィンドウ識別名「BusinessReport_tokyo_kawaguchi_202007.csv-Excel」を選択後、その後操作欄に手作業で以下の様に追記（❸）します。

- 待機[300]ミリ秒
- キーボード[Home]をDown
- キーボード[Home]をUp
- 待機[300]ミリ秒
- キーボード[Right]をDown
- キーボード[Right]をUp
- 待機[300]ミリ秒
- キーボード[Shift]をDown
- キーボード[Down]をDown
- キーボード[Down]をUp
- 待機[300]ミリ秒
- キーボード[Down]をDown
- キーボード[Down]をUp
- 待機[300]ミリ秒
- キーボード[Down]をDown

Chapter04 Case Study

- キーボード [Down] を Up
- 待機 [300] ミリ秒
- キーボード [Down] を Down
- キーボード [Down] を Up
- 待機 [300] ミリ秒
- キーボード [Down] を Down
- キーボード [Down] を Up
- 待機 [300] ミリ秒
- キーボード [Down] を Down
- キーボード [Down] を Up
- 待機 [300] ミリ秒
- キーボード [Down] を Down
- キーボード [Down] を Up
- 待機 [300] ミリ秒
- キーボード [Down] を Down
- キーボード [Down] を Up
- 待機 [300] ミリ秒
- キーボード [Down] を Down
- キーボード [Down] を Up
- 待機 [300] ミリ秒
- キーボード [Down] を Down
- キーボード [Down] を Up
- 待機 [300] ミリ秒
- キーボード [Down] を Down
- キーボード [Down] を Up
- 待機 [300] ミリ秒
- キーボード [Down] を Down
- キーボード [Down] を Up
- 待機 [300] ミリ秒
- キーボード [Down] を Down
- キーボード [Down] を Up
- 待機 [300] ミリ秒
- キーボード [Down] を Down
- キーボード [Down] を Up
- キーボード [Shift] を Up

- 待機 [300] ミリ秒
- キーボード [Ctrl] を Down
- キーボード [C] を Down
- 待機 [300] ミリ秒
- キーボード [Ctrl] を Up
- キーボード [C] を Up
- 待機 [300] ミリ秒

　Excel シートを操作する場合は、シナリオの安定性を向上させるため、マウス操作ではなく、上記のように、キーボード操作で Excel シートを制御することを推奨します。

■ 図 4-3-1-29：キーボード操作で顧客名 TOP15 を範囲コピー

	A	B	C
1	販売チャネル	顧客名	販売金額（円）
2	販売チャネル1	JGZZU3HUY&.7=7;>/ ❶	¥2,316,142,850
3	販売チャネル1	GIIKTZ[XK3GY3G[3GV&.8::>>/	¥144,728,672
4	販売チャネル1	jkjoigzkj3gyt&.9?:?/	¥32,522,694
5	販売チャネル1	6&.6/	¥10,723,919
6	販売チャネル1	¥oxzkrg&3&Y!jtk!&.8:77>/	¥7,924,429
7	販売チャネル1	G[YXKMOYZX_83G[Y&.9>=?</	¥7,671,241
8	販売チャネル1	luxikvuotz3k{&.::::/	¥5,469,038
9	販売チャネル1	igzut&.797;6/	¥2,632,160
10	販売チャネル1	GY3LGYZR_&.;:779/	¥2,008,114
11	販売チャネル1	NGXHU[XSYV3G[3GV&.7>77=/	¥1,651,285
12	販売チャネル1	GYT3VY_IN`&.:6<=</	¥1,410,616
13	販売チャネル1	MIUXK&.7??;8:/	¥1,322,636
14	販売チャネル1	Lutgroz!&.76?:6/	¥806,499
15	販売チャネル1	GSG`UT368&.7<;6?/	¥650,544
16	販売チャネル1	GY3J_TJTY&.99;7=/	¥620,918
17	販売チャネル1	gxhux3yv3jjuy&.<;669/	¥590,690
18	販売チャネル1	Glorrogy&lgtgjg&luxv&.79=7:/	¥482,257
19	販売チャネル1	jojgzg&.8:6<7/	¥427,182
20	販売チャネル1	7?786&.7?786/	¥420,826

■図4-3-1-30：[エミュレーション]で顧客名TOP15を範囲コピー

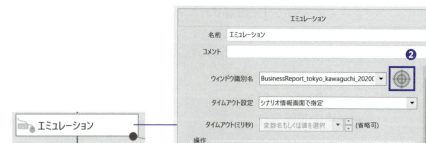

クリップボードの値を変数「クリップボードの値」に入れるため、ノードパレットの[クリップボード]を直前に作成したノードの直下に配置後、下図囲み部分のとおりプロパティを設定します。

■図4-3-1-31：クリップボードの値を変数「クリップボードの値」に入れる

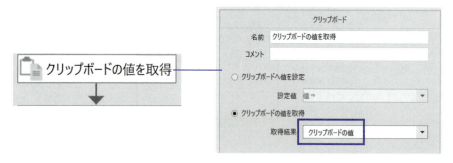

顧客名書き込みセル位置サブルーチンを呼び出して、顧客名書き込みセル位置を取得するため、ノードパレットの[サブルーチン呼び出し]を直前に作成したノードの直下に配置後、下図囲み部分のとおりプロパティを設定します。

4-3 Microsoft365と連携するシナリオの作成

図4-3-1-32：顧客名書き込みセル位置を取得

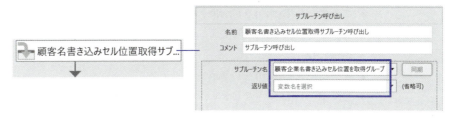

　Excelに顧客名TOP15を書き込むため、ライブラリパレットの[Excel操作（値のみペースト）]を直前に作成したノードの直下に配置後、下図囲み部分のとおりプロパティを設定します。

図4-3-1-33：Excelに顧客名TOP15を書き込む

　販売金額TOP15を範囲コピー（コピー範囲は図4-3-1-34❶）するため、ライブラリパレットの[エミュレーション]の記録対象アプリケーション選択ボタン（❷）でウィンドウ識別名「BusinessReport_tokyo_kawaguchi_202007.csv-Excel」を選択後、その後操作欄に手作業で以下のように追記（❸）します。

- 待機[300]ミリ秒
- キーボード[Home]をDown
- キーボード[Home]をUp
- 待機[300]ミリ秒
- キーボード[Right]をDown
- キーボード[Right]をUp
- 待機[300]ミリ秒
- キーボード[Right]をDown
- キーボード[Right]をUp
- 待機[300]ミリ秒
- キーボード[Shift]をDown
- キーボード[Down]をDown
- キーボード[Down]をUp

Chapter04　Case Study

- 待機 [300] ミリ秒
- キーボード [Down] を Down
- キーボード [Down] を Up
- 待機 [300] ミリ秒
- キーボード [Down] を Down
- キーボード [Down] を Up
- 待機 [300] ミリ秒
- キーボード [Down] を Down
- キーボード [Down] を Up
- 待機 [300] ミリ秒
- キーボード [Down] を Down
- キーボード [Down] を Up
- 待機 [300] ミリ秒
- キーボード [Down] を Down
- キーボード [Down] を Up
- 待機 [300] ミリ秒
- キーボード [Down] を Down
- キーボード [Down] を Up
- 待機 [300] ミリ秒
- キーボード [Down] を Down
- キーボード [Down] を Up
- 待機 [300] ミリ秒
- キーボード [Down] を Down
- キーボード [Down] を Up
- 待機 [300] ミリ秒
- キーボード [Down] を Down
- キーボード [Down] を Up
- 待機 [300] ミリ秒
- キーボード [Down] を Down
- キーボード [Down] を Up
- 待機 [300] ミリ秒
- キーボード [Down] を Down

4-3 Microsoft365 と連携するシナリオの作成

- キーボード [Down] を Up
- 待機 [300] ミリ秒
- キーボード [Down] を Down
- キーボード [Down] を Up
- キーボード [Shift] を Up
- 待機 [300] ミリ秒
- キーボード [Ctrl] を Down
- キーボード [C] を Down
- 待機 [300] ミリ秒
- キーボード [Ctrl] を Up
- キーボード [C] を Up
- 待機 [300] ミリ秒

　Excel シートを操作する場合は、シナリオの安定性を向上させるため、マウス操作ではなく、上記のように、キーボード操作で Excel シートを制御することを推奨します。

■ 図4-3-1-34：キーボード操作で販売金額TOP15を範囲コピー

	A	B	C
1	販売チャネル	顧客名	販売金額（円）
2	販売チャネル 1	JGZZU3HUY&.7=7;>/	¥2,316,142,850
3	販売チャネル 1	GIIKTZ[XK3GY3G[3GV&.8::>>/	¥144,728,672
4	販売チャネル 1	jkjoigzkj3gyt&.9?:?/	¥32,522,694
5	販売チャネル 1	6&.6/	¥10,723,919
6	販売チャネル 1	¥oxzkrg&3&Y!jtk!&.8:77>/	¥7,924,429
7	販売チャネル 1	G[YXKMOYZX_83G[Y&.9>=?</	¥7,671,241
8	販売チャネル 1	luxikvuotz3k{&.:::::/	¥5,469,038
9	販売チャネル 1	igzut&.797:6/	¥2,632,160
10	販売チャネル 1	GY3LGYZR_&.::779/	¥2,008,114
11	販売チャネル 1	NGXHU[XSYV3G[3GV&.7>77=/	¥1,651,285
12	販売チャネル 1	GYT3VY_IN`&.:6<=</	¥1,410,616
13	販売チャネル 1	MIUXK&.7??;8:/	¥1,322,636
14	販売チャネル 1	Lutgroz!&.76?:6/	¥806,499
15	販売チャネル 1	GSG`UT368&.7<;6?/	¥650,544
16	販売チャネル 1	GY3J_TJTY&.99;7=/	¥620,918
17	販売チャネル 1	gxhux3yv3jjuy&.<;669/	¥590,690
18	販売チャネル 1	Glorrogy&lgtgjg&luxv&.79=7:/	¥482,257
19	販売チャネル 1	jojgzg&.8:6<7/	¥427,182
20	販売チャネル 1	7?786&.7?786/	¥420,826

327

Chapter04　Case Study

■図4-3-1-35：[エミュレーション]で販売金額TOP15を範囲コピー

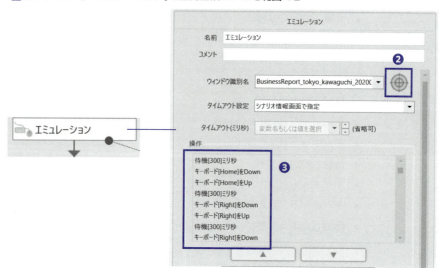

クリップボードの値を変数「クリップボードの値」に入れるため、ノードパレットの[クリップボード]を直前に作成したノードの直下に配置後、囲み部分のとおりプロパティを設定します。

■図4-3-1-36：クリップボードの値を変数「クリップボードの値」に入れる

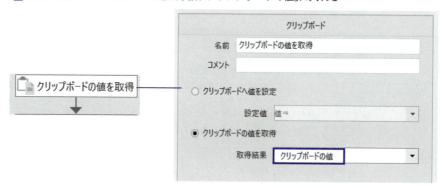

販売金額書き込みセル位置サブルーチンを呼び出して、販売金額書き込みセル位置を取得するため、ノードパレットの[サブルーチン呼び出し]を直前に作成したノードの直下に配置後、下図囲み部分のとおりプロパティを設定します。

4-3 Microsoft365と連携するシナリオの作成

■図4-3-1-37：販売金額書き込みセル位置を取得

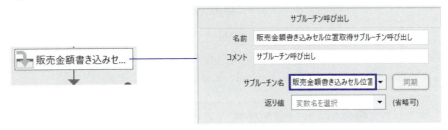

Excelに販売金額TOP15を書き込むため、ライブラリパレットの[Excel操作(値のみペースト)]を直前に作成したノードの直下に配置後、囲み部分のとおりプロパティを設定します。

■図4-3-1-38：Excelに販売金額TOP15を書き込む

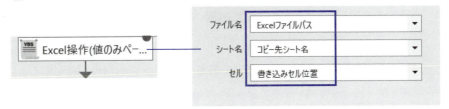

次の[エミュレーション]の前に待ちを入れるため、[指定時間待機]を直前に作成したノードの直下に配置後、囲み部分のとおりプロパティを設定します。
なおVer7.4では主要ライブラリに「タイムアウト設定」が追加されているため、Ver7.4では、「指定時間待機」の代わりに「指定時間待機」の直前のライブラリの「タイムアウト設定」をお使いください。

■図4-3-1-39：[エミュレーション]の前に待ちを入れる

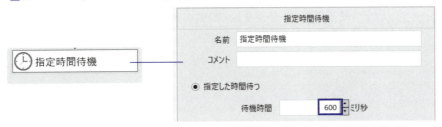

ここで、顧客名書き込みセル位置を作成するサブルーチンを説明します。
地域別売上集計表.xlsx総括表の読み取りセル位置から顧客名書き込みセル位置

を作成する前半部分です。

　サブルーチンをメインタブの中に書くと、シナリオ全体が複雑になりわかりにくくなるため、サブルーチンはメインタブとは別のタブを作成してその中に作成しましょう。具体的なサブルーチン作成方法は下記のようになります。

　メインタブの右の＋(囲み部分)をクリックします。

■図4-3-1-40：新規タブ作成

　新規タブの名前を「顧客企業書き込みセル位置取得」(囲み部分)と記入します。

■図4-3-1-41：新規タブの名前記入

　総括表のセル位置を見て、顧客名書き込みセル位置取得サブルーチンを作成します。ノードパレットの[フロー]-[多分岐]を「顧客企業書き込みセル位置取得」タブ内にマウスで配置します。

4-3 Microsoft365と連携するシナリオの作成

■ 図4-3-1-42：顧客名書き込みセル位置を取得

[多分岐]の文字をダブルクリックすると右側にプロパティが開くので、名前に「顧客企業名書き込みセル位置を取得グループ」と記入します。

■ 図4-3-1-43：[多分岐]ノードの名前設定

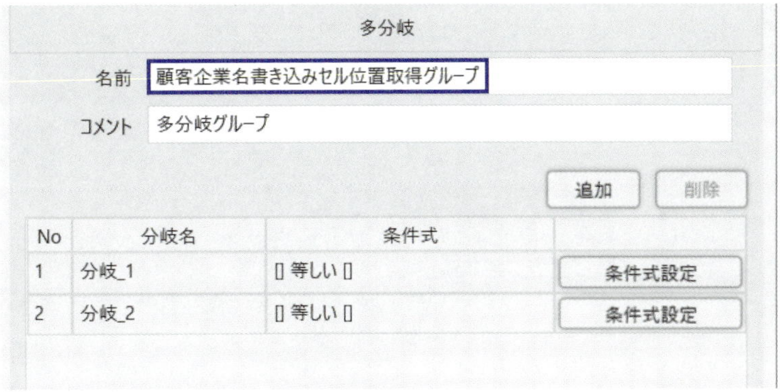

分岐_1を「セル位置R2C1」(❶)と名称変更して条件式設定(❷)をクリックします。

■ 図4-3-1-44：分岐_1を「セル位置R2C1」と名称変更

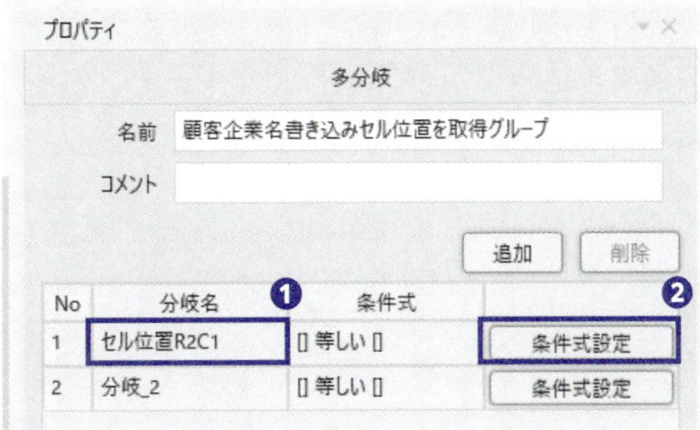

Chapter04　Case Study

下図囲み部分のように条件式を設定します。

■図4-3-1-45：条件式を設定

同様に、セル位置R2C1～セル位置R6C1の分岐名と条件式は下記のように作成します。

■図4-3-1-46：セル位置R2C1～セル位置R6C1の分岐名と条件式

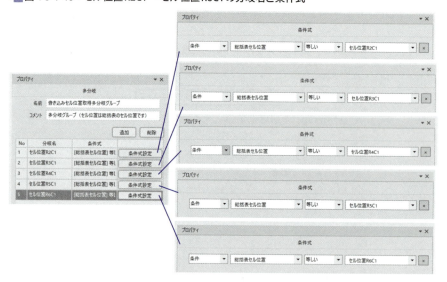

書き込みセル位置を変数「書き込みセル位置」に設定するサブルーチンの仕組みを東京と神奈川の2つの事例で説明します。

東京の営業マンkatsutaのセル位置は、地域別売上集計表.xlsx"総括表"シートのR2C1のため、顧客企業名書き込みセル位置取得サブルーチンの多分岐ノードで振り分けられて、書き込みセル位置がB8となります。

■ 図4-3-1-47：顧客名書き込みセル位置を作成するサブルーチン

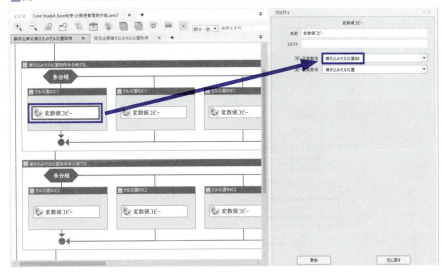

　神奈川の営業マンsakaiのセル位置は、同じファイル、シートのR2C2なので、これも同様に振り分けられて、書き込みセル位置がB8となります。

■ 図4-3-1-48：顧客名書き込みセル位置を作成するサブルーチン

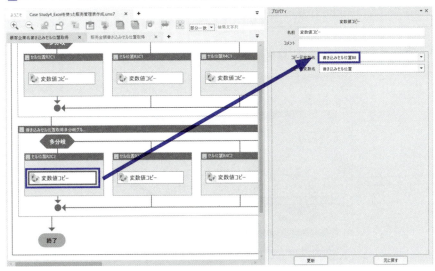

　次に、販売金額書き込みセル位置取得サブルーチンの仕組みを、東京と神奈川の2つの事例で説明します。
　東京の営業マンkatsutaのセル位置は、地域別売上集計表.xlsxの"総括表"シー

トのR2C1です。これは販売金額書き込みセル位置取得サブルーチンの多分岐ノードで振り分けられ、書き込みセル位置がK8となります。

■ 図4-3-1-49：販売金額書き込みセル位置を取得するサブルーチン

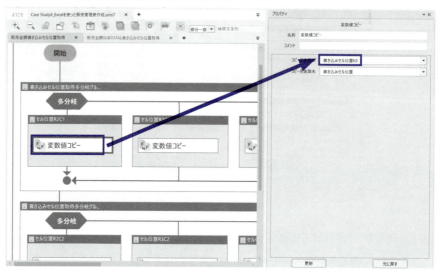

神奈川の営業マンsakaiのセル位置は同じファイル、ノードのR2C2で、同様に振り分けられ、書き込みセル位置がK8となります。

■ 図4-3-1-50：販売金額書き込みセル位置を取得するサブルーチン

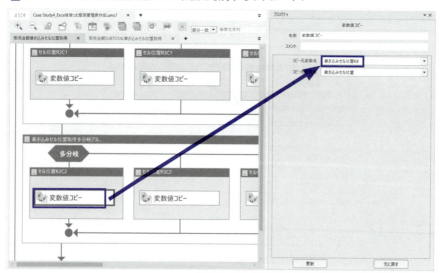

4-3 Microsoft365 と連携するシナリオの作成

● CSVファイルで販売チャネル1の販売金額SUBTOTALを計算して Excelファイルに転記

ここで、いったんメインタブの処理の説明に戻ります。

開いたCSVファイルで「販売チャネル1」でフィルターした案件のデータが存在する最下行までカーソルを移動するため、ライブラリパレットの[エミュレーション]を直前に作成したノードの直下に配置後、記録対象アプリケーション選択ボタン（図4-3-1-51 **❶**）でウィンドウ識別名「BusinessReport_tokyo_kawaguchi_202007.csv-Excel」を選択後、操作欄に手作業で次のように追記（**❷**）します。

- 待機[700]ミリ秒
- キーボード[Home]をDown
- キーボード[Home]をUp
- 待機[300]ミリ秒
- キーボード[Right]をDown
- キーボード[Right]をUp
- 待機[300]ミリ秒
- キーボード[Right]をDown
- キーボード[Right]をUp
- 待機[300]ミリ秒
- キーボード[Ctrl]をDown
- キーボード[Down]をDown
- 待機[300]ミリ秒
- キーボード[Ctrl]をUp
- キーボード[Down]をUp
- 待機[300]ミリ秒

■図4-3-1-51：「販売チャネル1」でフィルターした案件のデータが存在する最下行までカーソルを移動

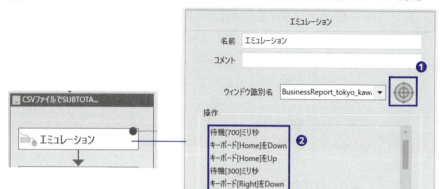

データが存在する最下行のカーソル位置を変数「最下行のカーソル位置」に取得するため、ライブラリパレットの[Excel操作（カーソル位置の読み取り）]を直前に作成したノードの直下に配置後、囲み部分のとおりプロパティを設定します。

■図4-3-1-52：データが存在する最下行のカーソル位置を変数「最下行のカーソル位置」に取得

SUBTOTAL関数の計算式を構築するため、ライブラリパレットの[文字列の連結（3つ）]を直前に作成したノードの直下に配置後、囲み部分のとおりプロパティを設定します。

4-3 Microsoft365と連携するシナリオの作成

■ 図4-3-1-53：SUBTOTAL関数の計算式を構築

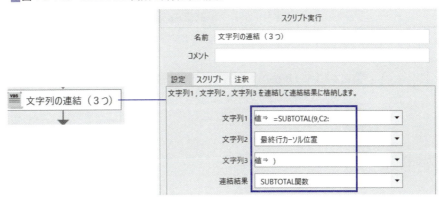

次に、カーソルを1つ下に移動するため、ライブラリパレットの[エミュレーション]を直前に作成したノードの直下に配置後、ターゲット選択ボタン(❶)をクリックして、「BusinessReport_tokyo_kawaguchi_202007.csv-Excel」ウィンドウを選択し、その他変数を設定します。

その後操作欄に手作業で次のように追記(❷)します。

- 待機[300]ミリ秒
- キーボード[Down]をDown
- キーボード[Down]をUp
- 待機[300]ミリ秒

■ 図4-3-1-54：カーソルを1個Downする

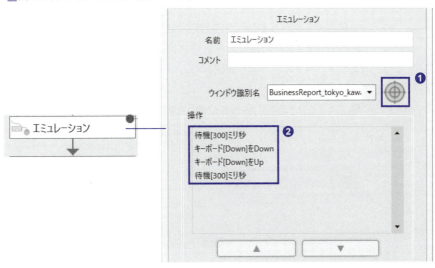

現在のカーソル位置を変数「最終行カーソル位置」に取得するため、ライブラリパレットの[Excel操作(カーソル位置の読み取り)]を直前に作成したノードの直下に配置後、囲み部分のとおりプロパティを設定します。

■図4-3-1-55：現在のカーソル位置を変数「最終行カーソル位置」に取得

直前のノードでカーソル位置を取得した後、次のノードでその値を使います。ここで待ち時間が少し必要なようだったので、ノードパレットの[指定時間待機]を直前に作成したノードの直下に配置後、囲み部分のとおりプロパティを設定しました。[指定時間待機]は、作成・配置するかどうかも含め各自の環境に合わせて設定願います。

■図4-3-1-56：[指定時間待機]を直前に作成したノードの直下に配置

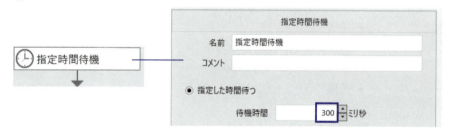

現在のカーソル位置にSUBTOTAL計算式を設定するため、ライブラリパレットの[Excel操作(値の設定)]を直前に作成したノードの直下に配置後、囲み部分のとおりプロパティを設定します。

■図4-3-1-57：現在のカーソル位置にSUBTOTAL計算式を設定

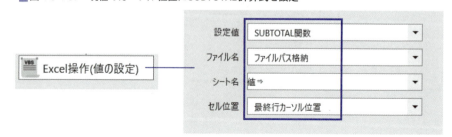

直前のノードで、現在のカーソル位置に値を設定した後、次のノードでその値を使います。ここで待ち時間が少し必要なようだったので、ノードパレットの[指定時間待機]を直前に作成したノードの直下に配置後、囲み部分のとおりプロパティを設定しました。[指定時間待機]は、作成・配置するかどうかも含め各自の環境に合わせて設定願います。

■ 図4-3-1-58：[指定時間待機]を直前に作成したノードの直下に配置

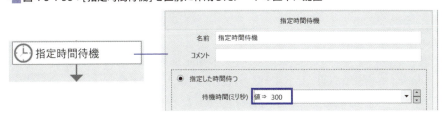

チャネル1の販売金額SUBTOTALを地域別売上集計表.xlsxに書き込むセル位置を取得するサブルーチンを呼び出すため、ノードパレットの[サブルーチン呼び出し]を直前に作成したノードの直下に配置後、囲み部分のとおりプロパティを設定します。

■ 図4-3-1-59：チャネル1の販売金額SUBTOTALを地域別売上集計表.xlsxに書き込むセル位置を取得

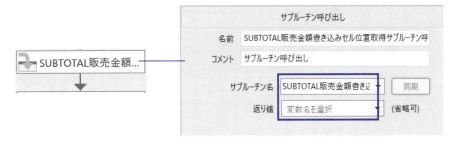

CSVファイルのチャネル1の販売金額SUBTOTALを変数に取得するため、ライブラリパレットの[Excel操作(値の取得)]を直前に作成したノードの直下に配置後、囲み部分のとおりプロパティを設定します。

図 4-3-1-60：CSVファイルのチャネル1の販売金額SUBTOTALを変数に取得

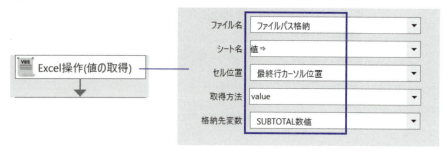

地域別売上集計表.xlsx の指定位置(囲み部分)に販売チャネル1の販売金額SUBTOTALを書き込む(書き込みセル位置は❶)ため、ライブラリパレットの[Excel操作(値の設定)]を直前に作成したノードの直下に配置後、❷のとおりプロパティを設定します。

図 4-3-1-61：販売金額SUBTOTALを書き込みセル位置

東京(勝田)

No.	顧客企業名	販売金額比率	販売金額(円)
1	JGZZU3HUY&.7=7;>/	91.2%	¥2,316,142,850
2	GIIKTZ[XK3GY3G[3GV&.8::>>/	5.7%	¥144,728,672
3	jkjoigzkj3gyt&.9?:?/	1.3%	¥32,522,694
4	6&.6/	0.4%	¥10,723,919
5	¥oxzkrg&3&Y!jtk!&.8:77>/	0.3%	¥7,924,429
6	G[YXKMOYZX_83G[Y&.9>=?</	0.3%	¥7,671,241
7	luxikvuotz3k[&.::::/	0.2%	¥5,469,038
8	igzut&.797;6/	0.1%	¥2,632,160
9	GY3LGYZR_&.;:779/	0.1%	¥2,008,114
10	NGXHU[XSYV3G[3GV&.7>77=/	0.1%	¥1,651,285
11	GYT3VY_IN`&.6<=</	0.1%	¥1,410,616
12	MIUXK&.7??;8:/	0.1%	¥1,322,636
13	Lutgroz!&.76?6/	0.0%	¥806,499
14	GSG`UT368&.7<;6?/	0.0%	¥650,544
15	GY3J_TJTY&.99;7=/	0.0%	¥620,918

❶

販売チャネル1売上金額 ¥2,539,474,224

東京(川口)

No.	顧客企業名	販売金額比率	販売金額(円)
1	grohghg&.:;768/	26.8%	¥1,797,010,560
2	_gnuuHH&.7=<=</	19.4%	¥1,300,127,740
3	[TOZGY&.7>8>/	18.5%	¥1,236,412,420
4	Ggsxg&Zkinturumoky&Rosozkj&.;>	4.8%	¥321,181,216
5	¥KIZGTZ&.8;7?/	4.3%	¥286,318,976
6	Gmujg&.:;96/	4.0%	¥270,641,728
7	GSG`UT368&.7<;6?/	3.2%	¥215,383,120

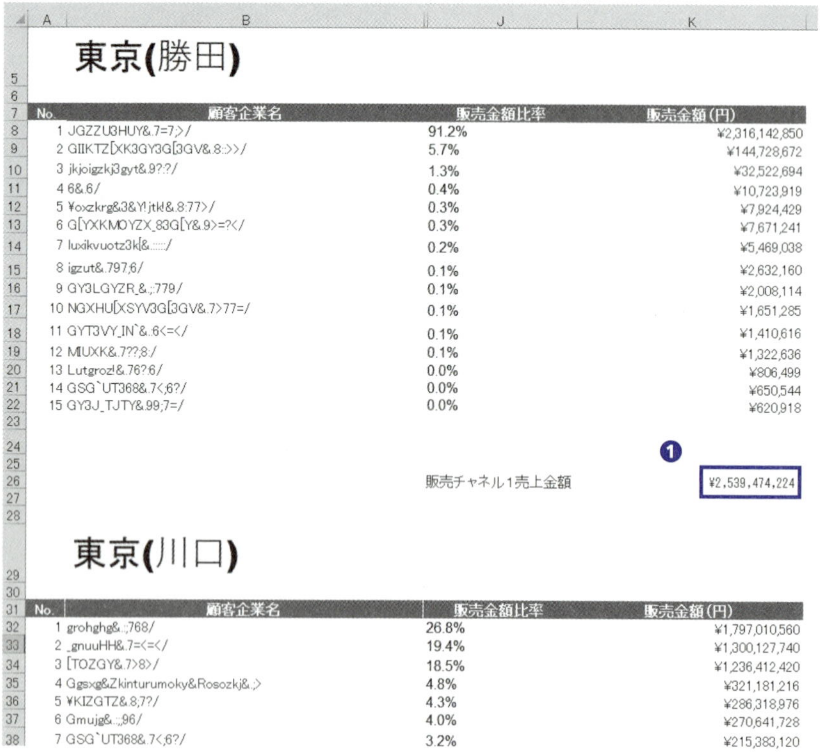

4-3 Microsoft365と連携するシナリオの作成

■ 図4-3-1-62：地域別売上集計表.xlsxの指定位置に販売チャネル1の販売金額SUBTOTALを書き込む

販売金額SUBTOTAL書き込みセル位置を取得するサブルーチンはこれまでと同様です。

東京の営業マンkatsutaのセル位置R2C1は多分岐ノードで振り分けられ、書き込みセル位置がK26となります。

■ 図4-3-1-63：販売金額SUBTOTAL書き込みセル位置を取得するサブルーチン

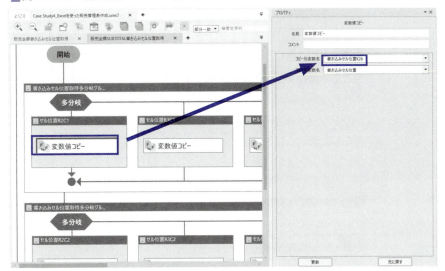

神奈川の営業マンsakaiのセル位置R2C2は、これも多分岐ノードで振り分けられ、書き込みセル位置がK26となります。

■図4-3-1-64：販売金額SUBTOTAL書き込みセル位置を取得するサブルーチン

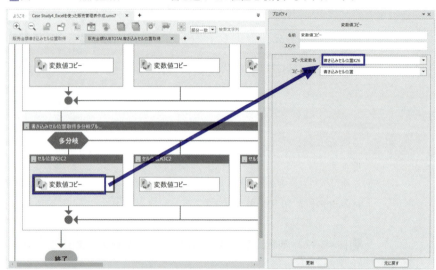

● 開いているCSVファイルを閉じ、CSVループカウンタをカウントアップ

ここで再びメインタブの説明に戻ります。

　CSVファイルを保存しないで閉じるため、ライブラリパレットの[Excel操作(保存なしで閉じる)]を直前に作成したノードの直下に配置後、下図囲み部分のとおりプロパティを設定します。

■図4-3-1-65：CSVファイルを保存しないで閉じる

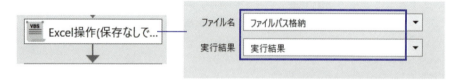

　総括表のセル位置を1つ下げるために、フォルダ内CSVファイル数初期値をカウントアップします。これはノードパレットの[カウントアップ]を直前に作成したノードの直下に配置後、下図囲み部分のとおりプロパティを設定します。

■図 4-3-1-66：総括表のセル位置を1つDownする

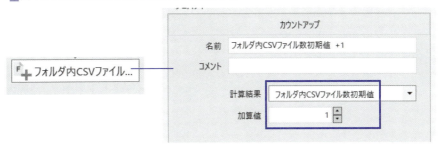

● Excelファイルを上書き保存し、CSVループカウンタを初期化し、地域カウンタをカウントアップ

1つの地域のCSVファイルをすべて処理したら、Excelファイルを上書きし、CSVループカウンタ(フォルダ内CSVファイル数初期値)を初期化後、地域番号をカウントアップします。最後の地域番号をカウントアップすると、繰り返し処理を抜けて、シナリオ実行は終了します。順番に説明します。

地域別売上集計表.xlsxを上書き保存するため、ライブラリパレットの[18_Excel関連]－[01_ファイル操作]－[Excel操作(上書き保存)]を直前に作成したノードの直下に配置後、囲み部分のとおりプロパティを設定します。

■図 4-3-1-67：地域別売上集計表.xlsxを上書き保存

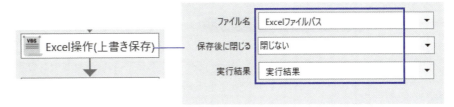

CSVループカウンタ(フォルダ内CSVファイル数初期値)を初期化するため、ノードパレットの[変数値設定]を直前に作成したノードの直下に配置後、囲み部分のとおりプロパティを設定します。

Chapter04　Case Study

■図4-3-1-68：CSVループカウンタを初期化

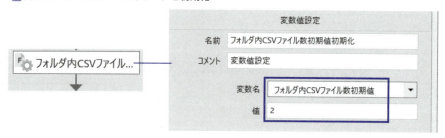

地域番号をカウントアップさせるため、ノードパレットの[カウントアップ]を直前に作成したノードの直下に配置後、囲み部分のとおりプロパティを設定します。

■図4-3-1-69：地域番号をカウントアップ

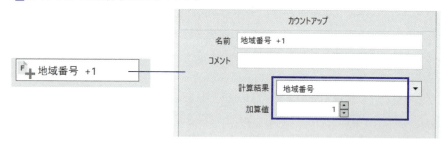

4-3-2　Case Study5 PowerPointプレゼン資料自動作成

サンプルフォルダ Case Study5

　本項では、WinActorを使って、グラフ作成サイトからPowerPointプレゼン資料へのグラフ連続貼付けと、Excelシートから PowerPointプレゼン資料への文字列転記を並行して行うことにより、PowerPointプレゼン資料を自動作成する方法を解説します。

サンプルシナリオの特徴

　本サンプルは、単にグラフをPowerPointプレゼン資料に貼るだけでなく、貼った後のグラフの拡大・配置調整も自動で行います。グラフの拡大・配置調整はPowerPointVBAを使ってもできますが、PowerPointの[図の形式]タブを使った方が操作が簡単なので、[図の形式]タブを使って実行しています。

PowerPointプレゼン資料を自動作成するための支援ツール「deleteマクロ」と月次レポートの大量ファイル名を一括変更するシナリオ作成方法も後で併せて説明します。

なお、本シナリオでは、試しにExcel開く（前面化）ライブラリを前に配置しないで、Excel操作（値の取得）ライブラリを実行してみましたが、問題なく、Excelの値を変数に取得できました。

また、本シナリオでは「輪郭マッチング」ノードを複数使用しています。一度正常動作した「輪郭マッチング」で不具合が発生した場合は、プロパティのターゲット選択ボタンをクリックして、対象となるアプリケーションウィンドウを再度指定してみると不具合が直ることが多いため、他に問い合わせる前に一度試して見ることをお勧めします。

なお本シナリオをカスタマイズされる場合は、ウィンドウ識別ルールの集約を実施されることを推奨します（詳細は2-4-4の❷ウィンドウ識別エラーが起こる事例と対策(1)参照）。

①シナリオの目的

今回のシナリオは、経営コンサルタントの方が、顧客の会社の経営情報、支店別の販売状況などを社内でプレゼンするための資料を作成することを想定して作成しました。

Excelに作成した会社の経営情報、支店別の販売状況、あるいは、科学分野での各種データの時系列変化データなどを、PowerPointプレゼン資料の指定位置に、指定サイズの指定フォントで連続で自動貼付けできれば、直接PowerPointプレゼン資料に数字や文字列を手入力で書込むよりも、フォントやフォントサイズが整ったきれいなレポートが簡単に作成できます。

経営コンサルタント以外の方が、業務で定期的にPowerPointプレゼン資料を作成する場合でも、本節の内容を読めば、簡単に美しいレポートを作成することができます。ぜひマスターしてください。

COLUMN

このシナリオには「ウィンドウ状態待機」などウィンドウ識別名を指定しているノードが幾つかあります。これらのノードは時間の経過とともに不安定になることがあるため、久しぶりに動かして止まった場合は、これらのノードでターゲット選択ボタンで再度ターゲットウィンドウをキャプチャ後、ウィンドウ識別ルールの集約をしてみてください。

②シナリオの概要

　WinActorでPowerPointプレゼン資料を自動作成するための、サンプルシナリオ"PowerPointプレゼン資料作成(livegap).ums7"の概要を説明します。

　"PowerPointプレゼン資料作成(livegap).ums7"は、経営コンサルティング会社A社の顧客企業4社(A物産株式会社、B自動車、C総合病院、Dスポーツセンター)の経営状況を現す3種類のグラフをプレゼン資料ファイル(livegap).pptmに順番に貼っていくシナリオです。

　グラフの種類や、顧客名、調査年月、プレゼン資料名およびグラフを作成するためのデータはExcelファイルにあります。シナリオはこれらのデータをExcelファイルから読み取って、下記のサイトでグラフを作成後、自動でPowerPointプレゼン資料にグラフを貼っていきます。ただグラフをPowerPointプレゼン資料に貼るだけではなく、貼った後のグラフ拡大やグラフの配置調整まで自動でやってくれるので便利です。

- グラフ作成サイト(livegap)

https://charts.livegap.com/?lan=ja#TypesofCharts

※2024年10月現在このサイトはアカウントを作成しなくても無料でグラフを作成できます。ただし無料版だと作成するグラフに"Made with Livegap Charts"というウォーターマークが入ります。ウォーターマークが気になる方は有料版にアップグレードして使ってください。または他にも無料のグラフ作成サイトが幾つかありますので、拙書で学んだことを参考に自力でシナリオ開発してみるのも良いかもしれません。

　Excelでもグラフ作成できるため、どうしてグラフ作成サイトを使ってグラフを作成したのかと不思議に思う方がいらっしゃるかもしれません。
　確かにExcelでもグラフ作成できますが、シナリオでExcelでグラフを作成して、そのグラフをPowerPointに転記すると、クリック数が多くなりますし、XPathが使えないためエミュレーションか輪郭マッチングを多用することになりそうです。そうするとシナリオが不安定になりそうだったので、シンプルな作りで安定動作するシナリオが手早く作れそうな、グラフ作成サイトを利用することにしました。

　グラフを作成するためのExcelフォーマットと、最終的に完成したPowerPointプレゼン資料のイメージは下記のとおりです。

4-3 Microsoft365と連携するシナリオの作成

■ 図4-3-2-1：転記ファイル

■ 図4-3-2-2：完成したレポートファイル

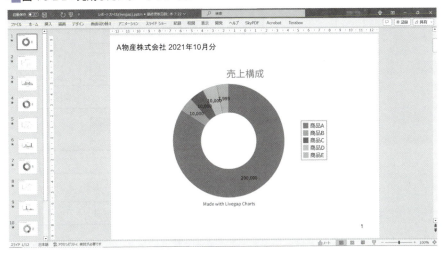

メインシナリオ全体フローチャートは下図のようになります。

図4-3-2-3：メインシナリオ全体フローチャート

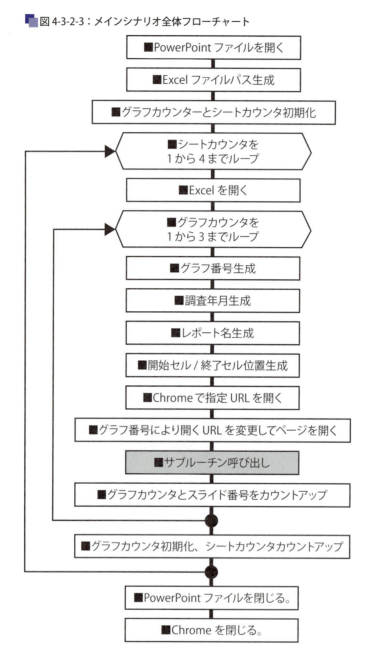

サブルーチンフローチャートは下記のとおりです。

サブルーチンでは、PowerPointプレゼン資料毎に、ExcelからPowerPointプレゼン資料に文字列転記を行ったあと、Webページでグラフを作成後、PowerPointに貼り、グラフの配置調整および拡大を行ったあと、スライド改ページを行います。

4-3 Microsoft365と連携するシナリオの作成

■図4-3-2-4：サブルーチンフローチャート

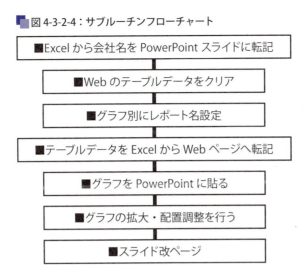

上図をさらに詳細化したフローチャートに解説を加えると下記のようになります。

■図4-3-2-5：メインシナリオを詳細化したフローチャート

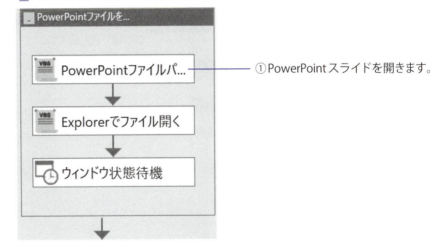

①PowerPointスライドを開きます。

Chapter04 Case Study

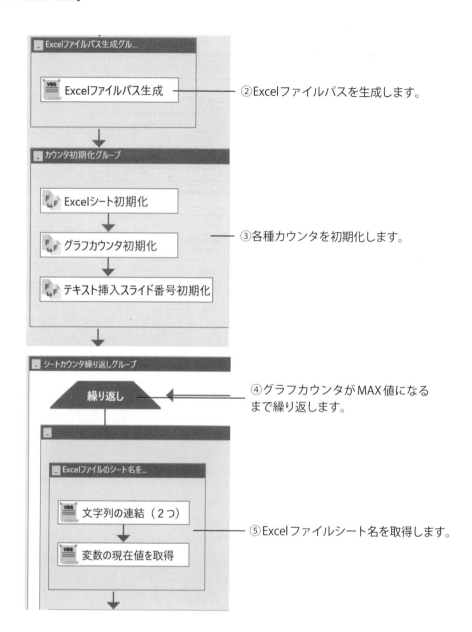

4-3 Microsoft365と連携するシナリオの作成

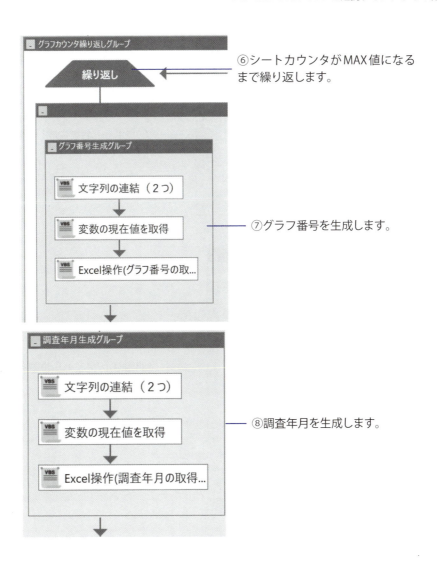

Chapter04 Case Study

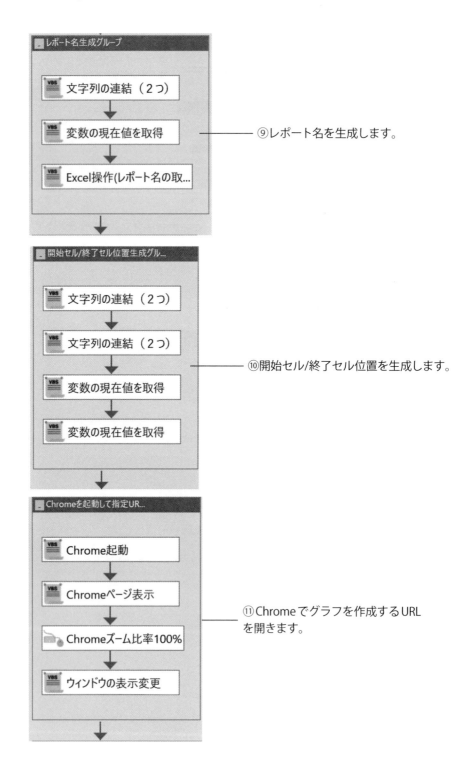

4-3 Microsoft365 と連携するシナリオの作成

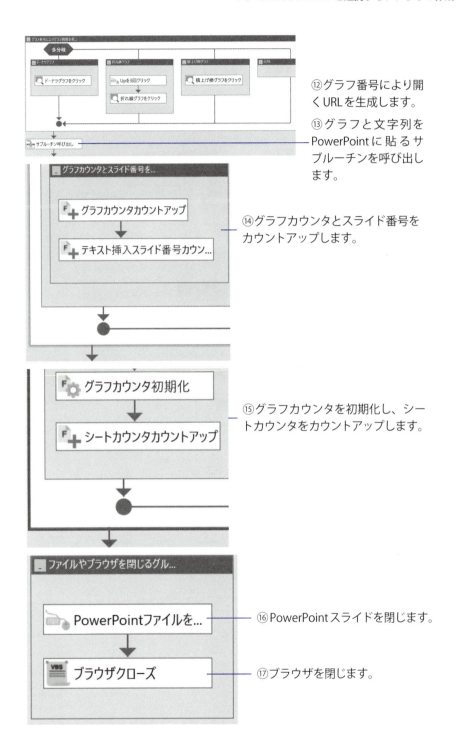

⑫グラフ番号により開くURLを生成します。

⑬グラフと文字列をPowerPointに貼るサブルーチンを呼び出します。

⑭グラフカウンタとスライド番号をカウントアップします。

⑮グラフカウンタを初期化し、シートカウンタをカウントアップします。

⑯PowerPointスライドを閉じます。

⑰ブラウザを閉じます。

Chapter04　Case Study

グラフと文字列をPowerPointに貼るサブルーチンです。

■図4-3-2-6：サブルーチンを詳細化したフローチャート

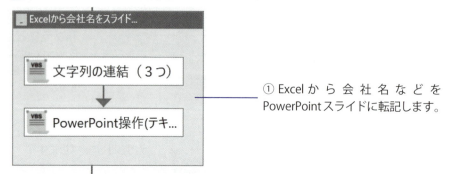

① Excelから会社名などをPowerPointスライドに転記します。

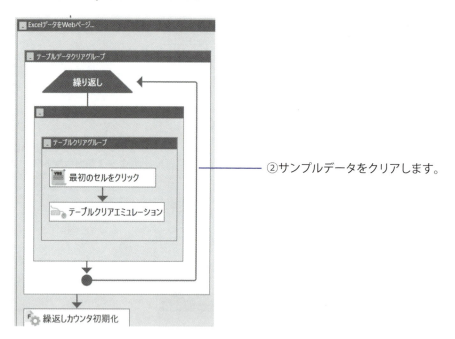

②サンプルデータをクリアします。

4-3 Microsoft365と連携するシナリオの作成

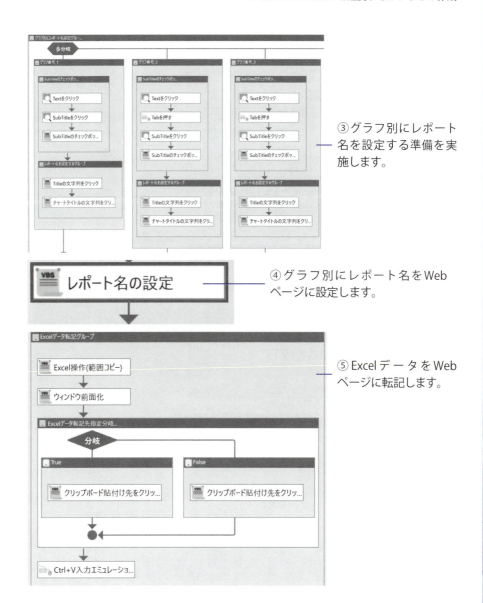

③グラフ別にレポート名を設定する準備を実施します。

④グラフ別にレポート名をWebページに設定します。

⑤ExcelデータをWebページに転記します。

Chapter04 Case Study

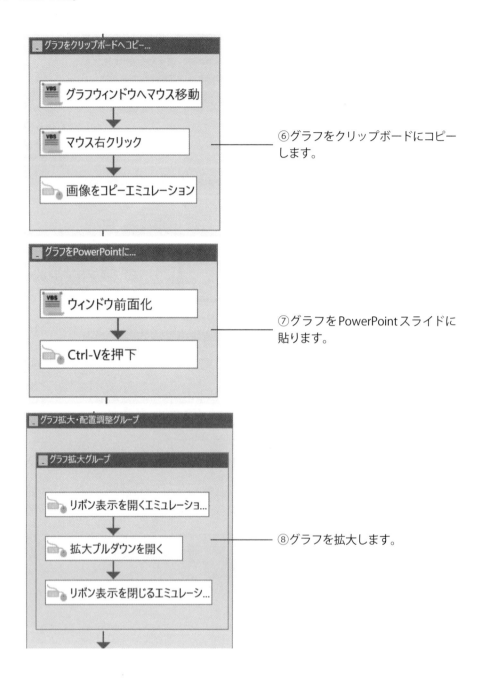

⑥グラフをクリップボードにコピーします。

⑦グラフをPowerPointスライドに貼ります。

⑧グラフを拡大します。

4-3 Microsoft365と連携するシナリオの作成

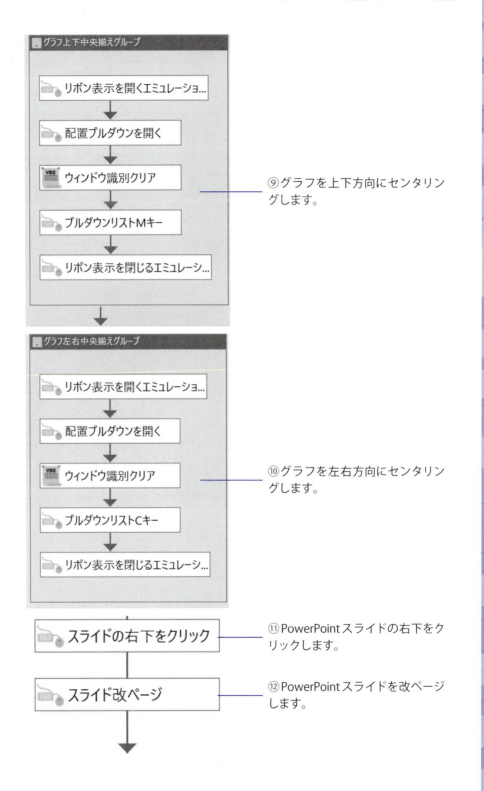

⑨グラフを上下方向にセンタリングします。

⑩グラフを左右方向にセンタリングします。

⑪PowerPointスライドの右下をクリックします。

⑫PowerPointスライドを改ページします。

Chapter04　Case Study

③シナリオ・ノードのプロパティ解説

最初に変数一覧をお見せします。

■ 図 4-3-2-7：変数一覧

グループ名	変数名	現在値	初期化しない	初期値	マスク	コメント
	PowerPoint_FILE_NAME		☐	レポートファイル(livegap).pptm	☐	
	PowerPoint_FILE_PATH		☐		☐	
	半角スペース		☐		☐	
	マッチ状態		☐		☐	
	テキスト挿入スライド開始ページ		☐	1	☐	
	グラフカウンタ初期値		☐	1	☐	
	シートカウンタ初期値		☐	1	☐	
	シートカウンタMAX		☐	4	☐	
	グラフカウンタMAX		☐	3	☐	
	グラフ番号_1		☐	1	☐	ドーナツグラフ
	グラフ番号_2		☐	2	☐	折れ線グラフ
	グラフ番号_3		☐	3	☐	積上げ棒グラフ
	グラフ番号		☐		☐	
	グラフカウンタ		☐		☐	
	グラフ番号セル位置_1		☐	A2	☐	
	グラフ番号セル位置_2		☐	A11	☐	
	グラフ番号セル位置_3		☐	A21	☐	
	グラフ番号セル位置		☐		☐	
	繰返しカウンタ		☐	1	☐	
	繰返しカウンタMAX		☐	3	☐	
	シート名_1		☐	A物産株式会社	☐	
	シート名_2		☐	B自動車	☐	
	シート名_3		☐	C総合病院	☐	
	シート名_4		☐	Dスポーツセンター	☐	
	テキスト挿入スライド番号		☐		☐	
	取得結果		☐		☐	
	Excel_FILE_NAME		☐	転記ファイル(livegap).xlsx	☐	
	Excel_FILE_PATH		☐		☐	
	シート名		☐		☐	

グループ名	変数名	現在値	初期化しない	初期値	マスク	コメント
	シートカウンタ		☐		☐	
	調査年月セル位置_1		☐	B2	☐	
	調査年月セル位置_2		☐	B11	☐	
	調査年月セル位置_3		☐	B21	☐	
	調査年月セル位置		☐		☐	
	調査年月		☐		☐	
	レポート名セル位置_1		☐	C2	☐	
	レポート名セル位置_2		☐	C11	☐	
	レポート名セル位置_3		☐	C21	☐	
	レポート名セル位置		☐		☐	
	レポート名		☐		☐	
	開始セル位置_1		☐	D2	☐	
	開始セル位置_2		☐	D11	☐	
	開始セル位置_3		☐	D21	☐	
	開始セル位置		☐		☐	
	終了セル位置_1		☐	H3	☐	
	終了セル位置_2		☐	I12	☐	
	終了セル位置_3		☐	L24	☐	
	終了セル位置		☐		☐	
	開始URL		☐	https://charts.livegap.com/?lan=ja#TypesofCharts	☐	
	URL_1		☐	https://charts.livegap.com/app.php?lan=ja&gallery=doughnut	☐	ドーナツグラフ
	URL_2		☐	https://charts.livegap.com/app.php?lan=ja&gallery=line	☐	折れ線グラフ
	URL_3		☐	https://charts.livegap.com/app.php?lan=ja&gallery=stackedBar	☐	積上げ棒グラフ
	URL		☐		☐	
	グラフウィンドウマウス位置		☐	519,484	☐	
	テキスト挿入位置		☐	11,20,300,100	☐	
	連結文字列		☐		☐	

● PowerPointファイルを開く

最初にPowerPointファイルを開きます。繰り返し使う処理なので、過去に作成したシナリオのものをコピーして使うか、ライブラリパレットに同じものを登録していればそこからコピーして使いましょう。

ここでは、最初にPowerPointファイルパスを生成する際に、シナリオフォルダからの絶対パスで指定しました。

現行のWinActor(Excelに関してはv6.2以降とv7全部)では、ファイルパスに「シナリオフォルダからの相対ファイルパス」を指定すればファイルパスを自動的に解決するため、原則として$SCENARIO-FOLDERを使う必要はありません。ただし著者は過去に、他者からもらったExcelのユーザライブラリが絶対パスにしか対応していないケースがあったことから、そのようなトラブルを避けるため、ファイルパスは$SCENARIO-FOLDERを使った絶対パスで定義することを習慣としています。どちらを採用するかは各自の事情に応じて判断をお願いします。

PowerPointファイルパスを作成するため、ライブラリパレットの[07_文字列操作] − [03_連結] − [文字列の連結(3つ)]をフローチャートに配置後、下図囲み部分のとおりプロパティを設定します。WinActor特殊変数$SCENARIO-FOLDER(シナリオフォルダの絶対パスが格納されている)と文字列￥(Windowsのパス区切り文字)と変数 PowerPoint_FILE_NAME(PowerPointファイル名が格納される)を文字列結合してPowerPointファイルパスを生成しています。

図4-3-2-8：PowerPointファイルパスを作成

直前のノードで作成したPowerPointファイルパスでPowerPointファイルを開くため、ライブラリパレットの[13_ファイル関連] − [02_ファイル操作] − [Explorerでファイル開く]を直前に作成したノードの直下に配置後、下図囲み部分のとおりプロパティを設定します。

図4-3-2-9：PowerPointファイルを開く

PowerPointファイルを開き、ウィンドウが表示されるまで待つため、ノードパレットの[アクション]-[ウィンドウ状態待機]を直前に作成したノードの直下に配置後、ターゲット選択ボタン(❶)をクリックして、「レポートファイル(livegap) - PowerPoint」ウィンドウ(❷)を選択し、その他変数を設定します。

[Excel開く(前面化)]以外で、ウィンドウやファイルを開いたら、「ウィンドウ状態待機」で、読み込み待ちをすることも習慣づけてください(下図参照)。ウィンドウやファイルが完全に開いていないにも関わらず、次の処理に進むとエラー発生の原因になります。

■ 図4-3-2-10：ウィンドウが表示されるまで待つ

以上で、3個のノードを並べてPowerPointファイルを開く機能を作成しました。後で見て、この3個のノードが何をしているかわかりやすくするため、この3個のノードに「PowerPointファイルを開く」というグループ名を付けてください。

● Excelファイルパスを生成する

今回のシナリオでは、一度Excelファイルを開いた後は、シート名を次々変えて読み込むため、Excelファイルを開く処理は繰り返し処理の中で実行しますが、Excelファイルパスを生成する処理グループは繰り返す必要がないため、繰り返し処理の前に置きます。

PowerPointファイルパスを生成する際にも説明しましたが、WinActorには$SCENARIO-FOLDERという予め用意された特殊変数があります。特殊変数は通常の変数と同様に、シナリオ内で利用することができますが、同名の変数を別の目的で作成することはできません。特殊変数$SCENARIO-FOLDERをシナリオ内で使うと、ここにシナリオファイルの格納フォルダの絶対パスが自動的に入ります。文字列"¥"はWindowsのパス区切り文字です。

Excelファイルパスを生成するため、ライブラリパレットの[07_文字列操作]-[03_連結]-[文字列の連結(3つ)]を直前に作成したノードの直下に配置後、下図囲み部分のとおりプロパティを設定します。

WinActor特殊変数$SCENARIO-FOLDERと文字列"¥"とExcelファイル名を格納した変数Excel_FILE_PATHを文字列結合して、Excelファイルの絶対パス（フルパスとも言います）を生成できます。ここでも先のPowerPointプレゼン資料同様、シナリオフォルダからの相対パスでExcelファイルパスを生成しています。

■ 図4-3-2-11：Excelファイルパスを生成

以上で、1個のノードでExcelファイルパスを作成する機能を作成しました。他グループとのバランスを考え、このノードに「Excelファイルパス生成」というグループ名を付けてください。

● 各種カウンタを初期化

今回のシナリオでやりたいことは、経営コンサルティング会社A社の顧客企業4社（A物産株式会社、B自動車、C総合病院、Dスポーツセンター）の経営状況を現す3種類のグラフを順番にレポートファイル（livegap）.pptmに作成することです。シナリオ内で処理を順番に進めたい場合、繰り返し構造の中でカウンタを設けると便利です。カウンタの初期値を1だと仮定すると、カウンタ=1の場合、最初の処理を行い、処理が終わったら、カウンタをカウントアップして2にして次の処理を行います。そのままカウンタの値が1ずつカウントアップし、MAX値に到達したら、繰り返し処理が自動的に終了します。

このシナリオの繰り返し構造は、大きなループの中に小さなループがある二重構造になっています。

大きなループの中では、「（Excel）シートカウンタ」が回り、小さなループの中では「グラフカウンタ」が回ります。

A物産株式会社のシート番号=1、B自動車のシート番号=2、C総合病院シート番号=3、Dスポーツセンターシート番号=4とし、シートカウンタを1からMAX値の4まで1ずつカウントアップします。

ドーナツグラフのグラフ番号=1、折れ線グラフのグラフ番号=2、積上げ棒グラフのグラフ番号=3とし、グラフカウンタを1からMAX値の3まで1ずつカウントアップします。

Chapter04　Case Study

これ以外に、ExcelからPowerPointプレゼン資料に文字列を転記するスライド番号を指定する「テキスト挿入スライド開始ページ」というカウンタもあります。

ここでは3つのカウンタをまとめて初期化しています。

変数一覧タブで変数「シートカウンタ初期値」「グラフカウンタ初期値」「テキスト挿入スライド開始ページ」の初期値に"1"を設定してあります。

カウンタの初期値をカウンタにコピーすることにより、初期化を実施しています。このような作りにしておくと、カウンタの初期値を変数一覧で変更することにより、途中からシナリオを実行することが容易になります。

3つのカウンタを初期化するため、ノードパレットの[変数値コピー]を直前に作成したノードの直下に3つ配置した後、下図囲み部分のとおりプロパティを設定します。

■図4-3-2-12：各種カウンタを初期化

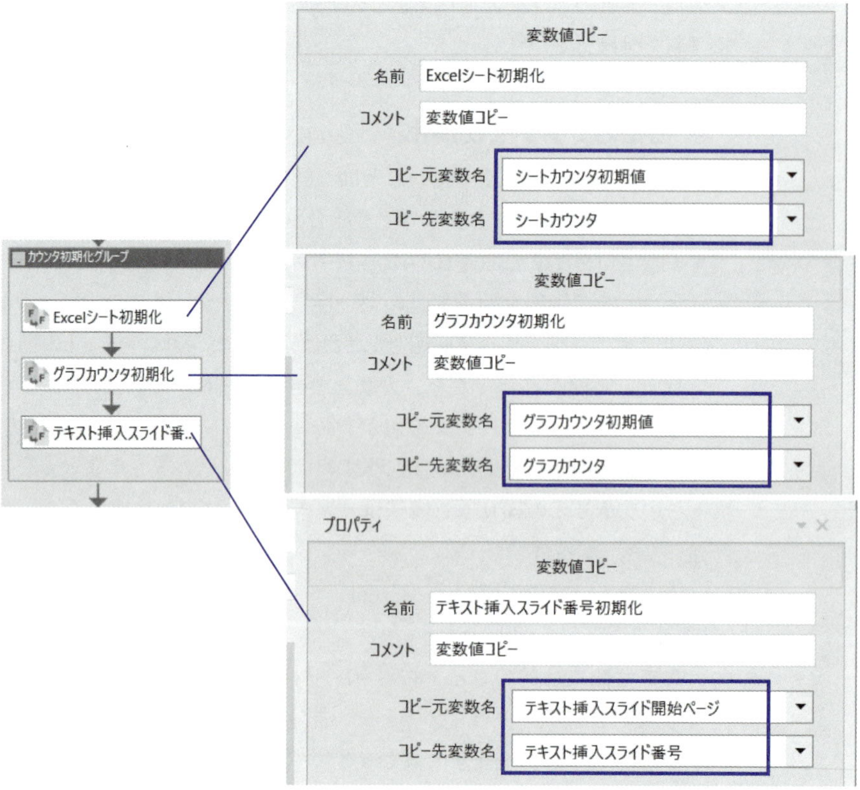

以上で、3個のノードを並べて3個のカウンタを初期化する機能を作成しました。

後で見て、この3個のノードが何をしているかわかりやすくするため、この3個のノードに「カウンタ初期化」というグループ名を付けてください。

● シートカウンタを1から4までループする

次はこのシナリオで最も大きな繰り返し処理に入ります。詳細化したフローチャートで説明したように外側のループで4回シートカウンタを回す間に、内側のループでグラフカウンタを3回回します。これはExcelファイルに4枚のシートがあり、1枚のシートで3種類のグラフを作成するためです。

変数「シートカウンタ」を「シートカウンタMAX」までカウントアップするため、ノードパレットの[繰り返し]を直前に作成したノードの直下に配置後、下図囲み部分のとおりプロパティを設定します。

■図4-3-2-13：変数「シートカウンタ」を「シートカウンタMAX」までカウントアップ

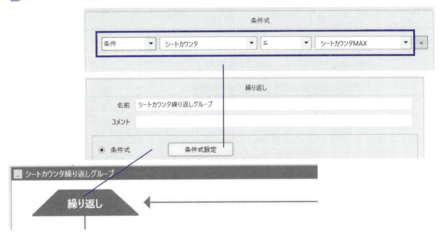

● Excelファイルシート名を取得

ここでは、シート名に通番「シートカウンタ」を追加し、その通番で変数「シート名_1」、「シート名_2」・・・「シート名_4」を順番に読み込んでいます。変数一覧タブで変数「シート名_1」「シート名_2」「シート名_3」「シート名_4」の初期値にそれぞれ"A物産株式会社""B自動車""C総合病院""Dスポーツセンター"を設定しています（下図参照）。

■図4-3-2-14：変数一覧タブ

シート名_1	☐	A物産株式会社
シート名_2	☐	B自動車
シート名_3	☐	C総合病院
シート名_4	☐	Dスポーツセンター

「変数の現在値を取得」ユーザライブラリを使って、変数の中に格納された変数の値を読むのがポイントです。変数に通番を振っておくと、指定変数をシナリオに順番に読み込むことができて何かと便利です。このテクニックはぜひ覚えておきましょう。

Excelで開くシート名を文字列"シート名_"とシートカウンタを連結して作成するため、ライブラリパレットの[07_文字列操作]-[03_連結]-[文字列の連結(2つ)]を直前に作成したノードの直下に配置後、下図囲み部分のとおりプロパティを設定します。

■図4-3-2-15：Excelシート名を作成

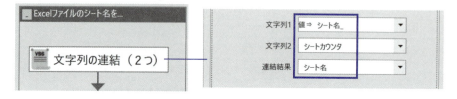

前ノードで作成したシート名を変数シート名にコピーするため、ライブラリパレットの[03_変数]-[03_暗号化復号]-[変数の現在値を取得]を直前に作成したノードの直下に配置後、下図囲み部分のとおりプロパティを設定します。

■図4-3-2-16：シート名を変数シート名にコピー

● グラフカウンタを1から3までループする

変数一覧タブで変数「グラフ番号_1」「グラフ番号_2」「グラフ番号_3」の初期値に

それぞれ"1""2""3"が設定されています。グラフ番号=1はドーナツグラフ、グラフ番号=2は折れ線グラフ、グラフ番号=3は積上げ棒グラフを作成するページに処理が飛ぶように、シナリオ後半でアルゴリズムが作成されているため、変数「グラフ番号」と変数「グラフ番号_1」の値を比較することにより、ドーナツグラフや折れ線グラフを作成する処理にシナリオの処理を移行させることができます。

変数一覧タブで変数「グラフ番号セル位置_1」「グラフ番号セル位置_2」「グラフ番号セル位置_3」の初期値にそれぞれ"A2""A11""A21"を設定します。各セル位置に作成したいグラフの種類が"1""2""3"のいずれかで作成されています。

図 4-3-2-17：変数一覧タブ

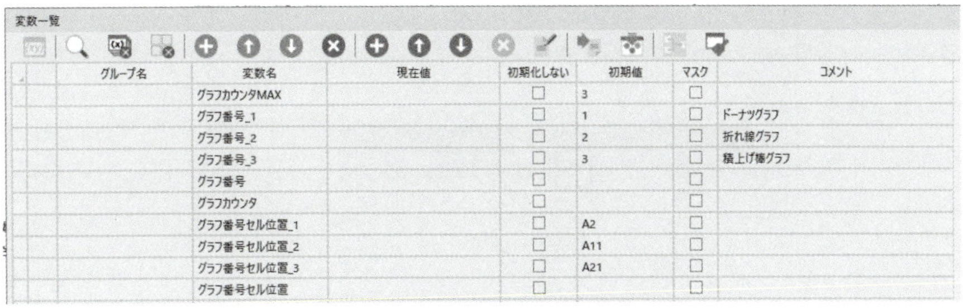
変数一覧

グループ名	変数名	現在値	初期化しない	初期値	マスク	コメント
	グラフカウンタMAX		☐	3	☐	
	グラフ番号_1		☐	1	☐	ドーナツグラフ
	グラフ番号_2		☐	2	☐	折れ線グラフ
	グラフ番号_3		☐	3	☐	積上げ棒グラフ
	グラフ番号		☐		☐	
	グラフカウンタ		☐		☐	
	グラフ番号セル位置_1		☐	A2	☐	
	グラフ番号セル位置_2		☐	A11	☐	
	グラフ番号セル位置_3		☐	A21	☐	
	グラフ番号セル位置		☐		☐	

Excelシート内のA2、A11、A21のセルにそれぞれグラフ番号1、2、3が入っています(下図囲み部分参照)。

■ 図 4-3-2-18：転記ファイル

グラフ番号=1はドーナツグラフ、グラフ番号=2は折れ線グラフ、グラフ番号=3は積上げ棒グラフを作成するページに処理が飛ぶように、シナリオ後半でアルゴリズムが作成されています。

変数「グラフカウンタ」を「グラフカウンタMAX」までカウントアップするため、ノードパレットの［繰り返し］を直前に作成したノードの直下に配置後、下図囲み部分のとおりプロパティを設定します。

■ 図 4-3-2-19：変数「グラフカウンタ」を「グラフカウンタMAX」までカウントアップ

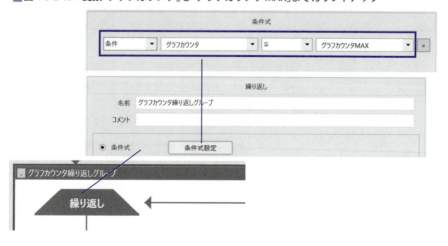

4-3 Microsoft365と連携するシナリオの作成

● グラフ番号を生成する

変数「グラフ番号セル位置_1」「グラフ番号セル位置_2」「グラフ番号セル位置_3」の値を順番に変数「グラフ番号セル位置」に取得し、[変数の現在値を取得]を使って、変数の中に格納された変数の値を読み、変数「グラフ番号」にグラフ種別を読み取り、後工程でグラフを作成する準備をしています。

変数「グラフ番号セル位置」の値を文字列"グラフ番号セル位置_"と変数「グラフカウンタ」を連結して作成するため、ライブラリパレットの[07_文字列操作]－[03_連結]－[文字列の連結(2つ)]を直前に作成したノードの直下に配置後、下図囲み部分のとおりプロパティを設定します。

■ 図4-3-2-20：変数「グラフ番号セル位置」の値を作成

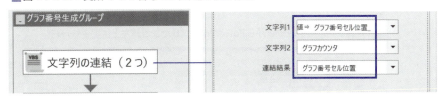

前ノードで作成した変数「グラフ番号セル位置」の値を変数「グラフ番号セル位置」にコピーするため、ライブラリパレットの[03_変数]－[03_暗号化復号]－[変数の現在値を取得]を直前に作成したノードの直下に配置後、下図囲み部分のとおりプロパティを設定します。

> ※変数名の末尾に通番を振って、通番の順序通りにシナリオが変数の値を読み込んでいくテクニックの1つです。「2-2-2 通し番号順にデータを読み取る」の末尾に、通番を振って通番の順序通りにシナリオが変数の値を読み込んでいく方法の解説がしてあるので、同じ名前の変数に変数値をコピーしている理由が分からない場合はそこをお読みください。

■ 図4-3-2-21：変数「グラフ番号セル位置」の値を変数「グラフ番号セル位置」にコピー

転記ファイル(livegap).xlsxの指定シートの変数「グラフ番号セル位置」に取得されたセル位置の値を変数「グラフ番号」に取得するため、ライブラリパレットの[18_Excel関連]－[12_書式]－[Excel操作(値の取得)]を直前に作成したノードの直下に配置後、下図囲み部分のとおりプロパティを設定します。

■ 図4-3-2-22：セル位置の値を変数「グラフ番号」に取得

● 調査年月を生成する

次は調査年月生成過程グループです。調査年月は、最終的に、ExcelからPowerPointプレゼン資料左上に転記されますが、（下図参照）ここではその準備をするために、Excelから調査年月を変数に読み込みます。

■ 図4-3-2-23：ExcelからPowerPointプレゼン資料左上に調査年月転記

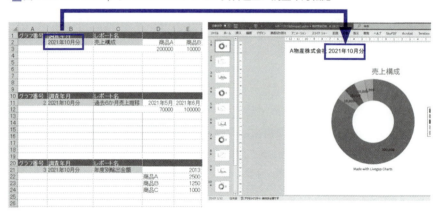

変数一覧タブで変数「調査年月セル位置_1」「調査年月セル位置_2」「調査年月セル位置_3」の初期値にそれぞれ"B2""B11""B21"が設定されています。

■ 図4-3-2-24：変数一覧タブ

調査年月セル位置_1		☐	B2
調査年月セル位置_2		☐	B11
調査年月セル位置_3		☐	B21
調査年月セル位置		☐	

「調査年月セル位置_1」「調査年月セル位置_2」「調査年月セル位置_3」を順番に変

数「調査年月セル位置」に読み取り、「変数の現在値を取得」ライブラリを使って、変数の中に格納された変数の値を読み、変数「調査年月セル位置」に調査年月セル位置を取得し、後工程で調査年月をPowerPointプレゼン資料に貼る準備をしています。

変数「調査年月セル位置」の値を文字列"調査年月セル位置_"と変数「グラフカウンタ」を連結して作成するため、ライブラリパレットの[07_文字列操作]-[03_連結]-[文字列の連結(2つ)]を直前に作成したノードの直下に配置後、下図囲み部分のとおりプロパティを設定します。

■ 図4-3-2-25：変数「調査年月セル位置」の値を作成

前ノードで作成した変数「調査年月セル位置」の値を変数「調査年月セル位置」にコピーするため、ライブラリパレットの[03_変数]-[03_暗号化復号]-[変数の現在値を取得]を直前に作成したノードの直下に配置後、下図囲み部分のとおりプロパティを設定します。

■ 図4-3-2-26：変数「調査年月セル位置」の値を変数「調査年月セル位置」にコピー

転記ファイル(livegap).xlsxの指定シートの変数「調査年月セル位置」に取得されたセル位置の値を変数「調査年月」に取得するため、ライブラリパレットの[18_Excel関連]-[01_ファイル操作]-[Excel開く(前面化)]を直前に作成したノードの直下に配置後、下図囲み部分のとおりプロパティを設定します。

■ 図4-3-2-27：変数「調査年月セル位置」に取得されたセル位置の値を変数「調査年月」に取得

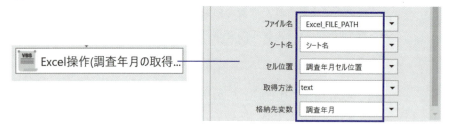

● レポート名を生成する

次はレポート名生成グループを見ていきます。

レポート名は、最終的に、ExcelからPowerPointプレゼン資料左上に転記されますが、（下図参照）ここではその準備をするために、Excelからレポート名を変数に読み込みます。

■ 図4-3-2-28：ExcelからPowerPointプレゼン資料左上にレポート名転記

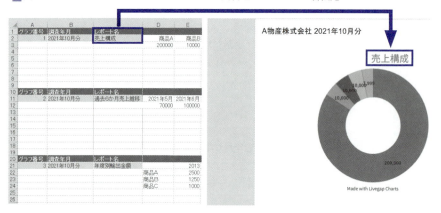

変数一覧タブで変数「レポート名セル位置_1」「レポート名セル位置_2」「レポート名セル位置_3」の初期値にそれぞれ"C2""C11""C21"を設定してあります。

■ 図4-3-2-29：変数一覧タブ

レポート名セル位置_1	☐	C2
レポート名セル位置_2	☐	C11
レポート名セル位置_3	☐	C21
レポート名セル位置	☐	

　変数「レポート名セル位置_1」「レポート名セル位置_2」「レポート名セル位置_3」を順番に変数「レポート名セル位置」に取得し、[変数の現在値を取得]を使って、変数の中に格納された変数の値を読み、変数「レポート名セル位置」にレポート名セル位置を読み取り、後工程でレポート名をPowerPointプレゼン資料に貼る準備をしています。

　変数「レポート名セル位置」の値を文字列"レポート名セル位置_"と変数「グラフカウンタ」を連結して作成するため、ライブラリパレットの[文字列の連結（2つ）]を直前に作成したノードの直下に配置後、下図囲み部分のとおりプロパティを設定します。

■ 図4-3-2-30：変数「レポート名セル位置」の値を作成

　前ノードで作成した変数「レポート名セル位置」の値を変数「レポート名セル位置」にコピーするため、ライブラリパレットの[変数の現在値を取得]を直前に作成したノードの直下に配置後、下図囲み部分のとおりプロパティを設定します。

■ 図4-3-2-31：変数「レポート名セル位置」の値を変数「レポート名セル位置」にコピー）

転記ファイル（livegap）.xlsxの指定シートの変数「レポート名セル位置」に取得されたセル位置の値を変数「レポート名」に取得するため、ライブラリパレットの[Excel開く（前面化）]を直前に作成したノードの直下に配置後、下図囲み部分のとおりプロパティを設定します。

■図4-3-2-32：変数「レポート名セル位置」に取得されたセル位置の値を変数「レポート名」に取得

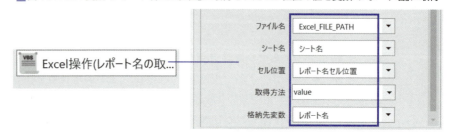

● 開始／終了セル位置を生成する

次は開始セル位置、終了セル位置生成グループを見ていきます。

変数「開始セル位置」と変数「終了セル位置」は、livegap.comサイトに転記するグラフ作成データの範囲を示します。具体例で説明しましょう。

変数「開始セル位置_1」の初期値は"D2"、変数「終了セル位置_1」の初期値は"H3"です。このシナリオでは、変数「開始セル位置_1」「終了セル位置_1」をそれぞれ変数「開始セル位置」「終了セル位置」にコピーし、[Excel操作（範囲コピー）]のプロパティに変数「開始セル位置」「終了セル位置」を設定して、転記ファイル（livegap）.xlsxのD2:H3の範囲をlivegap.comサイトに転記してグラフを作成しています（下図参照）。

■図4-3-2-33：グラフ作成用データをlivegap.comサイトに転記

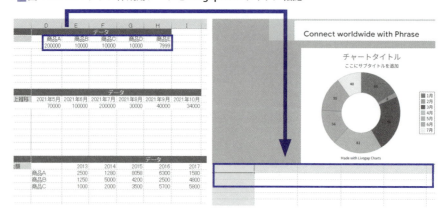

図4-3-2-34:変数一覧タブ

開始セル位置_1	☐	D2
開始セル位置_2	☐	D11
開始セル位置_3	☐	D21
開始セル位置	☐	
終了セル位置_1	☐	H3
終了セル位置_2	☐	I12
終了セル位置_3	☐	L24
終了セル位置	☐	

他のグラフも同様のアルゴリズムで作成します。

変数「開始セル位置」の値を文字列"開始セル位置_"と変数「グラフカウンタ」を連結して作成するため、ライブラリパレットの[文字列の連結(2つ)]を直前に作成したノードの直下に配置後、下図囲み部分のとおりプロパティを設定します。

図4-3-2-35:変数「開始セル位置」の値を作成

変数「終了セル位置」の値を文字列"終了セル位置_"と変数「グラフカウンタ」を連結して作成するため、ライブラリパレットの[文字列の連結(2つ)]を直前に作成したノードの直下に配置後、のとおりプロパティを設定します。

図4-3-2-36:変数「終了セル位置」の値を作成

2つ前のノードで作成した変数「開始セル位置」の値を変数「開始セル位置」にコピーするため、ライブラリパレットの[変数の現在値を取得]を直前に作成したノー

ドの直下に配置後、のとおりプロパティを設定します。

■図4-3-2-37：変数「開始セル位置」の値を変数「開始セル位置」にコピー

2つ前のノードで作成した変数「終了セル位置」の値を変数「終了セル位置」にコピーするため、ライブラリパレットの[変数の現在値を取得]を直前に作成したノードの直下に配置後、のとおりプロパティを設定します。

■図4-3-2-38：変数「終了セル位置」の値を変数「終了セル位置」にコピー

● Chromeを起動して指定URLを開く

次はChromeを起動し、グラフ作成サイトであるlivegap.comサイトを開く処理です。

Chromeを起動して指定URLを開くグループの作成方法は、「Chapter 02 シナリオ作成基本知識編 2-3-4Chromeの起動」で説明をしましたので、ここでは、ノードのプロパティのみを掲示します。

Chromeを起動して指定URLを開くグループはシナリオ作成でよく使うため、ユーザライブラリに登録して、必要な際は、ライブラリパレットからフローチャート編集エリアに配置して使うことを推奨します。Chromeを起動して指定URLを開くグループをライブラリパレットからフローチャート編集エリアに配置後、(❶)にURL https://charts.livegap.com/?lan=ja#TypesofCharts を転記し、ターゲット選択ボタン(❷)をクリックして、「オンラインチャート＆グラフメーカー |LiveGap-GoogleChrome」ウィンドウを選択すればシナリオが動くと思います。

■図4-3-2-39：Chromeを起動して指定URLを開く

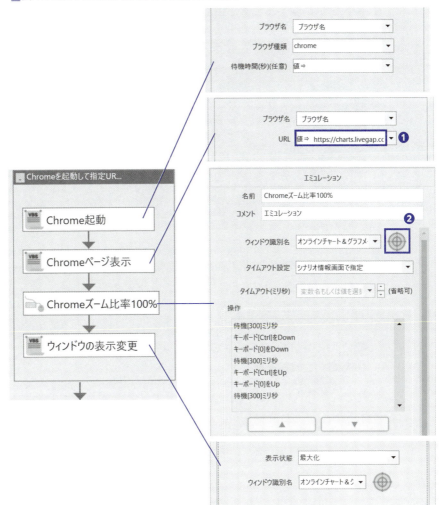

● グラフ選択画面で指定グラフの画像をクリックする

次は、グラフ選択画面で指定グラフの画像をクリックする処理です。グラフ番号=1はドーナツグラフ、グラフ番号=2は折れ線グラフ、グラフ番号=3は積上げ棒グラフを作成するページに処理が飛ぶようなアルゴリズムがシナリオ前半で作成されています。ここでは、そのグラフ番号を見て該当グラフのボタンを[輪郭マッチング]を使ってクリックします。

■図 4-3-2-40：グラフ選択画面

　変数「グラフ番号」の値に従って、該当グラフの処理に振り分けるために、ノードパレットの[多分岐]を直前に作成したノードの直下に配置後、囲み部分のとおりプロパティを設定します。

■図 4-3-2-41：[多分岐]ノードの設定

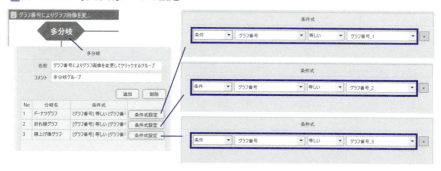

　Web上のドーナツグラフの画像をクリックするために、ノードパレットの[輪郭マッチング]を直前に作成したノードの直下に配置後、下図のとおりプロパティを設定します。経験上、マッチング画像は画像ではなく、文字列を指定するとマッチしやすいようです。

　3つのグラフの[輪郭マッチング]ノードのプロパティ設定はほぼ同じなので、代表してグラフ番号1のドーナツグラフの「輪郭マッチング」ノードのプロパティの事例を(❶)に掲載します。

4-3 Microsoft365と連携するシナリオの作成

なお、(❷)で折れ線グラフの画像をWebページに表示させるため、ライブラリパレットの[エミュレーション]を使用してUpキーを3回押しています。

■ 図4-3-2-42：輪郭マッチング

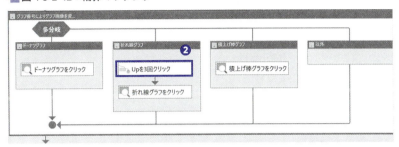

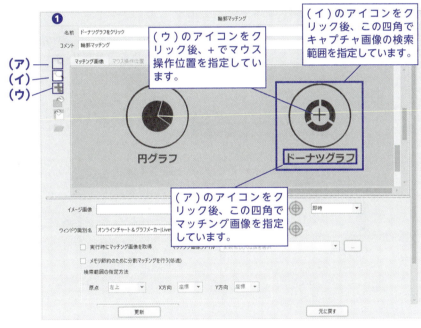

ここで、直前の[エミュレーション]を使用して上矢印キーを3回押したノードのプロパティを解説します。

ターゲット選択ボタン（図4-3-2-43❶）で「オンラインチャート＆グラフメーカー|LiveGap-GoogleChrome」を選択（※）したあと、その後操作欄に、

- 待機[300]ミリ秒
- キーボード[Up]をDown

Chapter04　Case Study

- キーボード [Up] を Up
- 待機 [300] ミリ秒
- キーボード [Up] を Down
- キーボード [Up] を Up
- 待機 [300] ミリ秒
- キーボード [Up] を Down
- キーボード [Up] を Up
- 待機 [300] ミリ秒

と追記します（❷）。

■ 図 4-3-2-43：Up キーを 3 回クリック

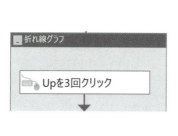
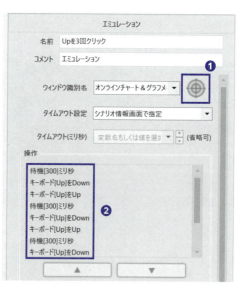

● グラフと文字を PowerPoint に貼るサブルーチンを呼び出す

　グラフと文字を PowerPoint に貼るサブルーチンを呼び出すため、ノードパレットの[サブルーチン呼び出し]を直前に作成したノードの直下に配置後、下図囲み部分のとおりプロパティを設定します。

図4-3-2-44：グラフと文字をPowerPointに貼るサブルーチンを呼び出す

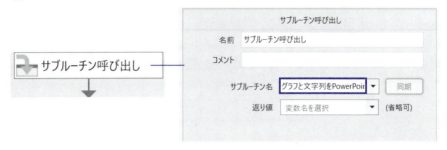

● Excelから会社名等をPowerPointプレゼン資料に転記する

ここから、グラフと文字をPowerPointに貼るサブルーチンの説明に入ります。

サブルーチンをメインタブの中に作成すると、わかりにくくなるので、新規タブを作成し、その中にサブルーチンを作成します。具体的には、メインタブの右の＋をクリックして、「グラフと文字列をPowerPointプレゼン資料に貼付け」と入力します。

図4-3-2-45：新規タブを追加

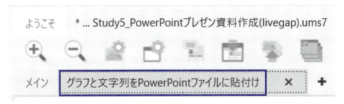

まず、Excelから会社名と調査年月をPowerPointプレゼン資料に転記するグループを説明します。

会社名と調査年月を文字列連結するために、ライブラリパレットの[07_文字列操作]-[03_文字列連結]-[文字列の連結(3つ)]を先程作成した「グラフと文字列をPowerPointプレゼン資料に貼付け」タブに配置後、下図囲み部分のとおりプロパティを設定します。

図4-3-2-46：会社名と調査年月を文字列連結

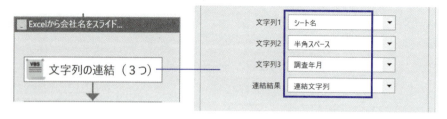

　Excelから会社名と調査年月をPowerPointプレゼン資料に挿入するために、ライブラリパレットの[21_PowerPoint関連]－[PowerPoint操作(テキスト挿入)]を改造して、独自ライブラリ[PowerPoint操作(テキスト挿入)フォントサイズ、フォント指定]を作成します。独自ライブラリ[PowerPoint操作(テキスト挿入)フォントサイズ、フォント指定]を作成する場合は、ライブラリパレットの[21_PowerPoint関連]－[PowerPoint操作(テキスト挿入)]を「グラフと文字列をPowerPointプレゼン資料に貼付け」タブに配置後、スクリプトタブの最下行を削除後、下記の8行を追記してください。設定が不要な場合は行をコメントアウト(行の先頭に"'"を付与)してください。

```
Set text = targetPptObj.Slides(num_slide).Shapes.AddTextbox(1,x, y, w, h)
 text.TextFrame.TextRange.Text = str_text
 text.TextFrame.WordWrap = False
 'text.TextFrame.TextRange.ParagraphFormat.Alignment = 2
 text.TextFrame.TextRange.Font.NameFarEast = "MS Ｐゴシック"
 text.TextFrame.TextRange.Font.Name = "Arial"
 text.TextFrame.TextRange.Font.Size = 20
 'text.TextFrame.TextRange.Font.Color = RGB(200,0,0)
```

　独自ライブラリ[PowerPoint操作(テキスト挿入)フォントサイズ、フォント指定]を直前に作成したノードの直下に配置後、下図囲み部分のとおりプロパティを設定します。

図4-3-2-47：独自ライブラリ[PowerPoint操作(テキスト挿入)フォントサイズ、フォント指定]の設定

独自ライブラリ[PowerPoint操作（テキスト挿入）フォントサイズ、フォント指定]の変数「テキスト挿入位置」の初期値は変数一覧タブで設定する必要がありますが、それについては、次の目で解説します。

● 独自ライブラリ[PowerPoint操作（テキスト挿入）フォントサイズ、フォント指定]のプロパティについて

独自ライブラリ[PowerPoint操作（テキスト挿入）フォントサイズ、フォント指定]につき、2点補足説明します。1点目はテキスト挿入位置の指定方法です。

挿入位置は、4個の数値x,y,w,hを","で区切って入力します（下図囲み部分変数名「テキスト挿入位置」の初期値）。
テキストフレームのサイズと位置をピクセル単位で指定するとお考えください。

図 4-3-2-48：テキスト挿入位置の指定方法

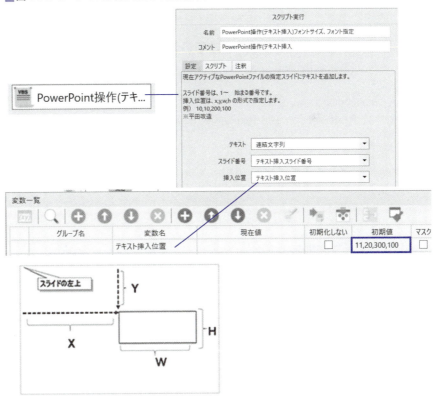

2点目はテキスト属性値の指定方法です。

独自ライブラリ［PowerPoint操作（テキスト挿入）フォントサイズ、フォント指定］は、［PowerPoint操作（テキスト挿入）］ユーザライブラリを改造して作成しました。

［PowerPoint操作（テキスト挿入）］ユーザライブラリは、指定スライド番号の指定位置に指定テキストを挿入するだけの機能を有しますが、独自ライブラリ［PowerPoint操作（テキスト挿入）フォントサイズ、フォント指定］は、これにテキストフレーム内でのテキスト折返しなし、テキストフレーム内でのセンタリング、フォントの種類、フォントサイズ、色などの属性値を指定できる機能を追加しました。以下具体的に説明します。

（ア）テキストフレーム内でのテキスト折返し有無について

なし	text.TextFrame.WordWrap = False
有り	text.TextFrame.WordWrap = True

（イ）テキストフレーム内でのテキスト配置について

中央揃え	text.TextFrame.TextRange.ParagraphFormat.Alignment = 2
左揃え	text.TextFrame.TextRange.ParagraphFormat.Alignment = 1
右揃え	text.TextFrame.TextRange.ParagraphFormat.Alignment = 3

（ウ）フォントの種類について

フォントの種類は、英数字用のフォントと日本語用のフォントでスクリプトの設定が異なります。

英数字用のフォント

```
text.TextFrame.TextRange.Font.Name = "Arial"
```

日本語用のフォント

```
text.TextFrame.TextRange.Font.NameFarEast = "MS Pゴシック"
```

（エ）フォントの大きさについて

下記のようなコードでフォントの大きさを指定します。単位はpt（ポイント）です。

```
text.TextFrame.TextRange.Font.Size = 20
```

4-3 Microsoft365と連携するシナリオの作成

（オ）フォントの色について

フォントの色の指定はRGB(red,green,blue)で行います。
何も色を指定しないと黒になります。

red,green,blueの値を0から255の間の整数で指定することで色を表現します。

```
text.TextFrame.TextRange.Font.Color = RGB(red,green,blue)
```

フォントの色について詳しく知りたい方はこちらを参照してください。

- ブログ「インストールレスプログラミング(´ｰ`)」2017年1月5日エントリ「色のこと。」
http://chemiphys.hateblo.jp/entry/2017/01/05/230500

● サンプルデータをクリアする

　ここから、ExcelデータをWebページに貼る処理を説明します。最初にWebページ上のサンプルデータをクリアします。シナリオをここまで実行すると下記の画面が出ると思います。テーブルに書いてあるサンプルデータ（下図の囲み部分）はグラフ作成の邪魔になるためクリアします。

■図4-3-2-49：テーブルに書いてあるサンプルデータ

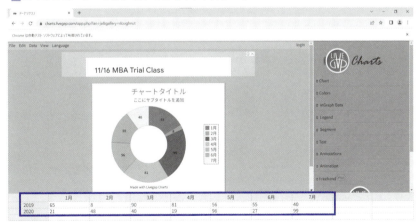

　繰返しカウンタ[初期値1]を繰返しカウンタMAX[初期値3]になるまでカウントアップするため、ノードパレットの[繰り返し]を直前に作成したノードの直下に配

置後、下図囲み部分のとおりプロパティを設定します。なお、ここで繰返しカウンタは3回同じ処理を繰り返すために使用しています。

■ 図4-3-2-50：繰返しカウンタ[初期値1]を繰返しカウンタMAX[初期値3]になるまでカウントアップ

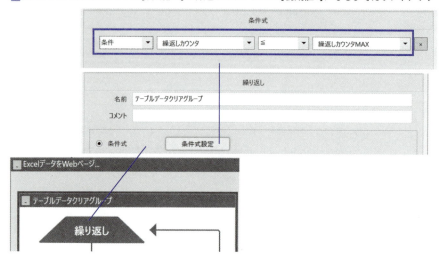

次のノードでサンプルデータが存在するテーブルをクリアしますが、その準備として最初のセル（下図囲み部分）をクリックする必要があります。

■ 図4-3-2-51：最初のセルをクリック

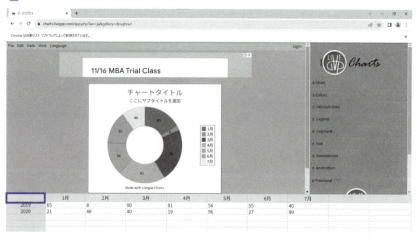

そのために、ライブラリパレットの[クリック]を直前に作成した[繰り返し]ノードの中に配置後、❷のとおりプロパティを設定します。

4-3 Microsoft365と連携するシナリオの作成

次に最初のセルクリック位置のXPathをChromeデベロッパーツールを起動して、「//*[@id="HandsonTableView"]/div[1]/div[1]/div[1]/Table/tbody/tr[1]/td[1]」を取得して下図囲み部分に貼ります。

※Chromeデベロッパーツール操作法およびXPath設定方法は4-2-3で説明しました。

■図4-3-2-52：[クリック]ノードの設定内容

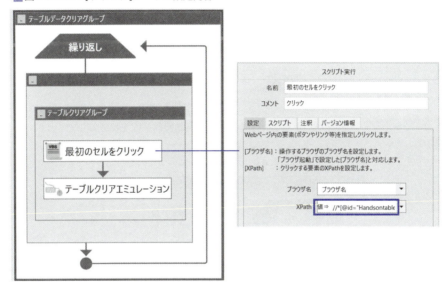

次に、サンプルデータが存在するテーブルをクリアするために、ライブラリパレットの[エミュレーション]を直前に作成したノードの直下に配置後、図4-3-2-53のとおりプロパティを設定します。

具体的には、ターゲット選択ボタン（図4-3-2-53 ❶）で「ドーナツグラフ-GoogleChrome」を選択（※）したあと、その後操作欄に、

- 待機[300]ミリ秒
- マウス[右ボタン]をDown：左上(114,909)
- マウス[右ボタン]をUp：左上(114,909)
- 待機[300]ミリ秒
- キーボード[Down]をDown
- キーボード[Down]をUp
- 待機[300]ミリ秒

385

- キーボード [Down] を Down
- キーボード [Down] を Up
- 待機 [300] ミリ秒
- キーボード [Down] を Down
- キーボード [Down] を Up
- 待機 [300] ミリ秒
- キーボード [Enter] を Down
- キーボード [Enter] を Up
- 待機 [300] ミリ秒

と追記します(❷)。

※操作がわからない方は、2-4-2自動操作手段を参考にしてください。

図4-3-2-53：[エミュレーション]ノードの設定内容

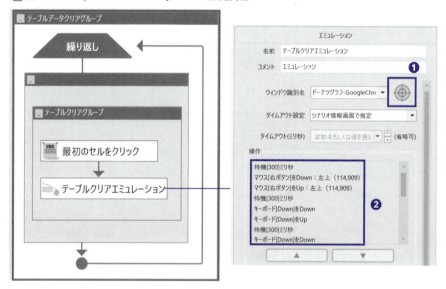

このキーボード操作で、マウス右ボタンをクリック後、3回Downキーを押下すると、Remove row(行削除)を実行できます。

4-3 Microsoft365と連携するシナリオの作成

■ 図4-3-2-54：Remove row

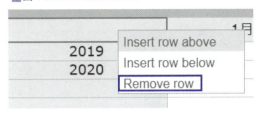

　キーボード操作の2行目で、マウス[右ボタン]を上図左上のでハイライトされたセルの位置でクリックしています（キーボードでセルを移動すると画面上で青いハイライトは移動します）。

　ここでマウス位置がx,y=(114,909)の絶対座標位置にあることは下記の手順で調べます※。

※マウスクリック位置の絶対座標を求めるには、事前にWinActor起動画面の[ツール（T）][オプション][記録]の「画像キャプチャをする」のチェックボックスをONにしておく必要があります。

（ア）（❶)に操作種別、操作内容、操作を、マウス、左ボタン、Downを選択します。
（イ）座標確認アイコン（❷)をクリックします。
（ウ）座標確認画面で、マウスをクリックしたい位置（❸)でマウスをクリックします。

■ 図4-3-2-55：マウス位置絶対座標の調べ方①

Chapter04 Case Study

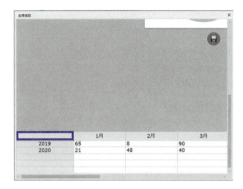

（エ）クリックした座標位置(X座標、Y座標)が表示されます(❹)。
（オ）更新ボタンをクリックします(❺)。
（カ）その後操作欄に、登録したマウス操作が表示されます(❻)。

■ 図4-3-2-56：マウス位置絶対座標の調べ方②

サンプルデータのテーブルクリアが終わったら、繰り返しカウンタを1に設定して初期化します。

■図4-3-2-57：繰り返しカウンタ初期化

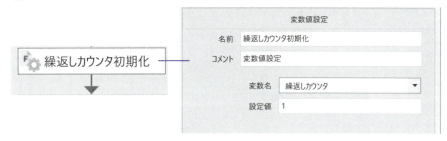

● グラフのTitleにレポート名を転記

次は、グラフのTitle欄にExcelからレポート名を転記します。

このグループは、やや複雑なので、まず全体像をお見せし、その後[グラフ番号_1]のパートのみを説明します。[グラフ番号_2]と[グラフ番号_3]のパートは[グラフ番号_1]のパートと同様の作りをしているため、説明は割愛します。

まず全体像です(細かい文字は潰れて読めないかもしれませんがここでは全体をふわっと把握してください)。

■図4-3-2-58：グラフのTitle欄にExcelからレポート名を転記シナリオ全体像

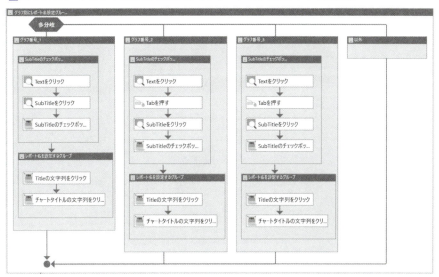

ここから、[グラフ番号_1]のパートを説明します。

変数[グラフカウンタ]の値が[グラフ番号_1]と等しい場合は、ドーナツグラフ

の処理へ、[グラフ番号_2]と等しい場合は、折れ線グラフの処理へ、[グラフ番号_3]と等しい場合は積上げ棒グラフの処理へ処理を振り分けるため、ノードパレットの[多分岐]を直前に作成したノードの下に配置後、❶〜❸のとおりプロパティを設定します。

■ 図4-3-2-59：変数[グラフカウンタ]に応じて処理を振り分ける

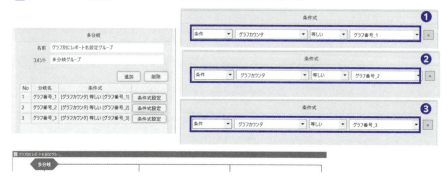

次に、下図のText(❶)とSubTitle(❷) 2か所はXPathでクリックできなかったため、ノードパレットの[輪郭マッチング]を直前に作成したノードの直下に配置して、「輪郭マッチング」ノードでクリックさせました。

■ 図4-3-2-60：輪郭マッチングでTextとSubTitleの2か所をクリック

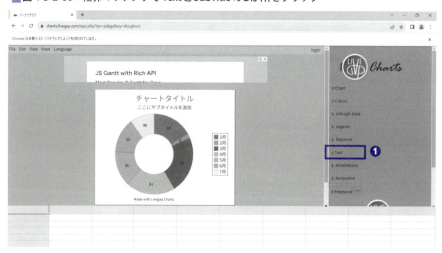

4-3 Microsoft365と連携するシナリオの作成

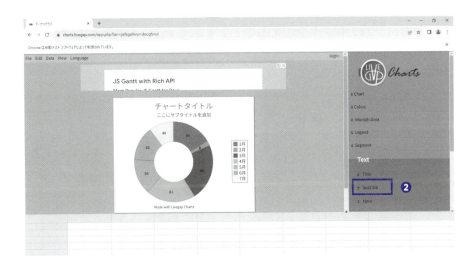

2つの[輪郭マッチング]ノードのプロパティは下図のとおりです。

実際の画面上で赤い四角がマッチング画像、緑の四角が検索範囲、青い+がマウス操作位置(クリック箇所)となります。

■ 図4-3-2-61：輪郭マッチングノードプロパティの設定

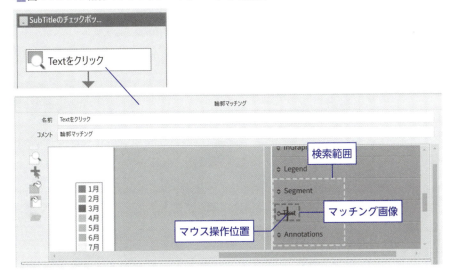

Chapter04 Case Study

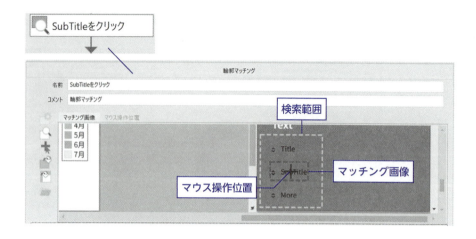

次に、SubTitleチェックボックス(❶)のチェックをはずすため、ライブラリパレットの［クリック］を直前に作成したノードの直下に配置後、Chromeデベロッパーツールを起動して、チェックボックスのXPath「//*[@id="Text"] /td/fieldset/Table/tbody/tr[2] /td/fieldset/legend/span[2] /div/ins 」を取得して、(❷)に貼ります。

※ Chromeデベロッパーツール操作法およびXPath設定方法はChapter 04 Case Study の、「4-2-3 Chromeデベロッパーツール操作法及びXPath設定方法」を参照ください。

■ 図4-3-2-62：SubtitleチェックボックスのチェックをはずGRAPH

4-3 Microsoft365 と連携するシナリオの作成

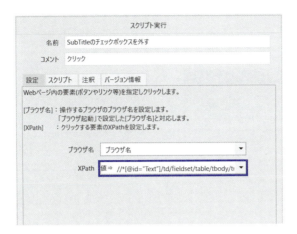

次は、XPath で Text(❶)をクリックした後、XPath でチャートタイトルという文字が記入されたエリア(❷)をクリックします。それぞれ XPath に " //*[@id="Text"]/td/fieldset/table/tbody/tr[1] /td/fieldset/legend" と "//*[@id="TitleText"] " を設定します。

図 4-3-2-63：XPath で Text をクリックした後、チャートタイトルという文字が記入されたエリアをクリック

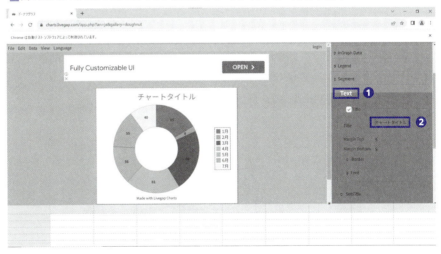

Chapter04 Case Study

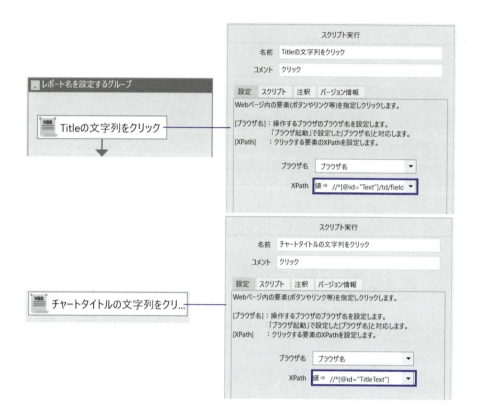

"チャートタイトル"と記入されたエリアにレポート名を貼り付けるため、事前準備として、Chromeデベロッパーツールを起動して、チャートタイトルのXPath「//*[@id="TitleText"]」を取得し、下図囲み部分に貼ります。そして、その他のプロパティの値を設定します。

■ 図4-3-2-64："チャートタイトル"と記入されたエリアにレポート名を貼り付け

● Excelデータを、Webページの「グラフデータ」欄に転記

次に、Excelからデータを、Webページの「グラフデータ」欄に転記します。

最初に、Excelの転記元データをクリップボードに範囲コピーします。例えば、ドーナツグラフだと、(❶)を範囲コピーして、(❷)に貼り付けます。

クリップボードからセルへの貼り付けは、(❷)で該当セルをクリックしたあと、

4-3 Microsoft365と連携するシナリオの作成

Ctrl+Vキーを同時に押して実施していますが、該当セルにマウスカーソルを移動するため、❸の分岐ノードで貼り付け先を決めてクリックしています（転記先の「グラフデータ」貼り付け先のセル位置は、グラフ番号3とグラフ番号1,2で異なるため）。

■ 図4-3-2-65：Excelデータを、Webページの「グラフデータ」欄に転記

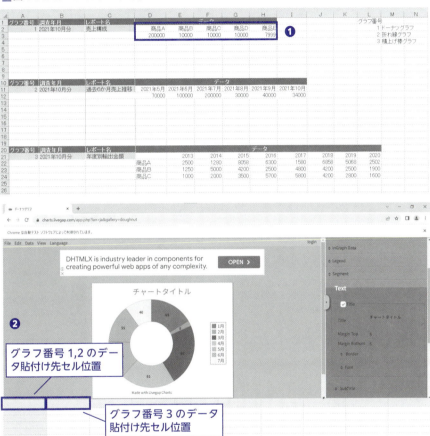

転記ファイル（livegap）.xlsxのグラフ作成用データを範囲コピーするため、ライブラリパレットの[Excel操作（範囲コピー）]を直前に作成したノードの直下に配置後、（図4-3-2-66❶）のとおりプロパティを設定します。

次に、次のノードでChromeページにExcelのデータを貼り付けるための事前準備として、Chromeページの前面化をするため、ライブラリパレットの[ウィンドウ前面化]を直前に作成したノードの直下に配置後、ターゲット選択ボタン（❷）をクリックして、指定Chromeページを選択すると、（❸）に指定Chromeページのウィンドウ識別名が入ります。

※ウィンドウ識別名は作成するグラフの種類により異なります。

395

Chapter04 Case Study

■図 4-3-2-66：Excelデータを、Webページの「グラフデータ」欄に転記するシナリオ前半

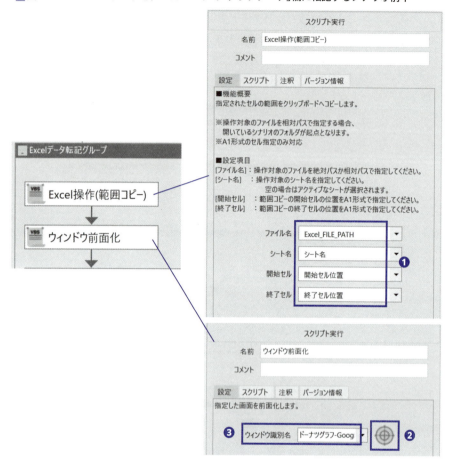

次のノードで、Excelデータの貼り付け先をクリックしますが、グラフ番号1、2と3では貼り付け先が異なります。そこで、グラフ番号が3の場合とそれ以外で貼り付け先を変えるため、分岐処理を設けます。

ノードパレットの[分岐]を直前に作成したノードの下に配置後、(❹)のとおりプロパティを設定します。

次に、Excelデータの貼り付け先をクリックするため、ライブラリパレットの[クリック]を直前に作成した[分岐]ノードのTrueとFalseの直下に配置後、Chromeデベロッパーツールを起動して、クリック箇所のXPathを取得して、(❺)と(❻)に貼ります。

- (❷)のXPathは、//*[@id="HandsonTableView"]/div[1]/div[1]/div[1]/

4-3 Microsoft365と連携するシナリオの作成

Table/tbody/tr[1]/td[1]
- (❻)のXPathは、//*[@id="HandsonTableView"]/div[1]/div[1]/div[1]/Table/tbody/tr[1]/td[2])

最期に、直前のノードでクリックした先にクリップボードの値を貼り付けるため、ライブラリパレットの[エミュレーション]を直前に作成したノードの直下に配置後、ターゲット選択ボタン(❼)をクリックして、指定Chromeページを選択後、その後操作欄に手作業で

- 待機[300]ミリ秒
- キーボード[Ctrl]をDown
- キーボード[V]をDown
- 待機[300]ミリ秒
- キーボード[Ctrl]をUp
- キーボード[V]をUp
- 待機[300]ミリ秒

と追記(❽)します。

図4-3-2-67：Excelデータを、Webページの「グラフデータ」欄に転記するシナリオ後半

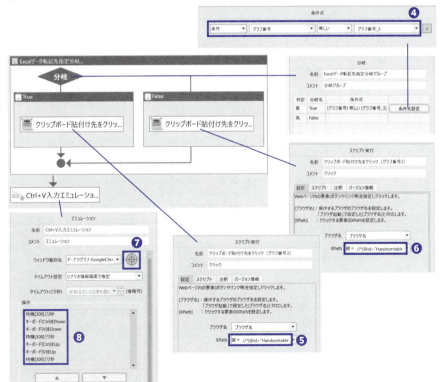

Chapter04 Case Study

● グラフ画像をコピーしてPowerPointプレゼン資料に貼る

次にWeb上のグラフ画像をコピーして、PowerPointプレゼン資料に貼ります。

次のノードでグラフをコピーするためグラフエリアの上でマウスを右クリックしますが、その位置へマウスを移動させるため、ライブラリパレットの[12_マウス関連]－[マウス移動2]を直前に作成したノードの直下に配置し、下図囲み部分のとおりプロパティを設定します。

■図4-3-2-68：グラフウィンドウへマウス移動

変数「座標指定」を「絶対座標」に指定し、変数「x,y座標」を「グラフウィンドウマウス位置」（❶）という変数名にし、初期値に絶対座標の値を設定します。

■図4-3-2-69：変数「グラフウィンドウマウス位置」初期値に絶対座標の値設定

グラフウィンドウマウス位置		519,484

※「グラフウィンドウマウス位置」の絶対座標の求め方は「Chapter 04 Case Study5 ❸ シナリオ・ノードのプロパティ解説 サンプルデータをクリアする」を参照

■図4-3-2-70：「グラフウィンドウマウス位置」の絶対座標を指定

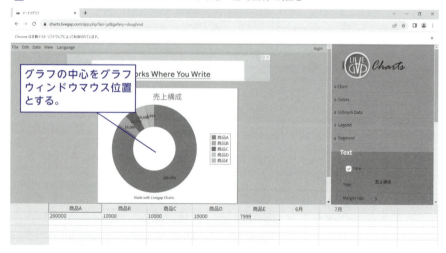

398

4-3 Microsoft365と連携するシナリオの作成

次にマウスを右クリックするため、ライブラリパレットの［マウス右クリック］を直前に作成したノードの直下に配置後、下図囲み部分のとおりプロパティを設定します。

■図 4-3-2-71：マウスを右クリック

さらにグラフ画像をクリップボードにコピーするため、ライブラリパレットの［エミュレーション］を直前に作成したノードの直下に配置し、ターゲット選択ボタン（❷）で、「ドーナツグラフ-GoogleChrome」ウィンドウを選択し、その他変数を設定します。

その後操作欄に手作業で

- 待機[300]ミリ秒
- キーボード[Y]をDown
- 待機[300]ミリ秒
- キーボード[Y]をUp
- 待機[300]ミリ秒

と追記（❸）します。

■図 4-3-2-72：グラフ画像をクリップボードにコピー

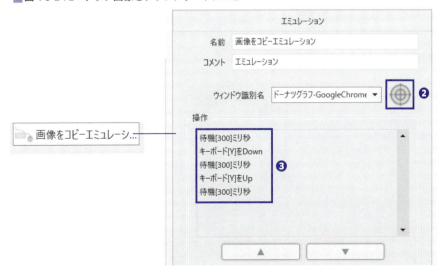

次にPowerPointプレゼン資料を前面化するため、ライブラリパレットの［ウィンドウ前面化］を直前に作成したノードの直下に配置後、ターゲット選択ボタン(囲み部分)でウィンドウを選択します。

図4-3-2-73：PowerPointプレゼン資料を前面化

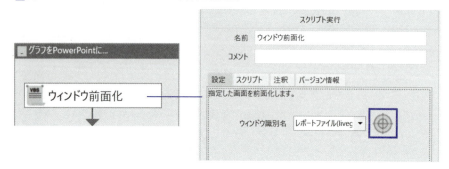

次に、グラフをPowerPointプレゼン資料にCtrl＋Vキーの同時押しで貼り付けるため、ライブラリパレットの［エミュレーション］を直前に作成したノードの直下に配置し、ターゲット選択ボタン(❺)で、「レポートファイル(livegap) − PowerPoint」ウィンドウを選択し、その後操作欄に手作業で

- 待機[300]ミリ秒
- キーボード[Ctrl]をDown
- キーボード[V]をDown
- 待機[300]ミリ秒
- キーボード[Ctrl]をUp
- キーボード[V]をUp
- 待機[300]ミリ秒

と追記(❻)します。

4-3 Microsoft365と連携するシナリオの作成

図4-3-2-74：グラフをPowerPointプレゼン資料に貼り付ける

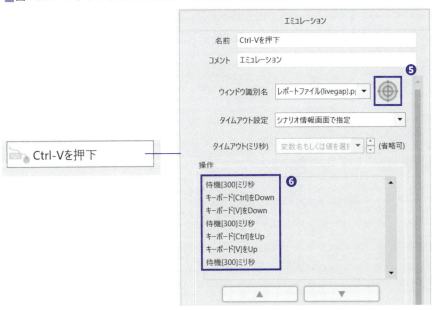

● グラフの拡大・配置調整

　次にグラフの拡大・配置調整をします。筆者の経験では、Webサイトでグラフを作成してそのままPowerPointに貼ると、サイズが小さかったり、スライド内で希望する位置に貼れていない場合が多いため、貼った後はグラフサイズの拡大やスライド上で配置調整が必要になります。

　この作業をWinActorで行うためには幾つか方法がありますが、マウス操作エミュレーションだけでグラフの拡大・配置調整するのは、シナリオの安定動作に難があり、お勧めしません。安定動作が期待でき、技術的にも簡単な方法として、PowerPointの［図の形式］タブからキーボード操作エミュレーションで実行する方法を紹介します。

　なおサンプルの性質上、WindowsやOffice 365のバージョンや、リボンなどUIの設定を、デフォルトの表示設定から変更されている場合は途中でエラーになる可能性があるため、個々の環境に合わせて修正する必要があります。

　まず、グラフ拡大を行います。PowerPointに限らずMicrosoft 365製品でリボン表示を開け閉めするのは、Ctrl+F1キーの同時押しでできますので、リボン表示を開けるため、ライブラリパレットの［エミュレーション］を直前に作成したノードの直下に配置後、ターゲット選択ボタン（図4-3-2-75❶）をクリックして、「レポートファイル（livegap）- PowerPoint」ウィンドウを選択し、その後操作欄に手作業で

- 待機[300]ミリ秒
- キーボード[Ctrl]をDown
- キーボード[F1]をDown
- 待機[300]ミリ秒
- キーボード[Ctrl]をUp
- キーボード[F1]をUp
- 待機[300]ミリ秒

と追記（❷）します。

■図4-3-2-75：リボン表示を開く

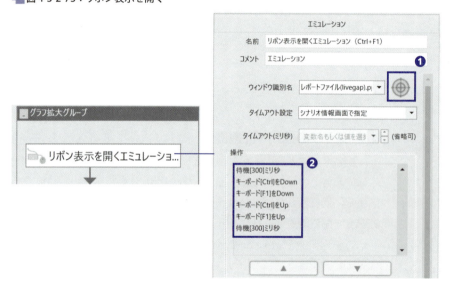

次にグラフの幅を17cmに拡大するため、ライブラリパレットの[04_自動記録アクション]-[01_デバッグ]-[エミュレーション]を直前に作成したノードの直下に配置後、ターゲット選択ボタン（❸）をクリックして、「レポートファイル（livegap）- PowerPoint」ウィンドウを選択し、その後操作欄に手作業で

- キーボード[Alt]をDown
- キーボード[Alt]をUp
- 待機[100]ミリ秒
- キーボード[J]をDown
- キーボード[J]をUp

4-3 Microsoft365 と連携するシナリオの作成

- 待機 [100] ミリ秒
- キーボード [P] を Down
- キーボード [P] を Up
- 待機 [100] ミリ秒
- キーボード [W] を Down
- キーボード [W] を Up
- 待機 [100] ミリ秒
- キーボード [1] を Down
- キーボード [1] を Up
- 待機 [100] ミリ秒
- キーボード [7] を Down
- キーボード [7] を Up
- 待機 [100] ミリ秒
- キーボード [Enter] を Down
- キーボード [Enter] を Up
- 待機 [100] ミリ秒

と追記(❹)します。

■ 図 4-3-2-76：グラフの幅を17cmに拡大

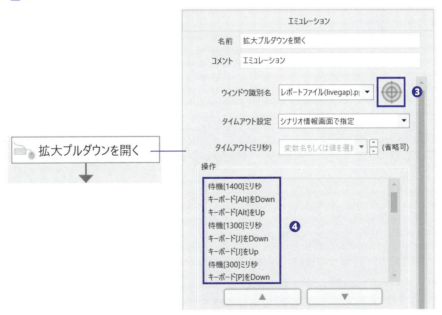

Chapter04　Case Study

　　最後にリボン表示を閉じるため、ライブラリパレットの[04_自動記録アクション]－[01_デバッグ]－[エミュレーション]を直前に作成したノードの直下に配置後、ターゲット選択ボタン(❺)をクリックして、「レポートファイル(livegap) – PowerPoint」ウィンドウを選択し、その後操作欄に手作業で

- 待機[300]ミリ秒
- キーボード[Ctrl]を Down
- キーボード[F1]を Down
- 待機[300]ミリ秒
- キーボード[Ctrl]を Up
- キーボード[F1]を Up
- 待機[300]ミリ秒

と追記(❻)します。

▌図4-3-2-77：リボン表示を閉じる

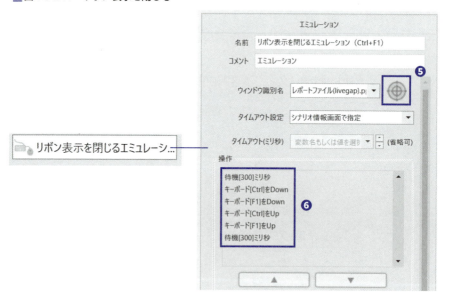

　　WinActor操作マニュアルを読むと、DownしたキーはかならずUpしなければなりませんが、待機時間の挿入箇所につき詳細な記述はありません。待機時間の長さや挿入箇所については経験で設定するしかないようです。筆者の経験では、グラフ拡大などひとつの動作をさせる都度、リボン表示は開け閉めした方が安定動作するようです。シナリオ実行前に、必ずPowerPointのリボン表示は閉じておきます。

4-3 Microsoft365と連携するシナリオの作成

次にグラフの配置調整を行います。今回は、スライド中央にグラフを配置しますので、最初に上下方向にセンタリングし、次に左右方向にセンタリングすることにします。

最初に、表示を開けるため、ライブラリパレットの[04_自動記録アクション]-[01_デバッグ]-[エミュレーション]を直前に作成したノードの直下に配置後、ターゲット選択ボタン(❼)をクリックして、「レポートファイル(livegap) - PowerPoint」ウィンドウを選択し、その後操作欄に手作業で以下のように追記(❽)します。

- 待機 [300] ミリ秒
- キーボード [Ctrl] を Down
- キーボード [F1] を Down
- 待機 [300] ミリ秒
- キーボード [Ctrl] を Up
- キーボード [F1] を Up
- 待機 [300] ミリ秒

図 4-3-2-78：リボン表示を開く

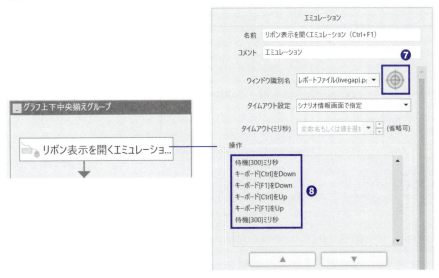

次に、上下方向にグラフセンタリングを行います。試しにPowerPoint画面上で、Alt-J-P-AA-Mのキー入力を手作業で行いますと、グラフを上下方向にセンタリングできるため、1個の[エミュレーション]ノードを作成し、上記のエミュレーショ

ンを部分実行してみてください。

すると失敗します。グラフが上下方向のセンターに移動してくれません。どうしてでしょうか？

その理由は、上記のエミュレーション動作の最後に、キーボード[M]をDown/Upさせますが、その直前に下図のような別ウィンドウが出るためです。エミュレーションはひとつのウィンドウに対して動作するため、別ウィンドウになったら、[エミュレーション]ノードを分けなければなりません。

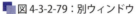
図4-3-2-79：別ウィンドウ

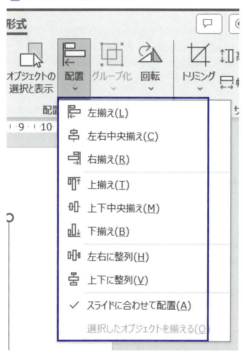

そこで、今回は、別ウィンドウ表示後にキーボード[M]をDown/Upさせる[エミュレーション]ノードを新たに作成しました。この別ウィンドウはウィンドウ識別名が指定できない、特殊なウィンドウのようなので、ウィンドウ識別名は汎用的に使える(スクリーン)にしました。

今までの説明を念頭に見直し後の上下方向のグラフセンタリングの仕方を説明します。

最初に、上下方向にグラフセンタリングをするためのエミュレーション前半部

4-3 Microsoft365 と連携するシナリオの作成

分を実行するために、ライブラリパレットの［04_自動記録アクション］－［01_デバッグ］－［エミュレーション］を直前に作成したノードの直下に配置した後、ターゲット選択ボタン（図4-3-2-80 ❶）をクリックして、「レポートファイル（livegap）－PowerPoint」ウィンドウを選択します。

その後操作欄には、手作業で

- 待機[300]ミリ秒
- キーボード[Alt] を Down
- キーボード[Alt] を Up
- 待機[300]ミリ秒
- キーボード[J] を Down
- キーボード[J] を Up
- 待機[300]ミリ秒
- キーボード[P] を Down
- キーボード[P] を Up
- 待機[300]ミリ秒
- キーボード[A] を Down
- キーボード[A] を Up
- 待機[300]ミリ秒
- キーボード[A] を Down
- キーボード[A] を Up
- 待機[300]ミリ秒

と追記（❷）します。

■ 図4-3-2-80：上下方向にグラフセンタリングをするためのエミュレーション前半部分

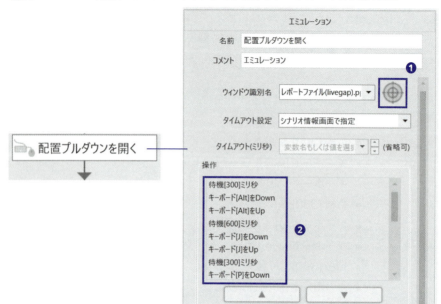

そして、ウィンドウ識別名が次のノードで変わるため、シナリオ誤動作を防ぐため、ウィンドウ識別クリアをするために、ライブラリパレットの[11_ウィンドウ関連]－[ウィンドウ識別クリア]を直前に作成したノードの直下に配置します。

■ 図4-3-2-81：ウィンドウ識別クリア

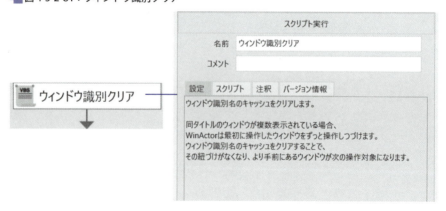

次に、ターゲット選択ボタンで選択するウィンドウ識別名が「(スクリーン)」である[エミュレーション]ノードを作成するため、ライブラリパレットの[04_自動記録アクション]－[01_デバッグ]－[エミュレーション]を直前に作成したノードの直下

4-3 Microsoft365と連携するシナリオの作成

に配置後、ターゲット選択ボタン(❶)をクリックして、「(スクリーン)」(❷)ウィンドウを選択し、その他変数を設定します。

その後操作欄に手作業で

- 待機[300]ミリ秒
- キーボード[M]をDown
- キーボード[M]をUp
- 待機[300]ミリ秒

と追記(❸)します。

図4-3-2-82：「(スクリーン)」ウィンドウでキーボード[M]をDown/Up

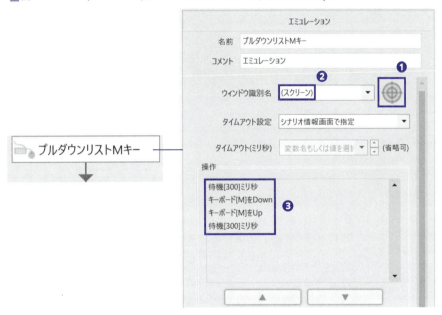

最後に、リボン表示を閉じるため、ライブラリパレットの[04_自動記録アクション]-[01_デバッグ]-[エミュレーション]を直前に作成したノードの直下に配置後、ターゲット選択ボタン(❺)をクリックして、「レポートファイル(livegap)-PowerPoint」ウィンドウを選択し、その後操作欄に手作業で

- 待機[300]ミリ秒
- キーボード[Ctrl]をDown

Chapter04　Case Study

- キーボード [F1] を Down
- 待機 [300] ミリ秒
- キーボード [Ctrl] を Up
- キーボード [F1] を Up
- 待機 [300] ミリ秒

と追記（❻）します。

■ 図 4-3-2-83：リボン表示を閉じる

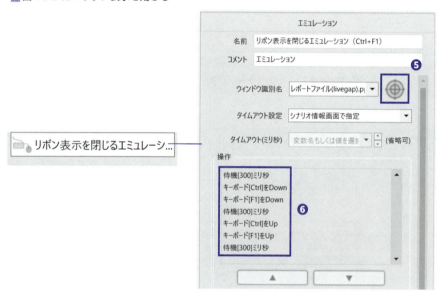

次にグラフを左右方向にセンタリングするグループを作成します。基本的な作りは上下方向にグラフをセンタリングするグループと同じになります。相違点は、キーボード [M] を Down/Up させる処理をキーボード [C] を Down/Up させる処理（下図囲み部分）に置換するだけですので、説明は省略します。

4-3 Microsoft365と連携するシナリオの作成

図4-3-2-84：グラフを左右方向にセンタリングするグループ

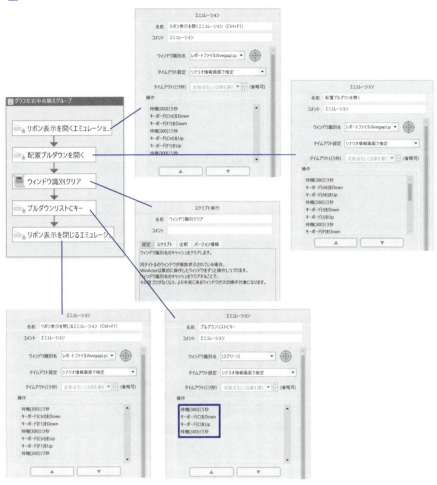

　以上で、5個のノードでグラフ上下中央揃えする機能を作成しました。後で見て、この5個のノードが何をしているかわかりやすくするため、この5個のノードに「グラフ上下中央揃えする」というグループ名を付けてください。

　以上で、「グラフ拡大グループ」「グラフ上下中央揃えグループ」「グラフ左右中央揃えグループ」の3グループ作成しました。最後に必須ではありませんが、この3グループをまとめて「グラフ拡大・配置調整グループ」とすればよりわかりやすくなるかもしれません。

　サブルーチンの最後はスライドを改ページさせる処理を追加します。スライドを改ページさせるには、↓キーをDown/Upさせれば良いのですが、いきなり↓キー

をDown/Upさせるとグラフがずれてしまいますので、動作を安定させるため、↓キーをDown/Upさせる前に、エミュレーションモードでスライドの右下をクリックする処理を追加しています（下図囲み部分）。特にエミュレーションでPowerPoint操作をする際はこのような細かい気配りが必要になります。なお、このシナリオは最後のスライドでも改ページしようとしますが、最後のスライドでは改ページできません。改ページできなくても正常終了しますので、シナリオはそのままとさせてください。

■図4-3-2-85：スライドの右下をクリック

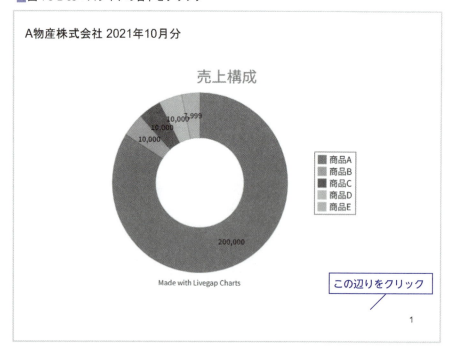

最初に、［エミュレーション］ノードでスライド右下をクリックする方法を解説します。

ライブラリパレットの［エミュレーション］を直前に作成したノードの直下に配置するのではなく、実際にマウス操作を行って、［エミュレーション］ノードを自動作成する方法を使います。

（ア）クリックしたい記録対象アプリケーション（PowerPointファイル）を開きます。

4-3 Microsoft365と連携するシナリオの作成

図 4-3-2-86：記録対象アプリケーション

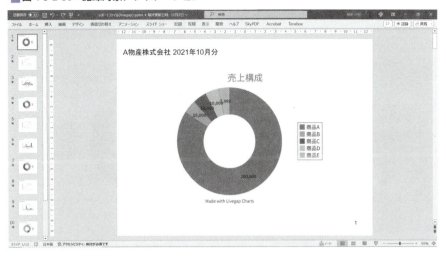

（イ）WinActor起動画面ツールバーの、「記録対象アプリケーション選択」ボタン（下図囲み部分）をクリックします。

図 4-3-2-87：「記録対象アプリケーション選択」ボタンをクリック

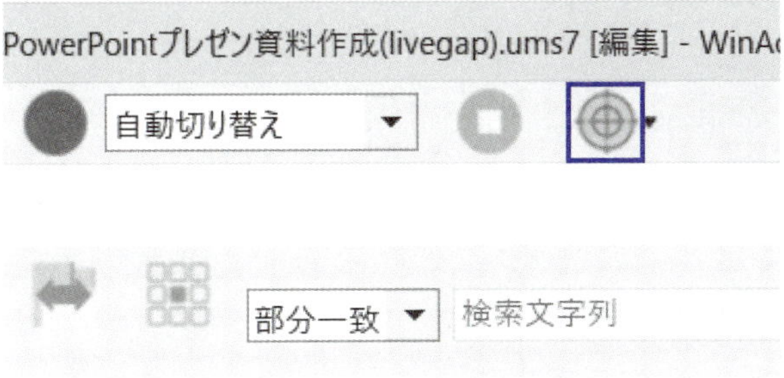

（ウ）再度クリックしたい記録対象アプリケーション（PowerPointファイル）の画面になるので、任意の箇所をクリックします（画面下部にオレンジ色の線が表示されます）。

■ 図 4-3-2-88：任意の箇所をクリック

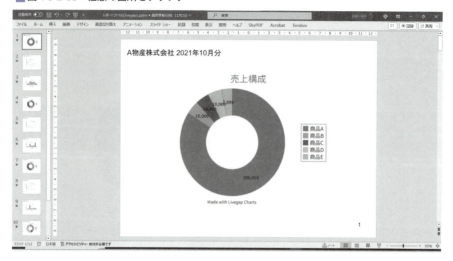

（エ）WinActor起動画面ツールバーの選択メニューで「エミュレーション」を選択（❶）して、赤い記録ボタン（❷）をクリックします。

■ 図 4-3-2-89：記録ボタンをクリック

4-3 Microsoft365と連携するシナリオの作成

（オ）記録操作ウィンドウが開きます。

図 4-3-2-90：記録操作ウィンドウが開く

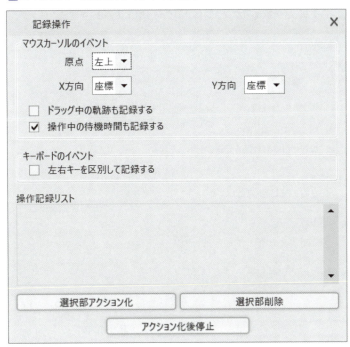

（カ）スライドの画面右下（下図囲み部分）をクリックします。

図 4-3-2-91：スライドの画面右下をクリック

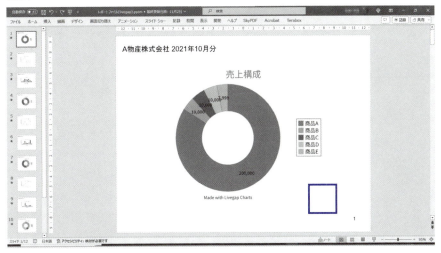

（キ）記録操作ウィンドウに戻り、「選択部アクション化」「アクション化後停止」を連続クリックします。

■ 図4-3-2-92：「選択部アクション化」「アクション化後停止」を連続クリック

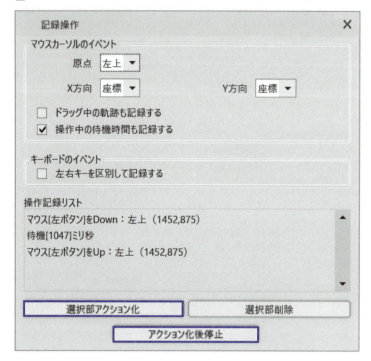

（ク）フローチャート編集エリアに浮きフローとして、[エミュレーション]ノードが自動作成されていることが確認できます。

■ 図4-3-2-93：自動作成された[エミュレーション]ノード

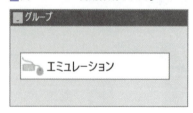

4-3 Microsoft365 と連携するシナリオの作成

（ケ）自動作成された［エミュレーション］ノードを直前に作成したノードの直下に配置後、ダブルクリックして、名前を「スライドの右下をクリック」コメントをオリジナルノード名である「エミュレーション」と記入してください。

■図 4-3-2-94：名前とコメントを記入

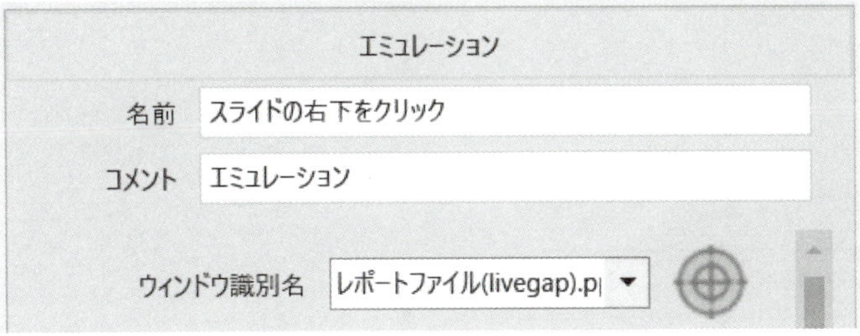

エミュレーション	
名前	スライドの右下をクリック
コメント	エミュレーション
ウィンドウ識別名	レポートファイル(livegap).p ▼

　サブルーチンの最後にスライドを改ページさせるため、ライブラリパレットの［04_自動記録アクション］-［01_デバッグ］-［エミュレーション］を直前に作成したノードの直下に配置後、ターゲット選択ボタン（図4-3-2-95 ❶）をクリックして、「レポートファイル（livegap）- PowerPoint」ウィンドウを選択し、その後操作欄に手作業で

- 待機［300］ミリ秒
- キーボード［Down］を Down
- キーボード［Down］を Up
- 待機［300］ミリ秒

　と追記（❷）します。

Chapter04 Case Study

■ 図4-3-2-95：スライドを改ページ

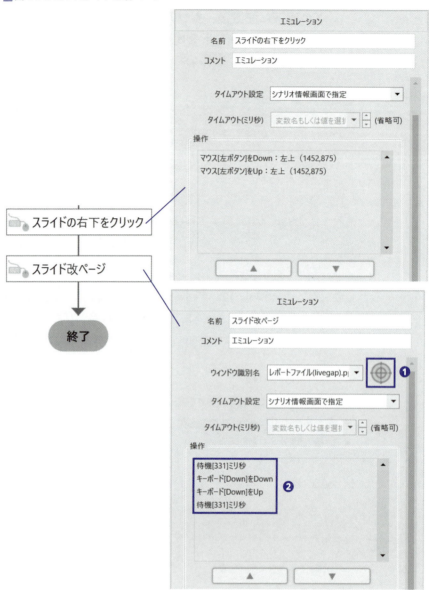

　PowerPointの描画完了を待たずにWinActorが次々にエミュレーションを実行するために、グラフの拡大とセンタリングに失敗する場合があります。その場合は、「グラフをPowerPointに貼り付けるグループ」、「グラフ拡大グループ」、「グラフ上下中央揃えグループ」、「グラフ左右中央揃えグループ」の間に「指定時間待機」ノードを入れると解決する場合があります。なおVer7.4では主要ライブラリに「タイムア

4-3 Microsoft365と連携するシナリオの作成

ウト設定」が追加されているため、Ver7.4では、「指定時間待機」の代わりに「指定時間待機」の直前のライブラリの「タイムアウト設定」をお使いください。

　グラフと文字列をPowerPointプレゼン資料に貼るサブルーチンが終了すると、(つまりグラフをPowerPointプレゼン資料に貼り終えると)二重ループの内側のループ処理が終わりますので、グラフカウンタをカウントアップするため、ノードパレットの[カウントアップ]を直前に作成したノードの直下に配置した後、(❸)のとおりプロパティを設定します。同様にテキスト挿入スライド番号をカウントアップするため、ノードパレットの[カウントアップ]を直前に作成したノードの直下に配置した後、(❹)のとおりプロパティを設定します。

■ 図4-3-2-96：グラフカウンタとテキスト挿入スライド番号をカウントアップ

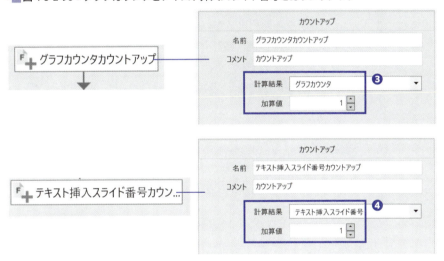

　以上で、2個のノードでグラフカウンタとスライド番号をカウントアップする機能を作成しました。後で見て、この2個のノードが何をしているかわかりやすくするため、この2個のノードに「グラフカウンタとスライド番号をカウントアップする」というグループ名を付けてください。出来上がったグループは下記のようになります。

■図4-3-2-97：2個のノードにグループ名付与

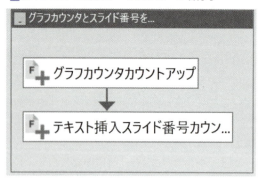

　内側のループ処理が3回転しますと、1枚のExcelシート内の処理が終了し、外側のループ処理に移ります。その際に、次のシートの処理を開始するために、グラフカウンタを初期化するため、ノードパレットの[変数値設定]を直前に作成したノードの直下に配置後、(❶)のとおりプロパティを設定します。次にシートカウンタをカウントアップするため、ノードパレットの[カウントアップ]を直前に作成したノードの直下に配置後、(❷)のとおりプロパティを設定します。

　その後、内側のループ処理が3回転しますと、再度外側のループ処理に移ります。外側のループ処理は、シートが4枚あるため、4回転すると終わりです。

■図4-3-2-98：グラフカウンタ初期化とシートカウンタカウントアップ

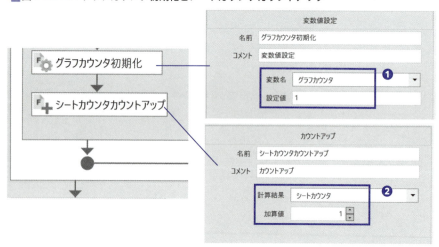

4-3 Microsoft365と連携するシナリオの作成

● PowerPointファイルとブラウザを閉じる

最後にPowerPointファイルを閉じ、ブラウザを閉じます。

WinActorには、Excelファイル以外はファイルを閉じるというライブラリはありません。PowerPointファイルを閉じると、「編集中のデータを保存しますか」というメッセージが出て処理が面倒になる場合があるため、PowerPointファイルを閉じる際は[エミュレーション]ノードでCtrl+Sキー同時押しでいったん編集中のデータをファイルを保存した後、Alt+F4でウィンドウを閉じる方法を推奨します。

PowerPointファイルを閉じるため、ライブラリパレットの[04_自動記録アクション]-[01_デバッグ]-[エミュレーション]を直前に作成したノードの直下に配置後、ターゲット選択ボタン(❸)をクリックして、「レポートファイル(livegap)-PowerPoint」ウィンドウを選択し、その後操作欄に手作業で

- 待機[300]ミリ秒
- キーボード[Ctrl]をDown
- キーボード[S]をDown
- 待機[300]ミリ秒
- キーボード[Ctrl]をUp
- キーボード[S]をUp
- 待機[300]ミリ秒
- キーボード[Alt]をDown
- キーボード[F4]をDown
- 待機[300]ミリ秒
- キーボード[F4]をDown
- キーボード[Alt]をDown
- 待機[300]ミリ秒

と追記(❹)します。

■図 4-3-2-99：PowerPointファイルを閉じる

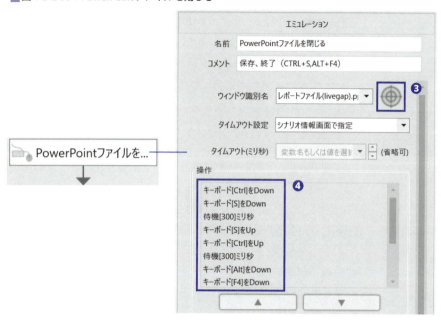

最後にブラウザを閉じるため、ライブラリパレットの[23_ブラウザ関連]-[ブラウザクローズ]を直前に作成したノードの直下に配置後、下図囲み部分のとおりプロパティを設定します。

■図 4-3-2-100：ブラウザを閉じる

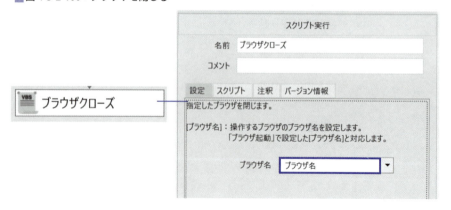

「PowerPointファイルを閉じる」と「ブラウザを閉じる」をまとめてグループ化し、「ファイルやブラウザを閉じる」とグループ名を記入します。

4-3 Microsoft365 と連携するシナリオの作成

■ 図 4-3-2-101：グループを作成する

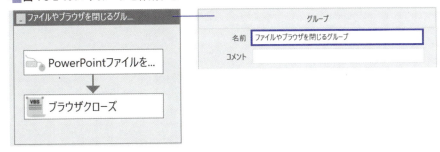

4-3-3 Case Study6 PowerPointプレゼン資料内の全情報削除マクロ実行

サンプルフォルダ Case Study6

①シナリオの目的

　PowerPointプレゼン資料を定期的に作成する場合、前回作成したPowerPointプレゼン資料をコピーして、ファイル名を修正し、PowerPointプレゼン資料内の全情報を削除して、今回分の情報を貼り付けるという作業が毎回発生しますが、全情報の削除を手作業で実行すると大変な作業になります。

　そこで、本項では、業務負担軽減のため、PowerPointプレゼン資料内の全情報を自動削除するシナリオを作成します。

> **COLUMN**
> 　このシナリオには「ウィンドウ状態待機」などウィンドウ識別名を指定しているノードが幾つかあります。これらのノードは時間の経過とともに不安定になることがあるため、久しぶりに動かして止まった場合は、これらのノードでターゲット選択ボタンで再度ターゲットウィンドウをキャプチャ後、ウィンドウ識別ルールの集約をしてみてください。

②シナリオの概要

　WinActorでPowerPointプレゼン資料内の全情報を自動削除する、サンプルシナリオ"deleteマクロ実行.ums7"の概要を説明します。

　WinActorのノードパレットやライブラリパレットにPowerPointプレゼン資料内の全情報を削除するライブラリは配置されていません。そこで、PowerPointVBA

Chapter04　Case Study

でPowerPointプレゼン資料内の全情報を削除するdeleteマクロを作成し、シナリオでそのマクロを実行することで、PowerPointプレゼン資料内の全情報を削除することにします。

deleteマクロのコードは下記になります。

■ deleteマクロのコード

```
Sub Delete()
'目的：PowerPointプレゼン資料の全ての画像、線、テキストを削除
Dim s As Shape 'sはshapeオブジェクトを入れる変数
Dim c As Collection 'cはコレクション
Dim start_slide As Integer 'start_slideはスライド番号1を入れる定数
Dim i As Integer 'iはスライド番号を入れる変数

start_slide = 1

For i = start_slide To ActivePresentation.Slides.Count

Set c = New Collection
 For Each s In ActivePresentation.Slides(i).Shapes '変数sにアクティブスライド番号
のすべてのshapeオブジェクトを入れる。
   c.Add s
 Next
 For Each s In c
  Select Case s.Type
  Case msoPicture
   s.Delete
  Case msoLine
   s.Delete
  Case msoTextBox
   s.Delete
  Case Else
    '何もしない
  End Select
 Next
Next

End Sub
```

本項ではWinActorからdeleteマクロを実行する方法を説明します（レポートファイル（livegap）.pptmには既にdeleteマクロが仕込んであります）。

424

シナリオでレポートファイル（livegap）.pptmを開いた後、キーボードでALT-L-PM-↓-TAB-ENTERキーを連続入力すると、deleteマクロが実行されPowerPointプレゼン資料に貼っている図形や画像、テキストファイルを一瞬で削除できます。ライブラリパレットの[エミュレーション]を直前に作成したノードの直下に配置し、プロパティのその後操作欄にキーボード入力を登録すると、deleteマクロ実行が自動化できます。

シナリオの全体フローチャートは下図のようになります。今回操作対象のPowerPointファイルは、前章で使用したレポートファイル（livegap）.pptmとします。グラフやデータを貼り付けてあるこのファイルにdeleteマクロを実行すると、データが全て消えてしまい、そのまま上書き保存すると危険なため、今回のシナリオでは最後にPowerPointファイルを閉じないことにします。

■図4-3-3-1：シナリオの全体フローチャート

上図をさらに詳細化したフローチャートに解説を加えると下記のようになります。

■図4-3-3-2：詳細化したフローチャート

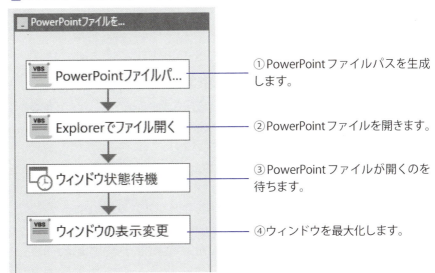

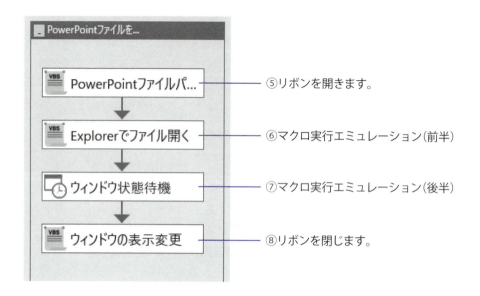

③シナリオ・ノードのプロパティ解説

最初に変数一覧をお見せします。

■ 図 4-3-3-3：変数一覧

● PowerPointファイルを開く

　最初にPowerPointファイルを開きます。繰り返し使う処理なので、過去に作成したシナリオのものをコピーして使うか、ライブラリパレットに同じものを登録していればそこからコピーして使いましょう。

　P359でも紹介しましたが、ここも最初にPowerPointファイルパスを生成する際に、シナリオフォルダからの絶対パスで指定しています（図4-3-3-4❶）。

　WinActor（Excelに関してはv6.2以降とv7全部）では、ファイルパスに「シナリオフォルダからの相対ファイルパス」を指定すればファイルパスを自動的に解決するため、原則として$SCENARIO-FOLDERを使う必要はありませんが、著者は過去に、他のサイトからもらったExcelのユーザライブラリが絶対パスにしか対応していないケースがありました。このようなトラブルを避けるため、ファイルパスは

$SCENARIO-FOLDERを使った絶対パスで定義することを習慣としています。どちらを採用するかは各自の事情に応じて判断をお願いします。

❷で変数 PowerPoint_FILE_PATHで指定したファイルパスのPowerPointファイルをExploreで開いています。

Excelファイル以外は、ウィンドウやファイルを開いたら、「ウィンドウ状態待機」で、読み込み待ちをすることも習慣づけてください。

（❸）ウィンドウやファイルが完全に開いていないにも関わらず、次の処理に進むとエラー発生の原因になります。

Chapter04　Case Study

■ 図4-3-3-4：PowerPointファイルを開く

PowerPointファイルパスを生成するため、ライブラリパレットの[文字列の連結(3つ)]をフローチャートに配置後、❶のとおりプロパティを設定します。

前ノードで作成したPowerPointファイルパスを開くため、ライブラリパレットの[Explorerでファイル開く]を直前に作成したノードの直下に配置後、❷のとおりプロパティを設定します。

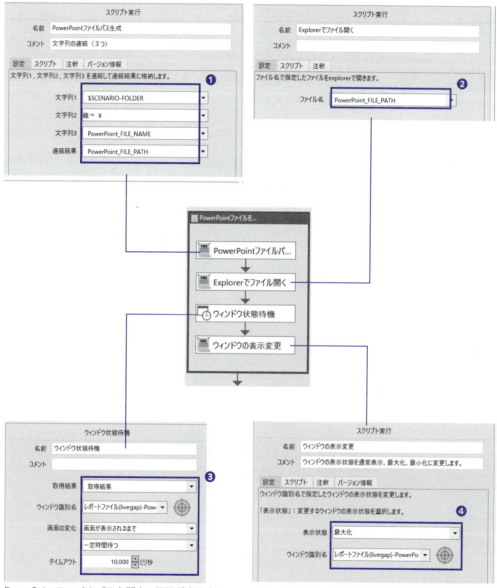

PowerPointファイルパスを開き、画面が表示されるまで待つため、ノードパレットの[ウィンドウ状態待機]を直前に作成したノードの直下に配置後、❸のとおりプロパティを設定します。

PowerPointウィンドウを最大化するために、[ウィンドウの表示変更]を直前に作成したノードの直下に配置した後、❹のとおりプロパティを設定します。

● PowerPointマクロを実行する

　PowerPointに限らずMicrosoft 365製品でリボン表示を開け閉めするのは、Ctrl+F1キーの同時押しでできますので、リボン表示を開けるため、ライブラリパレットの[エミュレーション]を直前に作成したノードの直下に配置後、ターゲット選択ボタン(❶)をクリックして、「レポートファイル(livegap)−PowerPoint」ウィンドウを選択し、その他変数を設定します。

　その後操作欄に手作業で以下のように追記(❷)します。

- 待機[300]ミリ秒
- キーボード[Ctrl]をDown
- キーボード[F1]をDown
- 待機[300]ミリ秒
- キーボード[Ctrl]をUp
- キーボード[F1]をUp
- 待機[300]ミリ秒

▪ 図4-3-3-5：リボン表示を開ける

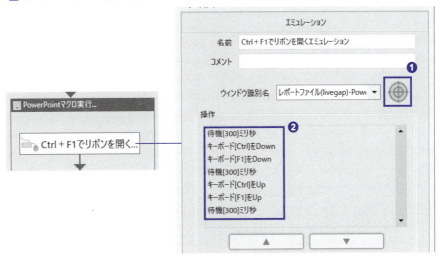

　次に、PowerPointマクロを実行します。試しにPowerPoint画面上で、Alt-L-PM-↓-TAB-ENTERのキー入力を手作業で行いますと、PowerPointマクロを実行できるため、ライブラリパレットの[エミュレーション]をフローチャートに配置後、操作欄に、以下のキー入力を行い、エミュレーションを部分実行[※]してみてください。

- 待機 [300] ミリ秒
- キーボード [Alt] を Down
- キーボード [Alt] を Up
- 待機 [300] ミリ秒
- キーボード [L] を Down
- キーボード [L] を Up
- 待機 [300] ミリ秒
- キーボード [P] を Down
- キーボード [P] を Up
- 待機 [300] ミリ秒
- キーボード [M] を Down
- キーボード [M] を Up
- 待機 [300] ミリ秒
- キーボード [Down] を Down
- キーボード [Down] を Up
- 待機 [300] ミリ秒
- キーボード [Tab] を Down
- キーボード [Tab] を Up
- 待機 [300] ミリ秒
- キーボード [Enter] を Down
- キーボード [Enter] を Up
- 待機 [300] ミリ秒

※部分実行は、[エミュレーション]ノードの上でマウス右クリック後、部分実行をクリック

すると失敗します。PowerPointマクロを実行できません。どうしてでしょうか？
　その理由は、上記のエミュレーション動作で、Alt-L-PMを実行すると、ウィンドウ識別名が「レポートファイル（livegap）－ PowerPoint」から「マクロ_1」に切り替わるからです。エミュレーションはひとつのウィンドウに対して動作するため、別ウィンドウになったら、[エミュレーション]ノードを分けなければなりません。

　そこで、今回は、ウィンドウ識別名が「マクロ_1」に切り替わった後に、[エミュレーション]ノードを新たに作成しました。

　今までの説明を念頭に、見直し後のPowerPointマクロ実行方法を説明します。
　最初に、PowerPointマクロ実行するための、エミュレーション前半部分を実行

4-3　Microsoft365 と連携するシナリオの作成

するために、ライブラリパレットの[エミュレーション]を直前に作成したノードの直下に配置した後、ターゲット選択ボタン(❸)をクリックして、「レポートファイル(livegap)－PowerPoint」ウィンドウを選択します。

その後操作欄には、手作業で以下のように追記(❹)します。

- 待機[300]ミリ秒
- キーボード[Alt]を Down
- キーボード[Alt]を Up
- 待機[300]ミリ秒
- キーボード[L]を Down
- キーボード[L]を Up
- 待機[300]ミリ秒
- キーボード[P]を Down
- キーボード[P]を Up
- 待機[300]ミリ秒
- キーボード[M]を Down
- キーボード[M]を Up
- 待機[300]ミリ秒
- キーボード[Down]を Down
- キーボード[Down]を Up
- 待機[300]ミリ秒
- キーボード[Tab]を Down
- キーボード[Tab]を Up
- 待機[300]ミリ秒
- キーボード[Enter]を Down
- キーボード[Enter]を Up
- 待機[300]ミリ秒

■ 図4-3-3-6：PowerPointマクロ実行するためエミュレーション前半部分を実行

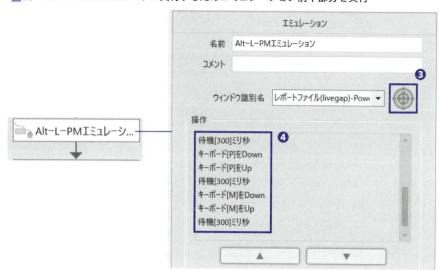

次に、PowerPointマクロ実行するための、エミュレーション後半部分を実行するために、ライブラリパレットの[エミュレーション]を直前に作成したノードの直下に配置した後、ターゲット選択ボタン(❺)をクリックして、「マクロ_1」ウィンドウを選択します。

ウィンドウ識別名が変わるため、ライブラリパレットの[ウィンドウ識別クリア]を直前に配置した方が良いかもしれませんが、今回は配置しなくても正常にシナリオが動いたため、配置しませんでした。

その後操作欄には、手作業で以下のように追記(❻)します。

- 待機[300]ミリ秒
- キーボード[Down]をDown
- キーボード[Down]をUp
- 待機[300]ミリ秒
- キーボード[Tab]をDown
- キーボード[Tab]をUp
- 待機[300]ミリ秒
- キーボード[Enter]をDown
- キーボード[Enter]をUp
- 待機[300]ミリ秒

4-3 Microsoft365と連携するシナリオの作成

図 4-3-3-7：PowerPointマクロ実行するためエミュレーション後半部分を実行

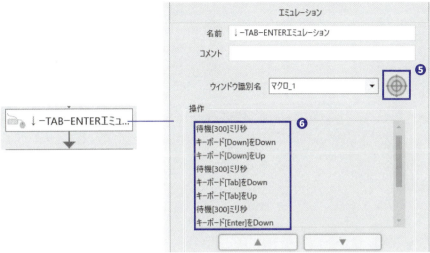

最後にリボン表示を閉じるため、ライブラリパレットの[エミュレーション]を直前に作成したノードの直下に配置後、ターゲット選択ボタン(❼)をクリックして、「レポートファイル(livegap) − PowerPoint」ウィンドウを選択し、その他変数を設定します。

その後操作欄に手作業で以下のように追記(❽)します。

- 待機 [300] ミリ秒
- キーボード [Ctrl] を Down
- キーボード [F1] を Down
- 待機 [300] ミリ秒
- キーボード [Ctrl] を Up
- キーボード [F1] を Up
- 待機 [300] ミリ秒

■ 図4-3-3-8：リボン表示を閉じる

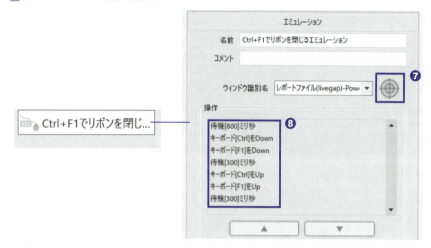

4-3-4 Case Study7 グラフの上で右クリックしても グラフをコピーできない場合の対策

サンプルフォルダ　Case Study7

①シナリオの目的

　ここまでは、Webページのグラフの上で右クリックして、グラフをコピーする方法を紹介しました。

　しかし、最近では、グラフや画像の上で右クリックしてもグラフをコピーできない事例が増えてきました。その場合、あきらめるしかないのでしょうか。

　実はこのような場合でも、Windows10付属の画像編集ソフト「ペイント」の編集機能で、グラフや画像をWebページから切り取って使う方法がありますので、サンプルシナリオを説明します。

COLUMN

　このシナリオには「ウィンドウ状態待機」などウィンドウ識別名を指定しているノードが幾つかあります。これらのノードは時間の経過とともに不安定になることがあります。久しぶりに動かして止まった場合は、これらのノードでターゲット選択ボタンで再度ターゲットウィンドウをキャプチャ後、ウィンドウ識別ルールの集約をしてみてください。

　また[エミュレーション]ノードを多用しているため、環境によっては操作と操作の間の待機時間の微調整が必要かもしれません。このシナリオをダウンロードサイトからダウンロードしてそのまま実行しても、途中で止まるかもしれません。シナリオの調整はご自身の環境に合わせて、各自でお願いします。

②シナリオの概要

WinActorで画像の上で右クリックしてもグラフをコピーできない場合に画像をコピーしてPowerPointに貼り付ける、サンプルシナリオ"画像貼り（NTT-AT）.ums7"の概要を説明します。

サンプルファイル 画像貼り（NTT-AT）.ums7

NTT-AT社のWinActor販売パートナー一覧サイトhttps://winactor.biz/reseller/?limit=1000の左上にWinActorのロゴと名前が掲示されています。この画像を切り取り、PowerPointプレゼン資料に貼った後で、画像を拡大し、上下左右方向のセンタリングをします。

図4-3-4-1：WinActorのロゴと名前画像を切り取り、PowerPointプレゼン資料に貼った後で画像を加工、センタリング

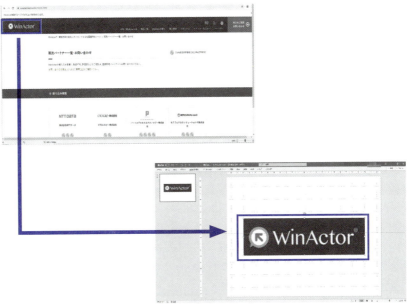

このシナリオを応用すれば、Webページやアプリケーション・ウィンドウの任意の部分を切り取り、PowerPointプレゼン資料に貼った後で、画像を拡大・縮小し、配置調整を自動で実行することができます。

シナリオの全体フローチャートは下図のようになります。

■図 4-3-4-2：シナリオの全体フローチャート

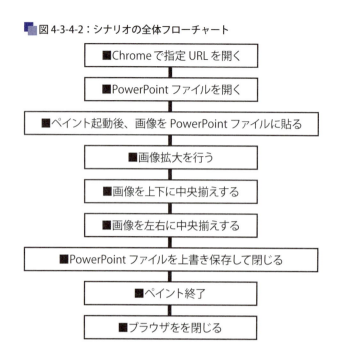

上図をさらに詳細化したフローチャートに解説を加えると下記のようになります。

■図 4-3-4-3：詳細化したフローチャート

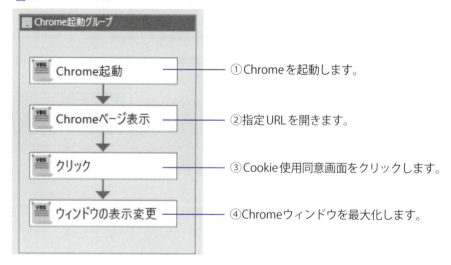

4-3 Microsoft365と連携するシナリオの作成

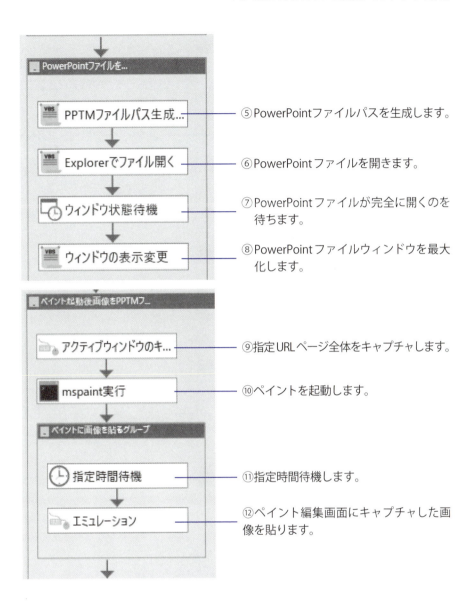

⑤PowerPointファイルパスを生成します。

⑥PowerPointファイルを開きます。

⑦PowerPointファイルが完全に開くのを待ちます。

⑧PowerPointファイルウィンドウを最大化します。

⑨指定URLページ全体をキャプチャします。

⑩ペイントを起動します。

⑪指定時間待機します。

⑫ペイント編集画面にキャプチャした画像を貼ります。

Chapter04 Case Study

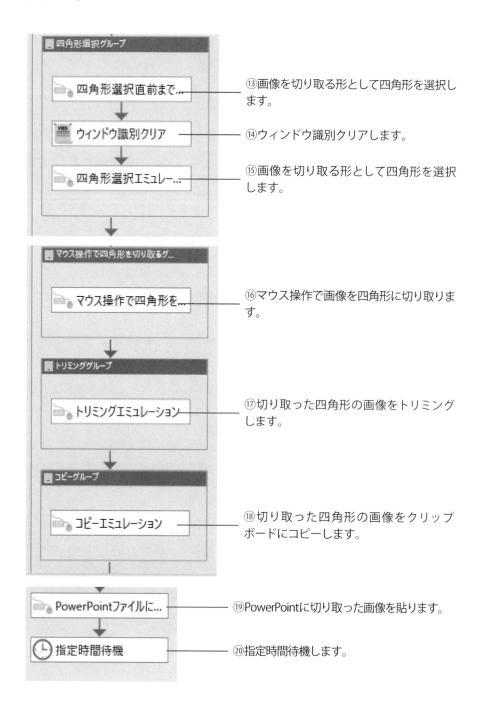

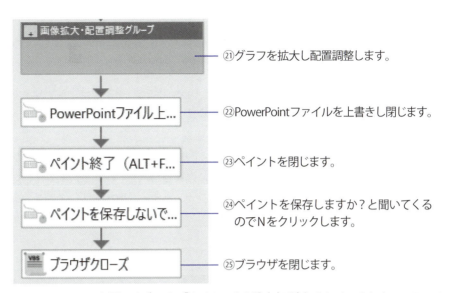

㉑グラフを拡大し配置調整します。

㉒PowerPointファイルを上書きし閉じます。

㉓ペイントを閉じます。

㉔ペイントを保存しますか？と聞いてくるのでNをクリックします。

㉕ブラウザを閉じます。

※ Ver7.4では主要ライブラリに「タイムアウト設定」が追加されているため、Ver7.4では、「指定時間待機」の代わりに「指定時間待機」の直前のライブラリの「タイムアウト設定」をお使いください。

③シナリオ・ノードのプロパティ解説

最初に変数一覧をお見せします。

■ 図4-3-4-4：変数一覧

● Chromeを起動し指定URLを開く

最初にChromeを起動し、指定URL（https://winactor.biz/reseller/?limit=1000）を開き、Webページを最大化します。

［Chrome起動］や［Chromeページ表示］は、2-3-1の「Chromeの起動」で説明したとおり、Chromeモードで自動作成できます。ユーザライブラリに登録済みであれば、それをフローチャートに配置後、図4-3-4-6 ❶〜❷のとおりプロパティを設定します。

次に、Cookieの使用に同意したことを表すCookieの使用同意確認画面の「同意する」ボタンをクリックするため、ライブラリパレットの［クリック］を直前に作成したノードの直下に配置後、Chromeデベロッパーツール（※）を起動して、クリック箇

Chapter04　Case Study

所のXPathを取得して、❸に貼ります（❸のXPathは、//*[@id="cc-allow"]）。

　　※Chromeデベロッパーツール操作法およびXPath設定方法は「4-2-3 Chromeデベロッ
　　　パーツール操作法およびXPath設定方法」を参照してください。

　Cookieの使用に関わる「プライバシーポリシー」確認は、シナリオ内で行いません
ので、別途各自でお願いします。

　次に指定URLを開いたウィンドウを最大化させるため、ライブラリパレットの
［ウィンドウの表示変更］を直前に作成したノードの直下に配置後、ターゲット選択
ボタン（❹）をクリックして、「販売パートナー一覧・お問い合わせ|WinActor®　業務
効率を劇的にカイゼンできる純国産RPAツール-GoogleChrome」ウィンドウを選択
し、その他変数を設定します。

■ 図 4-3-4-5：Cookieの使用同意確認画面

当サイトでは、お客さまに最適なユーザー体験をご提供するためにCookieを使用しています。当サイトをご利用いただくこ
とにより、お客さまがCookieの使用に同意されたものとみなします。詳細は、「プライバシーポリシー」をご確認くださ
い。　　　OK

4-3 Microsoft365と連携するシナリオの作成

■ 図4-3-4-6：Chromeを起動し指定URLを開く

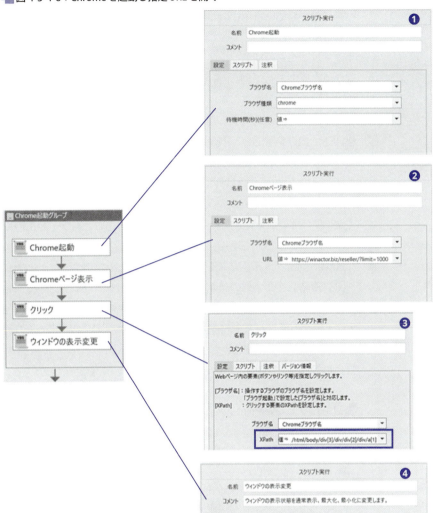

● PowerPointファイルを開く

　最初にPowerPointファイルを開きます。これは繰り返し使う処理なので、過去に作成したシナリオのものをコピーして使うか、ライブラリパレットに同じものを登録していればそこからコピーして使いましょう。P359でも紹介しましたが、ここ

も最初にPowerPointファイルパスを生成する際に、シナリオフォルダからの絶対パスで指定しています（図4-3-3-4❶）。

WinActor（Excelに関してはv6.2以降とv7全部）では、ファイルパスに「シナリオフォルダからの相対ファイルパス」を指定すればファイルパスを自動的に解決するため、原則として$SCENARIO-FOLDERを使う必要はありませんが、著者は過去に、他のサイトからもらったExcelのユーザライブラリが絶対パスにしか対応していないケースがありました。このようなトラブルを避けるため、ファイルパスは$SCENARIO-FOLDERを使った絶対パスで定義することを習慣としています。どちらを採用するかは各自の事情に応じて判断をお願いします。

［Excel開く（前面化）］以外で、ウィンドウやファイルを開いたら、「ウィンドウ状態待機」で、読み込み待ちをすることも習慣づけてください。ウィンドウやファイルが完全に開いていないにも関わらず、次の処理に進むとエラー発生の原因になります。

PowerPointファイルパスを作成するため、ライブラリパレットの［07_文字列操作］－［03_連結］－［文字列の連結(3つ)］をフローチャートに配置後、下図囲み部分のとおりプロパティを設定します。WinActor特殊変数$SCENARIO-FOLDER（シナリオフォルダの絶対パスが格納されている）と文字列￥（Windowsのパス区切り文字）と変数 PowerPoint_FILE_NAME（PowerPointファイル名が格納される）を文字列結合してPowerPointファイルパスを生成しています。

■ 図4-3-4-7：PowerPointファイルパスを作成

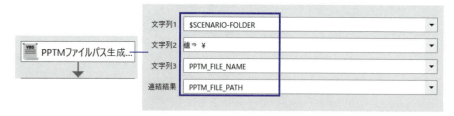

PowerPointファイルを開くため、ライブラリパレットの［13_ファイル関連］－［02_ファイル操作］－［Explorerでファイル開く］を直前に作成したノードの直下に配置後、下図囲み部分のとおりプロパティを設定します。

■ 図4-3-4-8：PowerPointファイルを開く

4-3 Microsoft365と連携するシナリオの作成

PowerPointファイルを開き、画面が表示されるまで待つため、ノードパレットの[アクション]-[ウィンドウ状態待機]を直前に作成したノードの直下に配置後、ダブルクリックして、[取得結果]に[クリック結果]を選択(❶)、ターゲット選択ボタン(❷)をクリックして、[ウィンドウ識別名]に「画像貼りレポートファイル(NTT-AT) – PowerPoint」ウィンドウを選択します。

▌図4-3-4-9：PowerPointファイルを開き、画面が表示されるまで待つ

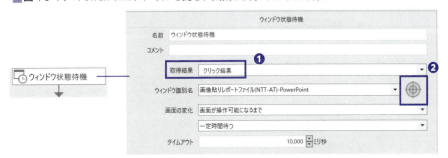

最後に開いたウィンドウを最大化させるため、ライブラリパレットの[11_ウィンドウ関連]-[ウィンドウの表示変更]を直前に作成したノードの直下に配置後、ダブルクリックして、[表示状態]に[最大化]を選択(❸)後、ターゲット選択ボタン(❹)をクリックして、[ウィンドウ識別名]に「画像貼りレポートファイル(NTT-AT) – PowerPoint」ウィンドウを選択します。

▌図4-3-4-10：開いたウィンドウを最大化

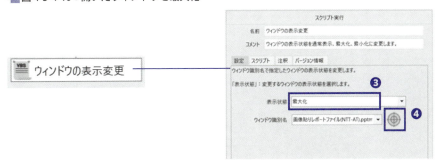

● 指定Webページをキャプチャし、ペイント起動後、指定URLをペイント編集画面に貼る

指定Webページをキャプチャするため、ライブラリパレットの[エミュレーション]を直前に作成したノードの直下に配置した後、ターゲット選択ボタン(図4-3-4-11❶)

Chapter04 Case Study

をクリックして、「販売パートナー一覧・お問い合わせ | WinActor® | 業務効率を劇的にカイゼンできる純国産RPAツール」ウィンドウを選択します[※]。

※ターゲット選択ボタンでウィンドウを選択する方法は「2-4-4 ウィンドウ識別エラーの回避方法」を参照してください。

その後操作欄に手作業で以下のように追記（❷）します。

- 待機[800]ミリ秒
- キーボード[Alt]をDown
- キーボード[PrintScreen]をDown
- 待機[300]ミリ秒
- キーボード[PrintScreen]をUp
- キーボード[Alt]をUp
- 待機[300]ミリ秒

■図 4-3-4-11：指定Webページをキャプチャする

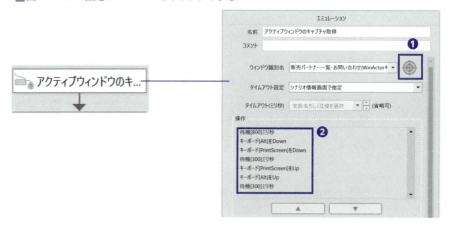

ペイントを起動するために、ノードパレットの［アクション］-［コマンド実行］を直前に作成したノードの直下に配置後、下図囲み部分のとおりコマンド欄にmspaintと入力します。

4-3 Microsoft365と連携するシナリオの作成

■ 図4-3-4-12：ペイントを起動

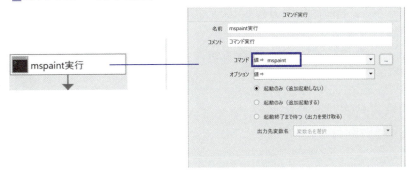

ペイントが完全に起動するのを待つため、ノードパレットの[アクション]-[指定時間待機]を直前に作成したノードの直下に配置後、下図囲み部分のとおりプロパティを設定します(待機時間は環境により異なりますので数値は各自調整願います)。

> ※ Ver7.4では主要ライブラリに「タイムアウト設定」が追加されているため、Ver7.4では、「指定時間待機」の代わりに「指定時間待機」の直前のライブラリの「タイムアウト設定」をお使いください。

■ 図4-3-4-13：ペイントが完全に起動するのを待機

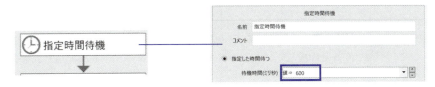

ペイント編集画面にキャプチャ画像を貼るため、ライブラリパレットの[04_自動記録アクション]-[01_デバッグ]-[エミュレーション]を直前に作成したノードの直下に配置した後、ターゲット選択ボタン(❸)をクリックして、「無題-ペイント」ウィンドウを選択します。

その後操作欄に手作業で以下のように追記(❹)します。

- 待機 [300] ミリ秒
- キーボード [Ctrl] を Down
- キーボード [V] を Down
- 待機 [300] ミリ秒
- キーボード [Ctrl] を Up

445

- キーボード[V]をUp
- 待機[300]ミリ秒

■ 図 4-3-4-14：ペイント編集画面にキャプチャ画像を貼る

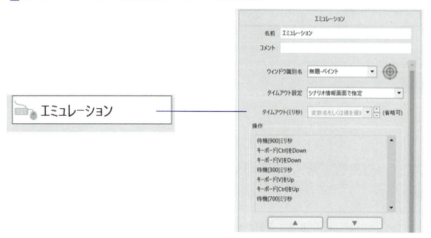

● マウス操作でペイント上のWinActorロゴを四角形に切り取る

次にマウス操作でペイント上のWinActorロゴを四角形に切り取る事前準備として、ペイントでキーボードからAlt-H-SE-Rキーを連続入力して、四角形選択(R)メニューを出します。そのために、ライブラリパレットの[エミュレーション]を直前に作成したノードの直下に配置後、ターゲット選択ボタンをクリックして、「無題-ペイント」ウィンドウを選択します。

その後操作欄に手作業で以下のように手でキーボード操作すると、四角形選択(R)メニューまでクリックできるため、1個の[エミュレーション]ノードを作成したくなるかもしれません。

- 待機[800]ミリ秒
- キーボード[Alt]をDown
- キーボード[Alt]をUp
- 待機[300]ミリ秒
- キーボード[H]をDown
- キーボード[H]をUp
- 待機[300]ミリ秒
- キーボード[S]をDown

- キーボード[S]をUp
- 待機[300]ミリ秒
- キーボード[E]をDown
- キーボード[E]をUp
- 待機[300]ミリ秒
- キーボード[R]をDown
- キーボード[R]をUp

しかし、そのようにすると、次のグループの四角形切り取りで失敗します。どうしてでしょうか？　その理由は、上記のエミュレーション動作の最後に、キーボード[R]をDown/Upさせますが、その後は図4-3-4-15の囲み部分のような別ウィンドウが出るためです。

■ 図4-3-4-15：別ウィンドウ

エミュレーションはひとつのウィンドウに対して動作するため、別ウィンドウになったら、[エミュレーション]ノードを分けなければなりません。

今回は、キーボード[R]をDown/Upさせる[エミュレーション]ノードを新たに作成しました。この別ウィンドウはウィンドウ識別名が指定できない、特殊なウィンドウのようなので、ウィンドウ識別名は汎用的に使える(スクリーン)にしました。

整理しますと、図4-3-4-16 ❷の操作欄は以下の流れが正解となります。❷にこのとおり追記してください。

- 待機[800]ミリ秒
- キーボード[Alt]をDown
- キーボード[Alt]をUp
- 待機[300]ミリ秒
- キーボード[H]をDown
- キーボード[H]をUp
- 待機[300]ミリ秒
- キーボード[S]をDown
- キーボード[S]をUp
- 待機[300]ミリ秒
- キーボード[E]をDown
- キーボード[E]をUp
- 待機[300]ミリ秒

■ 図4-3-4-16：四角形選択直前までのエミュレーション操作

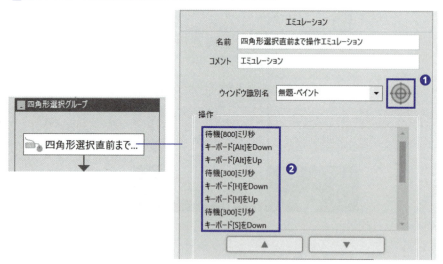

そして、ウィンドウ識別名が次のノードで変わるため、シナリオ誤動作を防ぐため、ウィンドウ識別クリアをするために、ライブラリパレットの[ウィンドウ識別クリア]を直前に作成したノードの直下に配置します。

4-3 Microsoft365と連携するシナリオの作成

■ 図4-3-4-17：ウィンドウ識別クリア

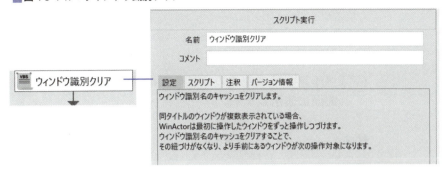

　次に、四角形を選択するためにキーボード[R]をDown/Upさせる[エミュレーション]ノードを作成するため、ライブラリパレットの[エミュレーション]を直前に作成したノードの直下に配置後、ターゲット選択ボタン(❸)をクリックして、「(スクリーン)」ウィンドウを選択し、その他変数を設定します。

　その後操作欄に手作業で以下のように追記(❹)します。

- 待機[300]ミリ秒
- キーボード[R]をDown
- キーボード[R]をUp
- 待機[300]ミリ秒

■ 図4-3-4-18：四角形選択エミュレーション操作

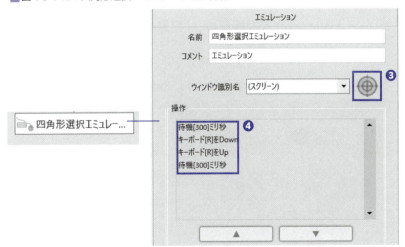

449

最後に下記の手順で、ペイント編集画面に存在するWinActorロゴを四角形に切り取るマウス操作エミュレーションを実行して、マウス操作を記録したエミュレーションノードを作成してください。

（ア）ペイント編集画面の任意の箇所をクリックしてペイント画面を最前面に表示します。

図4-3-4-19：ペイント画面を表示

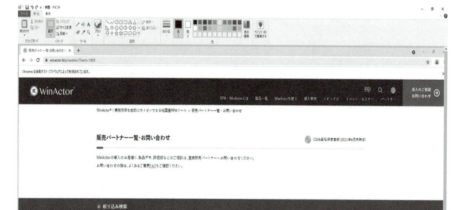

（イ）WinActor起動画面の、「記録対象アプリケーション選択」ボタンをクリックします。

図4-3-4-20：「記録対象アプリケーション選択」ボタンをクリック

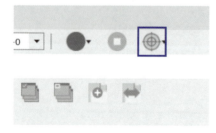

4-3 Microsoft365と連携するシナリオの作成

(ウ) 記録対象アプリケーションであるペイント画面が再度表示されますので、任意の箇所をクリックして選択します。

■図4-3-4-21：任意の箇所をクリック

(エ)「エミュレーション」を選択して次図の囲みの「記録」ボタンをクリックします。

■図4-3-4-22：エミュレーションを選択後「記録」ボタンをクリック

(オ) マウスでWinActorロゴを四角形に切り取ります。

■ 図4-3-4-23：ロゴを囲む

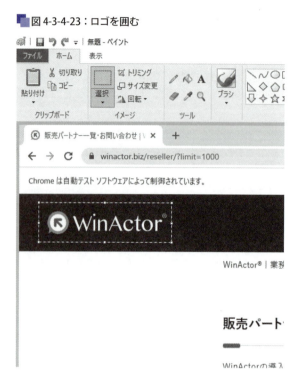

(カ) 記録操作ウィンドウで2か所クリックします。

■ 図4-3-4-24：2か所クリック

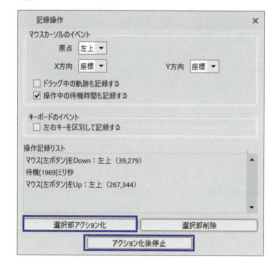

(キ) フローチャート編集エリアに、[エミュレーション]ノードが作成
できていることを確認します。

■ 図4-3-4-25:「エミュレーション」ノードが作成された

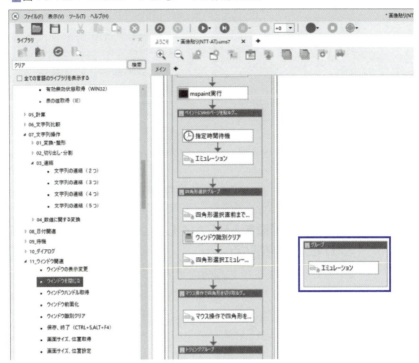

　作成した[エミュレーション]ノードを直前に作成したノードの直下に配置後、ターゲット選択ボタン(下図囲み部分)をクリックして、「無題−ペイント」ウィンドウを選択します。

　操作欄はマウス操作で自動作成されているので、編集する必要はありません。

■ 図4-3-4-26：「無題-ペイント」ウィンドウを選択

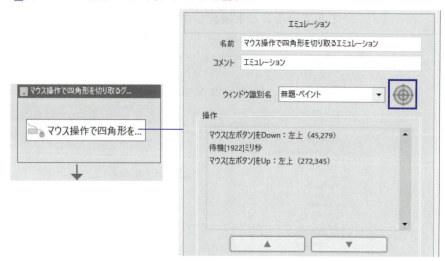

● 切り取った画像をトリミングしてクリップボード経由でPowerPointプレゼン資料に貼る

切り取った画像をトリミングするため、ライブラリパレットの[エミュレーション]を直前に作成したノードの直下に配置後、ターゲット選択ボタン（図4-3-4-20 ❶）をクリックして、「無題−ペイント」ウィンドウを選択します。

その後操作欄に手作業で以下のように追記（❷）します。

- 待機[300]ミリ秒
- キーボード[Alt]をDown
- キーボード[Alt]をUp
- 待機[300]ミリ秒
- キーボード[H]をDown
- キーボード[H]をUp
- 待機[300]ミリ秒
- キーボード[R]をDown
- キーボード[R]をUp
- 待機[300]ミリ秒
- キーボード[P]をDown
- キーボード[P]をUp
- 待機[300]ミリ秒

4-3 Microsoft365 と連携するシナリオの作成

■ 図 4-3-4-27：切り取った画像をトリミング

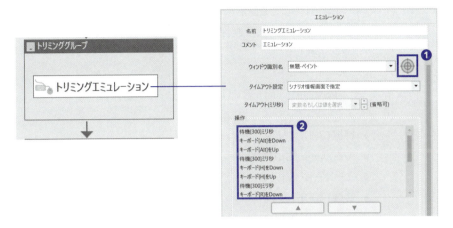

次に、切り取った画像をコピーするため、ライブラリパレットの[エミュレーション]を直前に作成したノードの直下に配置後、ターゲット選択ボタン(❸)をクリックして、「無題 – ペイント」ウィンドウを選択します。

その後操作欄に手作業で以下のように追記(❹)します。

- 待機[300]ミリ秒
- キーボード[Ctrl]を Down
- キーボード[C]を Down
- 待機[300]ミリ秒
- キーボード[Ctrl]を Up
- キーボード[C]を Up
- 待機[300]ミリ秒

■ 図 4-3-4-28：切り取った画像をコピー

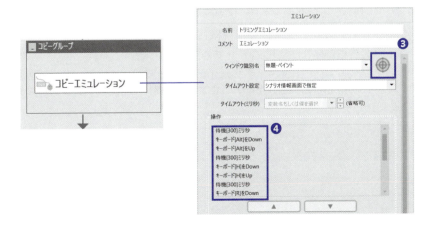

Chapter04 Case Study

　コピーした画像をPowerPointファイルに貼り付けるため、ライブラリパレットの［エミュレーション］を直前に作成したノードの直下に配置後、ターゲット選択ボタン（❺）をクリックして、「画像貼りレポートファイル（NTT-AT）- PowerPoint」ウィンドウを選択します。

　その後操作欄に手作業で以下のように追記（❻）します。

- 待機[300]ミリ秒
- キーボード[Ctrl]をDown
- キーボード[V]をDown
- 待機[300]ミリ秒
- キーボード[Ctrl]をUp
- キーボード[V]をUp
- 待機[300]ミリ秒

■図4-3-4-29：コピーした画像をPowerPointファイルに貼り付ける

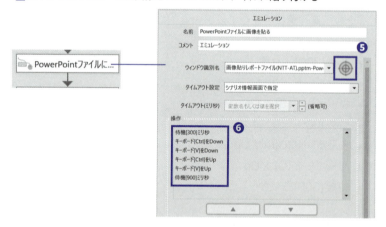

　切り取った画像をクリップボードにコピーする時間を稼ぐため、ノードパレットの［アクション］-［指定時間待機］を直前に作成したノードの直下に配置します。変数「待機時間」は環境に合わせて各自調整願います。

　※Ver7.4では主要ライブラリに「タイムアウト設定」が追加されているため、Ver7.4では、「指定時間待機」の代わりに「指定時間待機」の直前のライブラリの「タイムアウト設定」をお使いください。

4-3 Microsoft365 と連携するシナリオの作成

■ 図4-3-4-30：切り取った画像をクリップボードにコピーする時間を稼ぐ

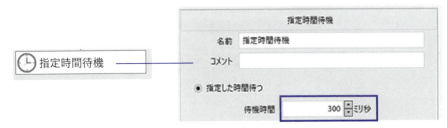

● 画像を拡大する

　次にグラフの拡大・配置調整をします。筆者の経験では、Webサイトでグラフを作成してそのままPowerPointに貼ると、サイズが小さかったり、スライド内で希望する位置に貼れていない場合が多いため、貼った後はグラフサイズの拡大やスライド上で配置調整が必要になります。

　この作業をWinActorで行うためには幾つか方法がありますが、安定動作が期待でき、技術的にも簡単な方法として、PowerPointの[図の形式]タブからキーボード操作エミュレーションで実行する方法を紹介します。マウス操作エミュレーションだけでグラフの拡大・配置調整するのは、シナリオの安定動作に難がありお勧めしません。

　グラフ拡大を行う準備として、まずリボン表示を開けます。PowerPointに限らずMicrosoft 365製品でリボン表示を開け閉めするのは、Ctrl+F1キーの同時押しでできます。リボン表示が閉じている前提で説明をします。

　最初に、リボン表示を開けるため、ライブラリパレットの[エミュレーション]を直前に作成したノードの直下に配置後、ターゲット選択ボタン(❶)をクリックして、「画像貼りレポートファイル(NTT-AT) – PowerPoint」ウィンドウを選択します。
　その後操作欄に手作業で以下のように追記(❷)します。

- 待機[300]ミリ秒
- キーボード[Ctrl]をDown
- キーボード[F1]をDown
- 待機[300]ミリ秒
- キーボード[Ctrl]をUp
- キーボード[F1]をUp
- 待機[300]ミリ秒

457

■ 図4-3-4-31：リボン表示を開ける

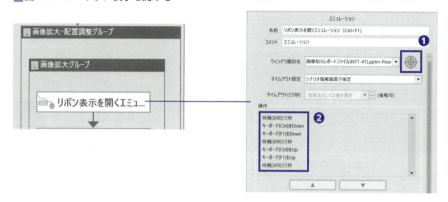

次に、PowerPointプレゼン資料に貼った図形を高さ5.88cm幅20.01cmに拡大するため、ライブラリパレットの[エミュレーション]を直前に作成したノードの直下に配置した後、ターゲット選択ボタンをクリック(❸)して、「画像貼りレポートファイル(NTT-AT) - PowerPoint」ウィンドウを選択します。

その後操作欄に手作業で以下のように追記(❹)します。

- 待機[1400]ミリ秒
- キーボード[Alt]をDown
- キーボード[Alt]をUp
- 待機[300]ミリ秒
- キーボード[J]をDown
- キーボード[J]をUp
- 待機[300]ミリ秒
- キーボード[P]をDown
- キーボード[P]をUp
- 待機[300]ミリ秒
- キーボード[H]をDown
- キーボード[H]をUp
- 待機[300]ミリ秒
- キーボード[6]をDown
- キーボード[6]をUp
- 待機[300]ミリ秒
- キーボード[.]をDown
- キーボード[.]をUp

- 待機 [300] ミリ秒
- キーボード [0] を Down
- キーボード [0] を Up
- 待機 [300] ミリ秒
- キーボード [8] を Down
- キーボード [8] を Up
- 待機 [300] ミリ秒
- キーボード [Tab] を Down
- キーボード [Tab] を Up
- 待機 [300] ミリ秒
- キーボード [2] を Down
- キーボード [2] を Up
- 待機 [300] ミリ秒
- キーボード [0] を Down
- キーボード [0] を Up
- 待機 [300] ミリ秒
- キーボード [.] を Down
- キーボード [.] を Up
- 待機 [300] ミリ秒
- キーボード [0] を Down
- キーボード [0] を Up
- 待機 [300] ミリ秒
- キーボード [1] を Down
- キーボード [1] を Up
- 待機 [300] ミリ秒
- キーボード [Enter] を Down
- キーボード [Enter] を Up
- 待機 [300] ミリ秒

■図4-3-4-32：PowerPointプレゼン資料に貼った図形を拡大

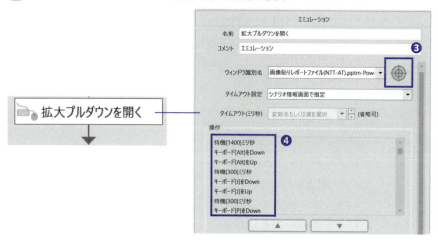

最後にリボン表示を閉じるため、ライブラリパレットの[エミュレーション]を直前に作成したノードの直下に配置した後、ターゲット選択ボタン(❺)をクリックして、「画像貼りレポートファイル(NTT-AT) – PowerPoint」ウィンドウを選択します。

その後操作欄に手作業で追記(❻)します。

- 待機[300]ミリ秒
- キーボード[Ctrl]をDown
- キーボード[F1]をDown
- 待機[300]ミリ秒
- キーボード[Ctrl]をUp
- キーボード[F1]をUp
- 待機[300]ミリ秒

■図4-3-4-33：リボン表示を閉じる

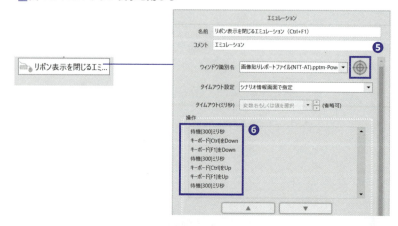

4-3 Microsoft365と連携するシナリオの作成

● 画像を上下方向にセンタリングする

次に画像の配置調整を行います。今回は、スライド中央にグラフを配置しますので、最初に上下方向にセンタリングした後、次に左右方向にセンタリングすることにします。

最初にリボン表示を開けるために、ライブラリパレットの[エミュレーション]を直前に作成したノードの直下に配置後、ターゲット選択ボタン(❶)をクリックして、「画像貼りレポートファイル(NTT-AT) – PowerPoint」ウィンドウを選択します。

その後操作欄に手作業で以下のように追記(❷)します。

- 待機[300]ミリ秒
- キーボード[Ctrl]をDown
- キーボード[F1]をDown
- 待機[300]ミリ秒
- キーボード[Ctrl]をUp
- キーボード[F1]をUp
- 待機[300]ミリ秒

■ 図4-3-4-34：リボン表示を開ける

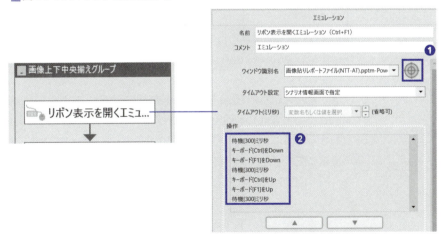

次に、上下方向に画像センタリングを行います。試しにPowerPoint画面上で、Alt-J-P – AA – Mのキー入力を手作業で行いますと、画像を上下方向にセンタリングできるため、1個の[エミュレーション]ノードを作成し、上記のエミュレーションを部分実行※してみてください。

※部分実行の方法は1-4-3の「⑥ シナリオデバッグ方法 ◆部分実行でグループやノードの品質を確認する(P67)」を参照してください。

そうすると失敗します。画像が上下方向のセンターに移動してくれません。どうしてでしょうか？　その理由は、上記のエミュレーション動作の最後に、キーボード[M]をDown/Upさせますが、その直前に下図囲み部分のような別ウィンドウが出るためです。エミュレーションはひとつのウィンドウに対して動作するため、別ウィンドウになったら、[エミュレーション]ノードを分けなければなりません。

そこで、今回は、別ウィンドウ表示後にキーボード[M]をDown/Upさせる[エミュレーション]ノードを新たに作成しました。この別ウィンドウはウィンドウ識別名が指定できない、特殊なウィンドウのようなので、ウィンドウ識別名は汎用的に使える(スクリーン)にしました。

■図4-3-4-35：別ウィンドウ

今までの説明を念頭に見直し後の上下方向に画像センタリングの仕方を説明します。最初に、上下方向に画像センタリングをするための、エミュレーション前半部分を実行するために、ライブラリパレットの[エミュレーション]を直前に作成したノードの直下に配置した後、ターゲット選択ボタン(❸)をクリックして、「画像貼りレポートファイル(NTT-AT) – PowerPoint」ウィンドウを選択します。

その後操作欄には、手作業で以下のように追記(❹)します。

- 待機[300]ミリ秒
- キーボード[Alt]をDown
- キーボード[Alt]をUp
- 待機[300]ミリ秒
- キーボード[J]をDown

4-3 Microsoft365と連携するシナリオの作成

- キーボード[J]をUp
- 待機[300]ミリ秒
- キーボード[P]をDown
- キーボード[P]をUp
- 待機[300]ミリ秒
- キーボード[A]をDown
- キーボード[A]をUp
- 待機[300]ミリ秒
- キーボード[A]をDown
- キーボード[A]をUp
- 待機[300]ミリ秒

■図4-3-4-36：キーボード[M]をDown/Upさせる直前までのエミュレーション操作

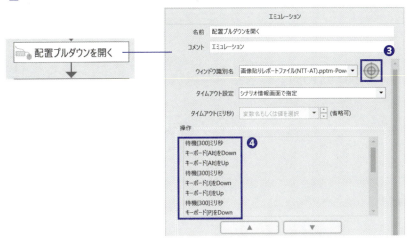

そして、ウィンドウ識別名が次のノードで変わるため、シナリオ誤動作を防ぐため、ウィンドウ識別クリアをするために、ライブラリパレットの[ウィンドウ識別クリア]を直前に作成したノードの直下に配置します。

■図4-3-4-37：ウィンドウ識別クリア

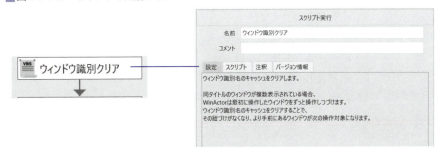

次に、キーボード[M]をDown/Upさせる[エミュレーション]ノードを作成するため、ライブラリパレットの[エミュレーション]を直前に作成したノードの直下に配置後、ターゲット選択ボタン(❺)をクリックして、「(スクリーン)」ウィンドウを選択し、その他変数を設定します。

その後操作欄に手作業で以下のように追記(❻)します。

- 待機[300]ミリ秒
- キーボード[M]をDown
- キーボード[M]をUp
- 待機[300]ミリ秒

図4-3-4-38：キーボード[M]をDown/Upさせるエミュレーション操作

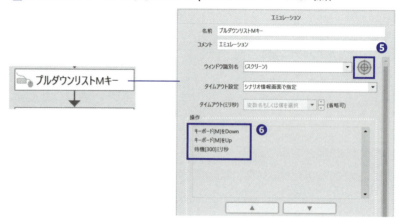

最後に、リボン表示を閉じるため、ライブラリパレットの[エミュレーション]を直前に作成したノードの直下に配置後、ターゲット選択ボタン(❼)をクリックして、「画像貼りレポートファイル(NTT-AT) – PowerPoint」ウィンドウを選択します。

その後操作欄に手作業で以下のように追記(❽)します。

- 待機[300]ミリ秒
- キーボード[Ctrl]をDown
- キーボード[F1]をDown
- 待機[300]ミリ秒
- キーボード[Ctrl]をUp

- キーボード[F1]をUp
- 待機[300]ミリ秒

■ 図 4-3-4-39：リボン表示を閉じる

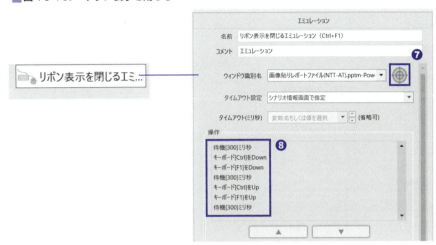

● 画像を左右方向にセンタリングする

　次は、画像を左右方向にセンタリングするグループを作成しますが、基本的な作りは上下方向にグラフをセンタリングするグループと同じになります。相違点は、画像を上下方向にセンタリングするグループの中のキーボード[M]をDown/Upさせる処理をキーボード[C]をDown/Upさせる処理(下図囲み部分)に置換するだけですので、説明は省略します。

Chapter04 Case Study

■ 図 4-3-4-40：画像を左右方向にセンタリングするグループ

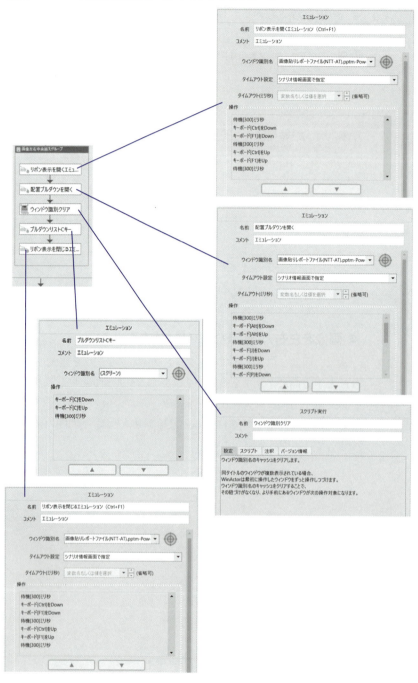

4-3 Microsoft365 と連携するシナリオの作成

◉ PowerPointプレゼン資料を上書き保存して閉じ、ペイントを閉じる

最後にPowerPointプレゼン資料を上書き保存して閉じ、ペイントを閉じます。

WinActorには、Excelファイル以外はファイルを閉じるというライブラリはありません。PowerPointウィンドウを閉じると、「編集中のデータを保存しますか」というメッセージが出て処理が面倒になる場合があるため、Ctrl+Sキー同時押しでいったん編集中のデータをファイルを保存した後、Alt+F4でウィンドウを閉じる方法を推奨します。

ペイントは、Alt+F4でウィンドウを閉じた後、「無題への変更内容を保存しますか？」と聞いてくるので、「保存しない(N)」ボタンを押下しして終了しています。

PowerPointプレゼン資料を上書き保存して閉じるため、ライブラリパレットの[エミュレーション]を直前に作成したノードの直下に配置後、ターゲット選択ボタン(図4-3-4-41 ❶)をクリックして、「画像貼りレポートファイル(NTT-AT) – PowerPoint」ウィンドウを選択し、その他変数を設定します。

その後操作欄に手作業で以下のように追記(❷)します。

- 待機[300]ミリ秒
- キーボード[Ctrl]をDown
- キーボード[S]をDown
- 待機[300]ミリ秒
- キーボード[Ctrl]をUp
- キーボード[S]をUp
- 待機[300]ミリ秒
- キーボード[Alt]をDown
- キーボード[F4]をDown
- 待機[300]ミリ秒
- キーボード[F4]をDown
- キーボード[Alt]をDown
- 待機[300]ミリ秒

04

467

■ 図4-3-4-41：PowerPointプレゼン資料を上書き保存して閉じる

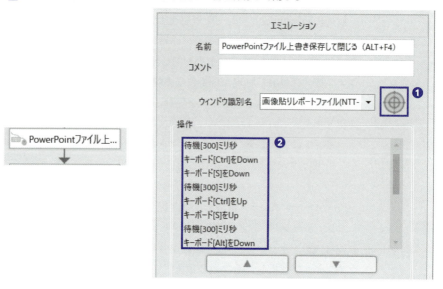

次に、ペイントを閉じるため、ライブラリパレットの[エミュレーション]を直前に作成したノードの直下に配置後、ターゲット選択ボタン(❸)をクリックして、「無題 − ペイント」ウィンドウを選択します。

その後操作欄に手作業で以下のように追記(❹)します。

- 待機[300]ミリ秒
- キーボード[Alt]をDown
- キーボード[F4]をDown
- 待機[300]ミリ秒
- キーボード[Alt]をUp
- キーボード[F4]をUp
- 待機[300]ミリ秒

4-3 Microsoft365と連携するシナリオの作成

■図4-3-4-42：ペイントを閉じる

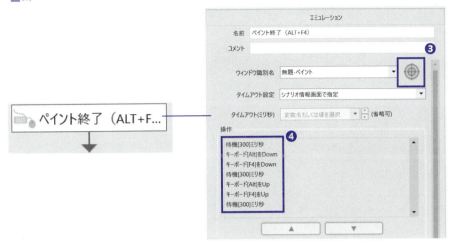

次に、ペイント画面で「保存しない(N)」ボタンをクリックするため、ライブラリパレットの[エミュレーション]を直前に作成したノードの直下に配置後、ターゲット選択ボタン(❺)をクリックして、「ペイント」ウィンドウを選択します。

その後操作欄に手作業で以下のように追記(❻)します。

- 待機[300]ミリ秒
- キーボード[N]をDown
- キーボード[N]をUp
- 待機[300]ミリ秒

■図4-3-4-43：ペイント画面で「保存しない(N)」ボタンをクリック

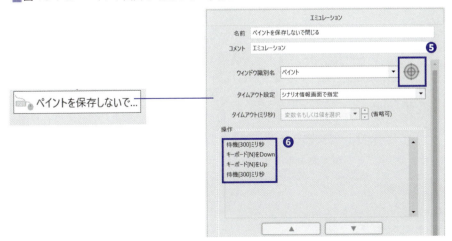

最後に、ブラウザを閉じるため、ライブラリパレットの[ブラウザクローズ]を直前に作成したノードの直下に配置後、囲み部分のとおりプロパティを設定します。

■図4-3-4-44：ブラウザを閉じる

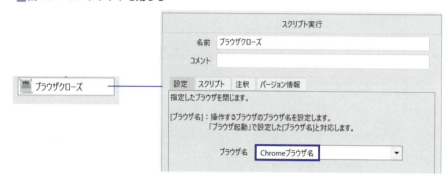

4-3-5　Case Study8 大量ファイル名一括変更シナリオ

　サンプルフォルダ　Case Study8
①シナリオの目的

　本項では、配列を使った大量ファイル名一括変更シナリオをご紹介します。月次レポートを作成する際、ファイル名の先頭に作成年月を202310～などと付与する習慣があったことから、複数のPowerPointファイルの名前を毎月変える業務がありました。これを自動化したいためこのシナリオを作成してみました。技術的には幾つかやり方は考えられますが、配列を使ったシナリオを他社のWinActor解説本で見かけないため（間違っていたら御免なさい）、差異化のためにも配列を操作するシナリオでご紹介したいと思います。

　配列とは、同じ性質のデータを、インデックス番号を付けて同じ名前で管理できる変数のことです。仮に配列名をaとしますと、一連のデータをa(0) ,a(1), a(2) …とインデックス番号順に配列に格納でき、インデックス番号を指定して配列からデータを取り出すことができます。
　同じ性質のデータが同じ場所にまとまって存在している場合、配列を使うとシナリオで処理がしやすくなります。
　本項で説明するサンプルシナリオの変数「置換前文字列」では、シナリオが読み込むファイル名の先頭に記載してある文字列が値として設定されています。

②シナリオの概要

　WinActorで大量ファイル名を一括変更するサンプルシナリオ"大量ファイル名一括変更シナリオ（配列）.ums7"の概要を説明します。

　シナリオの全体フローチャートは下図のようになります。

■図4-3-5-1：シナリオの全体フローチャート

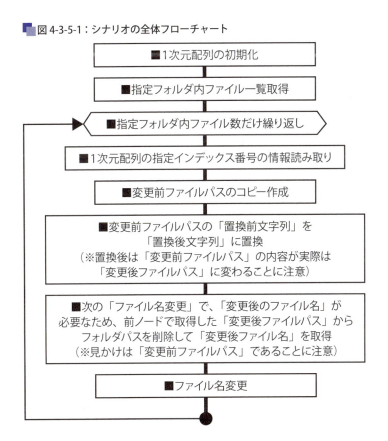

　上図をさらに詳細化したフローチャートに解説を加えると下記のようになります。

Chapter04 Case Study

■ 図4-3-5-2：詳細化したフローチャート

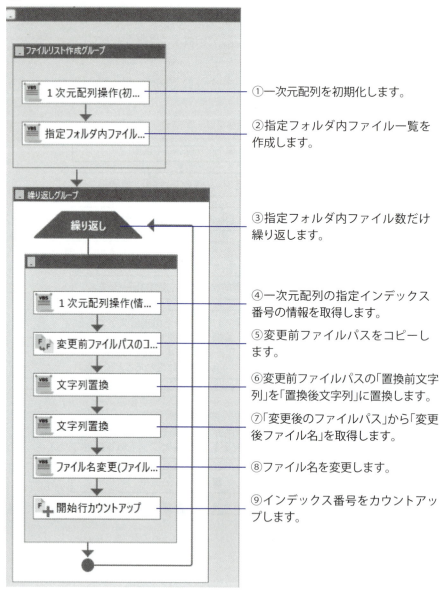

4-3 Microsoft365と連携するシナリオの作成

③シナリオ・ノードのプロパティ解説

最初に変数一覧をお見せします。

■ 図 4-3-5-3：変数一覧

グループ名	変数名	現在値	初期化しない	初期値	マスク	コメント
グループなし						
	フォルダ名		□		□	データファイル格納フォルダ
	検索ファイルパス		□	202111*.xlsx	□	
	置換前文字列		□	202010_	□	
	置換後文字列		□	202112_	□	
	ファイル数		□		□	
	開始行		□	0	□	
	変更前ファイルパス		□		□	
	変更前ファイルパスコピー		□		□	

● 1次元配列の初期化

1次元配列を初期化するために、ライブラリパレットの[1次元配列操作(初期化)]をフローチャートに配置します。プロパティの設定項目はありません。

■ 図 4-3-5-4：1次元配列初期化

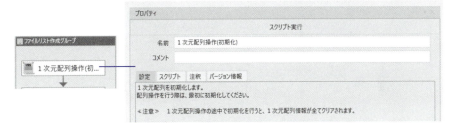

● 指定フォルダ内ファイル一覧の作成

指定フォルダ内のファイル名フィルターに合致するファイル一覧を作成するため、独自ライブラリ[指定フォルダ内ファイル一覧取得]を作成して直前に作成したノードの直下に配置します。具体的には、ノードパレットの[アクション]-[スクリプト実行]を直前に作成したノードの直下に配置後、スクリプトタブに下記の内容をテキストエディターで作成後、転記します。

```
arrayName = !配列名!

' ファイルシステムオブジェクトの準備
Set objFSO = CreateObject("Scripting.FileSystemObject")
```

473

Chapter04 Case Study

```
Set objFolder = objFSO.GetFolder(!対象のフォルダ!)

' ファイル名フィルターの準備
Set objRE = CreateObject("VBScript.RegExp")
strFilter = !ファイル名フィルター!
strFilter = Replace(strFilter, "\", "\\")
strFilter = Replace(strFilter, "+", "\+")
strFilter = Replace(strFilter, ".", "\.")
strFilter = Replace(strFilter, "|", "\|")
strFilter = Replace(strFilter, "{", "\{")
strFilter = Replace(strFilter, "}", "\}")
strFilter = Replace(strFilter, "[", "\[")
strFilter = Replace(strFilter, "]", "\]")
strFilter = Replace(strFilter, "(", "\(")
strFilter = Replace(strFilter, ")", "\)")
strFilter = Replace(strFilter, "$", "\$")
strFilter = Replace(strFilter, "^", "\^")
strFilter = Replace(strFilter, "?", ".")
strFilter = Replace(strFilter, "*", ".*")

objRE.pattern = "^" & strFilter & "$"
objRE.ignoreCase = True

'配列の存在確認
If rootArray.Exists(arrayName) = false Then
    '配列数変更
    ReDim objArray(CInt(index))
    rootArray.Add arrayName,objArray
    Erase objArray
    i = 0
Else

    i= UBound(rootArray.Item(arrayName)) + 1
End If

' フォルダ内のファイルを順一にチェックする
For Each file In objFolder.Files

    If file.attributes And 2 Then
    ' 隠しファイルは処理をしない
    Else

      ' ファイル名がフィルターに一致するかチェックする
```

4-3 Microsoft365 と連携するシナリオの作成

```
        If objRE.Test(file.Name) Then

            index = i
            value = file.Path

            '配列取得
            getArray = rootArray.Item(arrayName)

            '配列の要素確認
            If  UBound(getArray) < CInt(index) Then
                    '配列情報を温存し、配列数変更
                        ReDim Preserve getArray(CInt(index))
            End If

            '辞書に情報追加
            getArray(index) = value

            rootArray.Remove arrayName
            rootArray.Add arrayName,getArray

            Erase getArray

            ' ファイルのインデックス番号をカウントアップ
            i = i + 1
        End If
    End If
Next

' 配列に入れる値が存在しない場合は、配列を削除する
If i = 0 Then
    rootArray.Remove arrayName
End If

SetUMSVariable $ファイル数$, i
```

囲み部分のとおりプロパティを設定します。

■図 4-3-5-5：指定フォルダ内のファイル名フィルターに合致するファイル一覧を作成

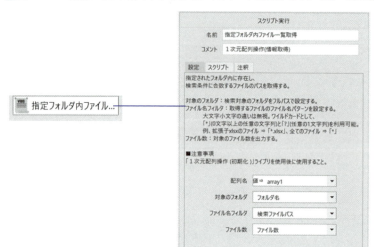

● 指定フォルダ内ファイル数だけ繰り返し

　指定フォルダ内ファイル数分処理を繰り返すため、ノードパレットの［繰返し］を直前に作成したノードの直下に配置後、囲み部分のとおりプロパティを設定します。開始行とは配列のインデックスのため、初期値は"0"になります。したがって、繰り返しの最大数はファイル数より1つ小さくなります（下図囲み部分）。

■図 4-3-5-6：指定フォルダ内ファイル数分処理を繰り返す

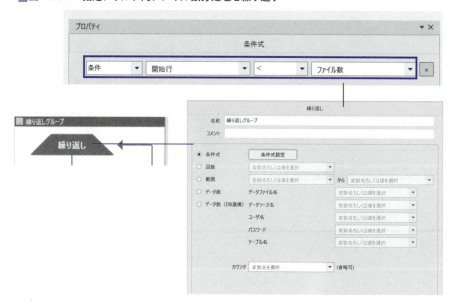

4-3 Microsoft365と連携するシナリオの作成

● 1次元配列の指定インデックス番号の情報取得

1次元配列の指定インデックス番号の情報を取得するため、ライブラリパレットの[1次元配列操作(情報取得)]を直前に作成したノードの直下に配置後、囲み部分のとおりプロパティを設定します。

■ 図4-3-5-7：1次元配列の指定インデックス番号の情報を取得

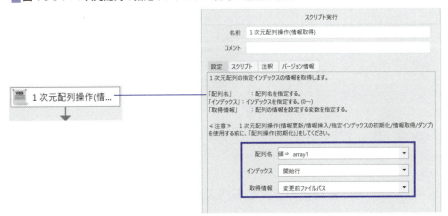

● 変更前ファイルパスのコピー

次ノード以降の処理で、変数「変更前ファイルパス」の値は加工してしまいます。現時点での変数「変更前ファイルパス」の値はノードID:992「ファイル名変更(ファイル名指定)」で使いたいので、コピーして変数「変更前ファイルパスコピー」に値をバックアップします。そのために、ノードパレットの[変数値コピー]を直前に作成したノードの直下に配置後、囲み部分のとおりプロパティを設定します。

■ 図4-3-5-8：変数「変更前ファイルパス」の値をバックアップ

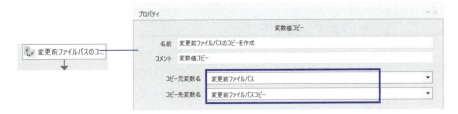

● 文字列置換

変数「変更前ファイルパス」の中の変数「置換前文字列」を変数「置換後文字列」に置換するため、ライブラリパレットの[文字列置換]を直前に作成したノードの直下に配置後、囲み部分のとおりプロパティを設定します。この処理の後は、変数「変

更前ファイルパス」の値は変更後ファイルパスに置換されていることに留意願います。

■ 図 4-3-5-9：変数「変更前ファイルパス」の中の「置換前文字列」を「置換後文字列」に置換）

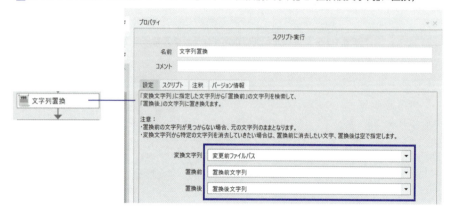

● 「変更後のファイルパス」から「変更後ファイル名」を取得

変数「変更前ファイルパス」（中身は「変更後ファイルパス」です）から「変更後ファイル名」を取得します。そのためにライブラリパレットの［ファイルパスからフォルダパスとファイル名を取得］を直前に作成したノードの直下に配置後、囲み部分のとおりプロパティを設定します。

■ 図 4-3-5-10：「変更後のファイルパス」から「変更後ファイル名」を取得

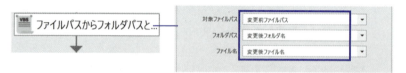

● ファイル名変更

バックアップしておいた変数「変更前ファイルパスコピー」（中身は変更前ファイル名）を変数「変更前ファイルパス」（中身は変更後ファイル名）に変更します。
そのため、ライブラリパレットの［ファイル名変更(ファイル名指定)］を直前に作成したノードの直下に配置後、囲み部分のとおりプロパティを設定します。
変更後ファイル名に入っている変数の値は、前の処理で見かけ上の「変更前ファイルパス」ではなく「変更後ファイル名」に変わっていることに注意願います。

■ 図4-3-5-11：変更前ファイル名を変更後ファイル名に変更

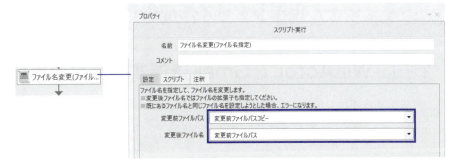

● インデックス番号カウントアップ

繰り返しの最後に配列のインデックス番号をカウントアップするため、ノードパレットの[カウントアップ]を直前に作成したノードの直下に配置後、囲み部分のとおりプロパティを設定します。

■ 図4-3-5-12：配列のインデックス番号をカウントアップ

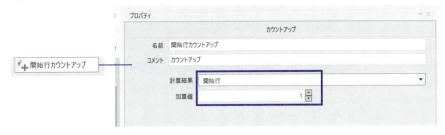

4-4 中・大規模シナリオ作成のためのサンプルコード

4-4-1 WinActorでGmail送信するための事前準備

本節で説明するサンプルコードには、Gmail送信するノードが含まれます。

そこで、最初にWinActorでGmail送信するための事前準備について説明します。

WinActorVer7.3.0以降は、ブラウザを起動して、Google Workspace へログインすることで、同時にGmailにログインしたことになります。

ただ、Google Workspace へログインするためには、「クライアントID」「クライアントシークレット」が必要で、これらの項目は、Google Cloud Platform (GCP)の利用設定、および GCP 上での OAuth2 認証に関する設定を実施することで取得できます。

なお、これから説明する内容は無料 Gmail を使う場合の手順です。企業で Gmail を使っている方は、システム管理者から「クライアント ID」「クライアントシークレット」を入手願います。

以下に、GCP 上での OAuth2 認証に関する設定方法を説明します。

①Google Cloud Platform(GCP)で新規プロジェクトを作成

https://console.cloud.google.com/apis/ にアクセスします。初回は確認ダイアログが表示されます。❶❷をクリックします。

4-4 中・大規模シナリオ作成のためのサンプルコード

■ 図 4-4-1-1：利用規約への同意

囲み部分をクリックします。

■ 図 4-4-1-2：プロジェクトの選択

囲み部分をクリックします。

■ 図4-4-1-3：新しいプロジェクトの作成

プロジェクト名を入力して、作成ボタンをクリックします。ここではWinActor-Gmailと入力しています。

■ 図4-4-1-4：新しいプロジェクト名の入力

プロジェクトが作成できたら、「OAuth同意画面」→「外部」→「作成」を順番にクリックします。

4-4 中・大規模シナリオ作成のためのサンプルコード

■ 図 4-4-1-5：OAuth同意画面

アプリ名とメールアドレスを入力します。

■ 図 4-4-1-6：アプリ名とメールアドレスを入力

※ アプリ名は「WinActor」と入力しましたが、実際は任意の文字列で構いません。

Chapter04 Case Study

　Spaceキーを押して、画面をスクロールダウンし、デベロッパーの連絡先情報(メールアドレス)を入力し、「保存して次へ」をクリックします。

■図 4-4-1-7：デベロッパーの連絡先情報入力

　公開ステータスが「テスト」、ユーザーの種類が「外部」になっていることを確認し、「ADD USERS」をクリックします。この次に「スコープ」設定画面になりますのでページ末の「保存して次へ」を押します。その後で、次の図の「テストユーザー」の設定画面が表れます。

4-4 中・大規模シナリオ作成のためのサンプルコード

■ 図 4-4-1-8：テストユーザの追加

テストユーザのアカウントを追記して「保存」をクリックします。

■ 図 4-4-1-9：テストユーザの追加

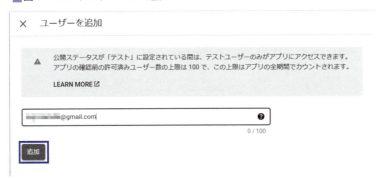

テストユーザのアカウントが追加されたのを確認し、「保存して次へ」をクリックします。

■ 図4-4-1-10:テストユーザの追加

②認証情報を作成

プロジェクトを作成し、テストユーザを追加したので、次は認証情報を作成します。

「認証情報」→「認証情報を作成」→「OAuthクライアントID」を順番にクリックします。

■ 図4-4-1-11:認証情報を作成

4-4 中・大規模シナリオ作成のためのサンプルコード

　「アプリケーションの種類」はデスクトップアプリを選択し、名前は任意の名前(事例ではデスクトップクライアント:WinActorと入力しています)を入力し、「作成」をクリックします。これで認証情報(OAuthクライアントID)が作成されました。

■ 図 4-4-1-12：認証情報作成完了

　「クライアントID」と「クライアントシークレット」が表示されますので、テキストエディターなどにコピーしておきます。

　なおこの画面の「クライアントID」「クライアントシークレット」をメモし忘れた場合でも、認証情報の「OAuth2.0クライアントID　一覧」で「鉛筆ボタン(編集ボタン)」を押すと、作成した「クライアントID」「クライアントシークレット」が確認出来ます。

■ 図 4-4-1-13：「クライアントID」「クライアントシークレット」取得

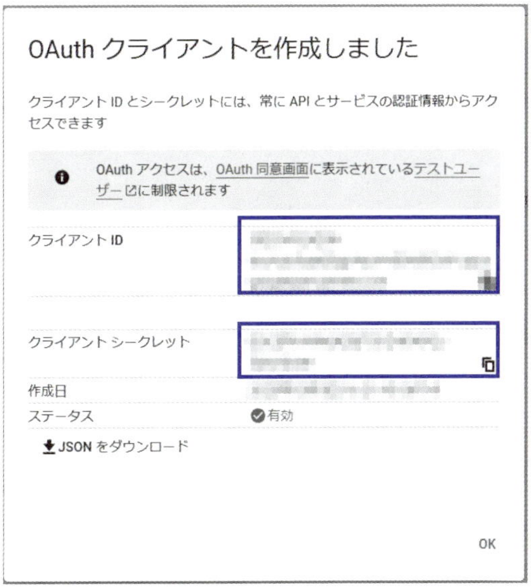

Chapter04 Case Study

③WinActorからGoogleにサインイン

取得した「クライアントID」と「クライアントシークレット」でGoogleにサインインしてみます。

WinActorのメニューバーから、「ツール」→「Googleサインイン」を順番にクリックします。

図4-4-1-14：Googleにサインイン

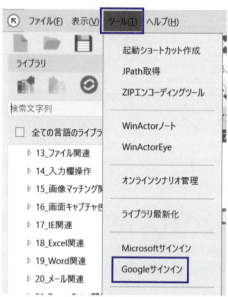

取得した「クライアントID」「クライアントシークレット」と「ユーザID（メールアドレス）」を貼り付け、「サインイン」をクリックします。

488

4-4 中・大規模シナリオ作成のためのサンプルコード

図4-4-1-15：Googleにサインイン

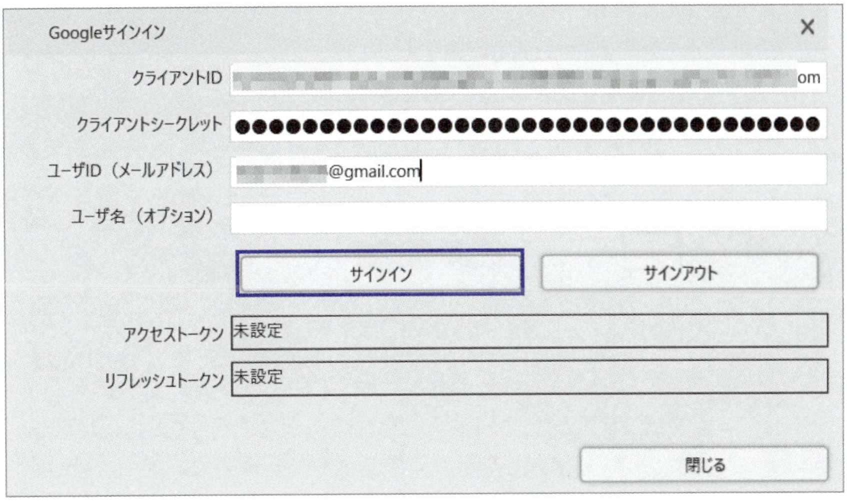

プロジェクト作成に使ったアカウント(メールアドレス)が選択されていることを確認し、選択されたアカウントをクリックします。

図4-4-1-16：アカウントの選択

テスト中アプリへのアクセス権限付与確認画面が出ますので、「続行」をクリックします。

■図 4-4-1-17：テスト中アプリへのアクセス権限付与確認

さらに詳細なテスト中アプリへのアクセス権限付与確認画面が出ますので、❶をチェックして「継続」をクリックします。

■図 4-4-1-18：テスト中アプリへのアクセス権限付与確認画面

4-4 中・大規模シナリオ作成のためのサンプルコード

　下記のメッセージがWebページに表示されますので、このページはそのまま Ctrl+Wで閉じます。最初は「このサイトにアクセスできません。127.0.0.1で接続が 拒否されました。」というエラーメッセージが出るかもしれませんが、何度も「継続」 をクリックしていると、下記のメッセージが表示されるようになります。

■ 図4-4-1-19：Googleにサインイン

認証を許可、または、キャンセルしました。このウィンドウはこのまま閉じることができます。

　アクセストークンとリフレッシュトークンが「設定済み」になったのを確認して、 「閉じる」をクリックします。これで、WinActorでGmail送信するための事前準備 は完了です。

■ 図4-4-1-20：Googleにサインイン

04

491

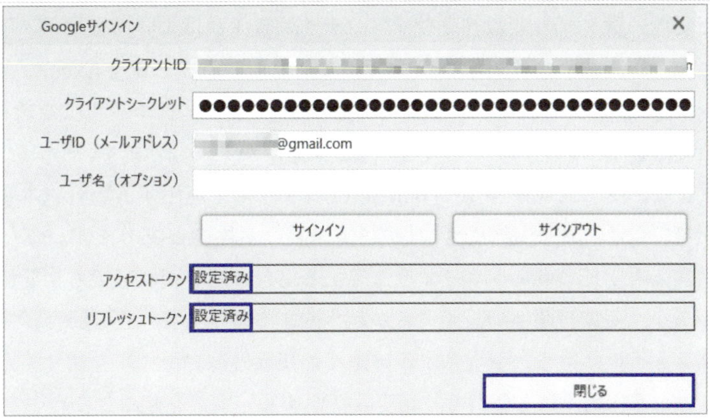

Chapter04　Case Study

4-4-2　Case Study9 中・大規模環境で運用する WinActor シナリオサンプルコード

サンプルフォルダ Case Study9

①シナリオの目的

　今までご紹介したCase Studyでは、シナリオ作成者がそのまま開発PCでシナリオを実行する小規模環境で使われることを想定して、シナリオを作成してきました。

　中・大規模環境でWinActorシナリオを運用する場合、どのような点に配慮して、シナリオを作成する必要があるか、ここで考えてみましょう。

　シナリオが利用する変数の初期値には頻繁に変更が予想されるものがあります。

　わかりやすい例が各種システムやメールサーバにログインするためのログイン名やパスワードです。データファイルを置いておくフォルダパスも組織の変更や人事異動で変わる場合があります。

　WinActorを理解している人が自分のPCでシナリオを運用している場合は、自分で変数一覧タブの変数初期値をメンテナンスすればよいのですが、管理するシナリオの数が増えると変更作業が大変になります。変数一覧をExcelなどの外部ファイルに持たせて、WinActorシナリオを実行するエンドユーザに変数初期値をExcel上で自分でメンテナンスしてもらうと、運用が楽になります。

　また、中・大規模環境でWinActorシナリオを運用する場合、本番環境とテスト環境でシナリオが持つ変数の初期値が異なる場合があります。また、複数の工場や営業所で使われるシナリオを作成する場合、同じ変数名でも初期値が異なる場合があり、変数初期値の設定ミスが起きやすくなります。その場合、変数初期値を外部ファイルに持ち、シナリオの冒頭で、使う外部ファイルを切り替えて、変数を切り替える仕組みにしておくと、変数初期値設定ミスを起こしにくくなります。

　以上の理由から、中・大規模環境で、多くのシナリオを運用している企業の場合、変数一覧を外部ファイルに持つことが現実解となります。

　また、シナリオが中・大規模になりますと、複数のサブルーチンを連続実行するケースが多くなりますが、アクション例外が途中で発生しても、シナリオを途中で止めないことが求められます。

　また、シナリオ実行結果(例：どのシナリオのどのサブルーチンがいつ正常終了したか、または異常終了したか)をリアルタイムで複数の関係者と共有する必要があります。実行ログもシステム運用者だけでなく、エンドユーザとも共有した方が良いでしょう。

　また、中・大規模環境で、複数のシナリオを運用する場合、手作業でシナリオを起動できないため、シナリオの自動実行方法を考える必要があります。

4-4 中・大規模シナリオ作成のためのサンプルコード

まとめますと、中・大規模環境でWinActorを運用するためには、下記の点を考慮してシナリオ作成する必要があります。

1. 変数初期値を外部ファイル(Excelファイルなど)から読み込む
2. 複数のサブルーチンを連続実行するケースでは、アクション例外が途中で発生しても、シナリオ実行を止めない
3. サブルーチン実行結果は、完了メール/エラーメールで関係者にリアルタイムで共有
4. ログ出力結果は、エンドユーザも見ることができるよう共有フォルダに出力
5. シナリオを自動実行させる

※1.で説明した類似シナリオ同士で、簡単に変数一覧の切り替えを実施するサンプルシナリオは、3-8の⑧で説明しましたので参照ください。

本シナリオの目的は、上記の点を考慮してExcelファイル間データ転記シナリオを作成することです。シナリオの構成は複数のサブルーチンを連続実行する形になります。

本節では、上記の5.以外を説明します。5.については、次項で説明します。

②シナリオの概要

WinActorで複数のサブルーチンを連続実行するサンプルシナリオ"複数サブルーチン連続実行.ums7"の概要を説明します。

このシナリオは、「初期処理グループ」と「データ転記グループ」の2つのサブルーチンを連続実行します。「初期処理グループ」は変数の初期値を外部ファイル(Excelファイル)から読み込む機能です。「データ転記グループ」はFukuoka.xlsxの指定セルの値をSendai.xlsxの指定セルに書き込むだけのシンプルな機能です。

中・大規模環境で運用するシナリオに容易に拡張できるよう、下記の4つの機能を有します。

1. 変数の初期値を外部ファイル(Excelファイル)から読み込む
2. アクション例外が途中で発生しても、シナリオ実行を止めない
3. サブルーチン実行結果は、完了メール/エラーメールで関係者にリアルタイムで共有
4. ログ出力結果は、エンドユーザも見ることができるよう共有フォルダに出力

シナリオ全体のフローチャートは下図のようになります。

Chapter04　Case Study

■図4-4-2-1：シナリオ全体のフローチャート

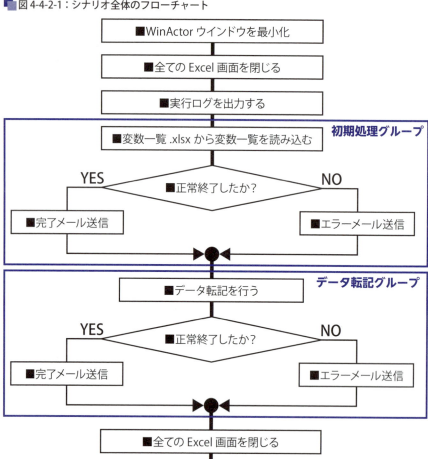

　各グループの処理が完了する都度、正常終了したか異常終了したか確認し、結果を関係者にGmail送信します。今回は実行したい業務が「データ転記」ひとつしかありませんが、「データ転記グループ」をコピーして修正し、別の業務グループを作成すればいくらでも別の業務を追加できますし、いずれかの業務が異常終了しても他の業務の実行に影響を与えませんので、中・大規模シナリオに拡張できます。

　「初期処理グループ」、「データ転記グループ」とも、具体的な処理はサブルーチン化しています。エラーが発生しても後続処理に影響を与えないようにするため、「初期処理グループ」、「データ転記グループ」は、個々に[例外処理]ノードにくるまれた形をしています。

4-4 中・大規模シナリオ作成のためのサンプルコード

こうすることで、[例外処理]ノード内の正常系処理でエラーが発生しても、シナリオ実行を止めることなく、次に処理を進めることができます。

COLUMN
少し話が脱線しますが、[例外処理]ノード内の中で、Excelシートを1行ずつ読み込んで処理する繰り返し処理ノードを配置すると、途中でエラーが発生しても異常終了させないで、継続して最後の行まで処理する構造を作成することが可能です。

以上がシナリオの概略説明です。
シナリオの全体フローチャートをさらに詳細化したフローチャートに解説を加えると下図のようになります。

図の①についてですが、中・大規模環境でシナリオ実行するための必須の機能ではありませんが、少しでもシナリオ実行を高速化するため、シナリオ実行の最初に「WinActorウィンドウを最小化」し、シナリオ実行の最後に「WinActorウィンドウを元に戻す」ユーザライブラリを追加しました。

WinActorのフローチャートで画面の表示(描写)を行うのにもPCのリソースを使用するので、最小化などして画面非表示にした方が動作速度が速くなります。また、対象のウィンドウがWinActorの後ろに隠れて、ウィンドウ識別エラーを起こすこともまれにあるため、リスク回避にもなります。

図4-4-2-2：詳細化したフローチャート【メイン】

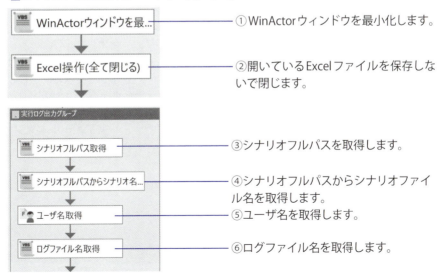

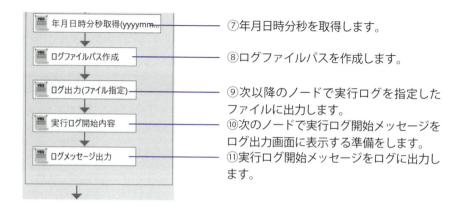

⑦年月日時分秒を取得します。

⑧ログファイルパスを作成します。

⑨次以降のノードで実行ログを指定したファイルに出力します。

⑩次のノードで実行ログ開始メッセージをログ出力画面に表示する準備をします。

⑪実行ログ開始メッセージをログに出力します。

次に「初期処理グループ」を実行するための[例外処理]ノードの内容を、正常系、異常系の順番に解説します。

「初期処理グループ」を実行する[例外処理]ノードの処理が終わったら、次にGmail送信します。

■図4-4-2-3：詳細化したフローチャート【初期処理グループ】

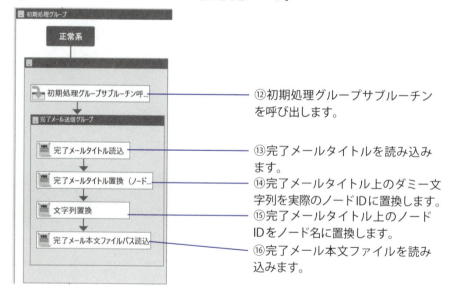

⑫初期処理グループサブルーチンを呼び出します。

⑬完了メールタイトルを読み込みます。

⑭完了メールタイトル上のダミー文字列を実際のノードIDに置換します。

⑮完了メールタイトル上のノードIDをノード名に置換します。

⑯完了メール本文ファイルを読み込みます。

4-4 中・大規模シナリオ作成のためのサンプルコード

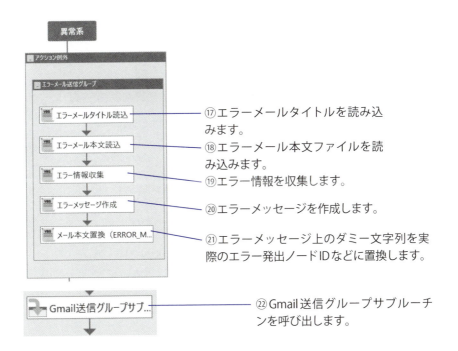

⑰エラーメールタイトルを読み込みます。
⑱エラーメール本文ファイルを読み込みます。
⑲エラー情報を収集します。
⑳エラーメッセージを作成します。
㉑エラーメッセージ上のダミー文字列を実際のエラー発出ノードIDなどに置換します。
㉒Gmail送信グループサブルーチンを呼び出します。

　次は、「データ転記グループ」を実行するための[例外処理]ノードを実行した後、Gmail送信しますが、「データ転記グループ」を実行する処理の内容は、「初期処理グループ」を実行する[例外処理]ノードの処理とほとんど同じため説明は省略します。

■ 図 4-4-2-4：詳細化したフローチャート【データ転記グループ】

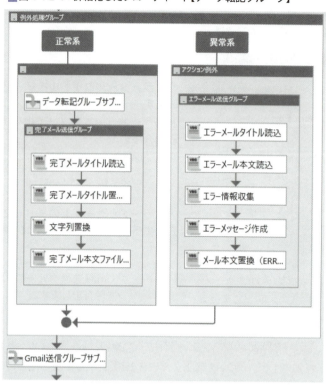

最後に、メイン処理の後始末処理を行います。

■ 図 4-4-2-5：詳細化したフローチャート【メイン処理の後始末処理】

㉓すべてのExcelファイルを保存しないで閉じます。

次はサブルーチンの内容を説明します。

最初は、「初期処理グループ」サブルーチンを説明します。このグループでは、サブルーチン呼び出しノードの情報収集をしたり、変数情報が入ったExcelファイル「変数一覧.xlsx」を開いたりします。

4-4 中・大規模シナリオ作成のためのサンプルコード

■ 図 4-4-2-6：「初期処理グループ」サブルーチン

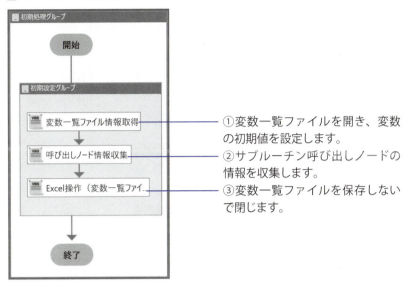

①変数一覧ファイルを開き、変数の初期値を設定します。
②サブルーチン呼び出しノードの情報を収集します。
③変数一覧ファイルを保存しないで閉じます。

「データ転記グループ」サブルーチンを説明します。Excelファイル間でデータ転記するシンプルなシナリオです。

■ 図 4-4-2-7：「データ転記グループ」サブルーチン

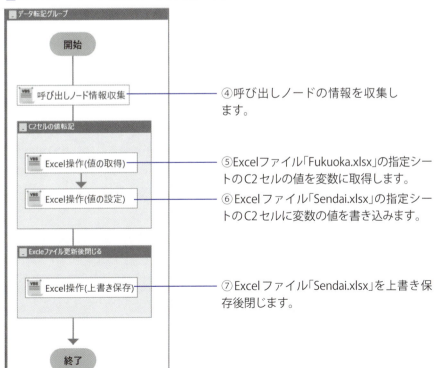

④呼び出しノードの情報を収集します。

⑤Excelファイル「Fukuoka.xlsx」の指定シートのC2セルの値を変数に取得します。
⑥Excelファイル「Sendai.xlsx」の指定シートのC2セルに変数の値を書き込みます。

⑦Excelファイル「Sendai.xlsx」を上書き保存後閉じます。

「Gmail送信グループ」サブルーチンを説明します。Gmailを送信するシナリオです。

■図4-4-2-8:「Gmail送信グループ」サブルーチン

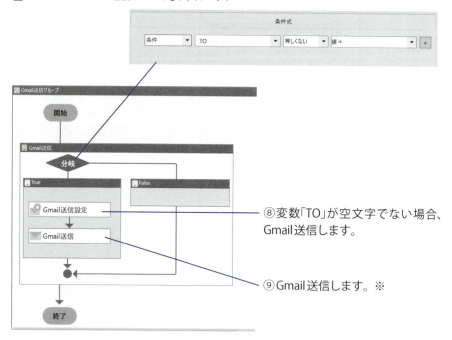

⑧変数「TO」が空文字でない場合、Gmail送信します。

⑨Gmail送信します。※

※会社によっては会社で使用を許可しているメールサーバ以外のメールサーバの利用許可をしていない場合があります。会社でGmailを使う際には事前にシステム管理者に確認することをお勧めします。
WinActorからGmail送信するためには、シナリオ実行前にGoogleにサインインしておく必要があります(本Chapter4-4-1 WinActorでGmail送信するための事前準備参照)。

変数にはパスワードなど、初期値を非表示にしたいものがあります。変数一覧を持たせたExcelファイルのセルの値は下記の2ステップで非表示にできますので、セルの値を非表示にするための参考にしてください。

● 1. 非表示にしたいセルの書式設定を変更する。

非表示にしたいセルを左クリック‐右クリック‐[セルの書式設定(F)]‐表示形式タブのユーザ定義をクリック(❶)、種類(T)に;;;(セミコロン3個)を入力(❷)、OKボタンをクリック(❸)。これで、セルの値を非表示できます。

■ 図4-4-2-9：セルの書式設定

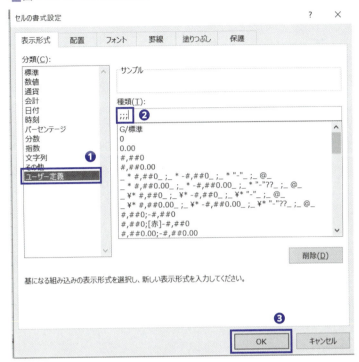

● 2. 数式バーを非表示に設定

　セルの値を非表示にできても、数式バーに値が表示されてしまいますので、数式バーも非表示にしておきましょう。
　Excel起動画面のタブの［表示］をクリックし（❶）、リボンの数式バーのチェックボックスをOFFにします（❷）。

■ 図4-4-2-10：数式バーを非表示に設定

Chapter04　Case Study

③シナリオ・ノードのプロパティ解説

最初に変数一覧をお見せします。

■図4-4-2-11：変数一覧

	グループ名	変数名	現在値	初期化しない	初期値	マスク
▼	グループなし					
		シナリオフルパス		☐		☐
		シナリオフォルダ名		☐		☐
		シナリオ名		☐		☐
		ユーザ名		☐		☐
		PWD		☐		☐
		ログファイルパス		☐		☐
		年月日時分秒		☐		☐
		ログメッセージ		☐		☐
		コピー元ファイル名		☐		☐
		コピー先ファイル名		☐		☐
		シート名変数		☐		☐
		変数一覧ファイルパス		☐	config¥変数一覧.xlsx	☐
		文字列アンダーバー		☐		☐
		実行結果		☐		☐
		完了メールタイトルファイルパ		☐		☐
		完了メール本文ファイルパス		☐		☐
		エラーメールタイトルファイルパ		☐		☐
		エラーメール本文ファイルパス		☐		☐
		エラー発出ノード名		☐		☐
		エラー発出ノードID		☐		☐
		TO		☐		☐
		メール本文		☐		☐
		メールタイトル		☐		☐
		ERROR_MSG		☐		☐
		エラーメッセージ		☐		☐
		セルの値		☐		☐
		呼び出しノードID		☐		☐

　今回のシナリオでは、変数一覧は、Excelファイル［変数一覧.xlsx］に外出ししたため、［変数一覧.xlsx］のファイルパス以外は、全て下記のExcelファイル［変数一覧.xlsx］に記述されています。

■図4-4-2-12：変数一覧.xlsx

	A	B	C
1	初期値	変数名	説明
2		シナリオフルパス	
3		シナリオフォルダ名	
4		シナリオ名	
5		ユーザ名	
6		PWD	メールサーバにログインするためのパスワード
7		ログファイルパス	
8		年月日時分秒	
9		ログメッセージ	
10	C:¥Users¥XXXXXXXXXX¥data¥Fukuoka.xlsx	コピー元ファイル名	
11	C:¥Users¥XXXXXXXXXX¥data¥Sendai.xlsx	コピー先ファイル名	
12	変数	シート名変数	

502

13	C:¥Users¥XXXXXXXXXX¥config¥変数一覧.xlsx		変数一覧ファイルパス	
14	_		文字列アンダーバー	
15			実行結果	
16	C:¥Users¥XXXXXXXXXX¥mail_text¥完了メールタイトル.txt		完了メールタイトルファイルパス	完了メールのタイトルファイルパス
17	C:¥Users¥XXXXXXXXXX¥mail_text¥完了メールメッセージ.txt		完了メール本文ファイルパス	完了メールの本文ファイルパス
18	C:¥Users¥XXXXXXXXXX¥mail_text¥エラーメールタイトル.txt		エラーメールタイトルファイルパス	エラーメールのタイトルファイルパス
19	C:¥Users¥XXXXXXXXXX¥mail_text¥エラーメールメッセージ.txt		エラーメール本文ファイルパス	エラーメールの本文ファイルパス
20			エラー発出ノード名	
21			エラー発出ノードID	
22	XXXXX@yahoo.co.jp		TO	メール送信先アドレス
23			メール本文	
24			メールタイトル	
25			ERROR_MSG	
26			エラーメッセージ	
27			セルの値	
28			呼び出しノードID	

ここからシナリオ概要を説明します。

● WinActorウィンドウを最小化し、開いているExcelファイルを閉じる

シナリオ実行の最初に、WinActorウィンドウを最小化するため、ライブラリパレットの[WinActorウィンドウを最小化]を直前に作成したノードの直下に配置します。

シナリオ実行前に、シナリオ実行に不要なExcelファイルが開いていると、シナリオ実行の障害になる場合があるため、ここで不要なExcelファイルを閉じます。そのために、ライブラリパレットの[Excel操作(全て閉じる)]を直前に作成したノードの直下に配置します。

図 4-4-2-13：WinActorウィンドウを最小化しExcelファイルを閉じる

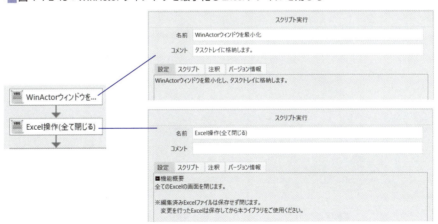

Chapter04　Case Study

● 実行ログをファイルに出力

　実行ログを共有フォルダにテキストファイルで出力しておくとチームで障害解析
をする際に便利なので、実行ログをファイルに出力します。

　シナリオフルパスを取得するため、ライブラリパレットの[シナリオファイル名取
得]を直前に作成したノードの直下に配置した後、図4-4-2-14❶のとおりプロパティ
を設定します。

　シナリオフルパスからシナリオファイル名を取得するため、独自ライブラリ[シナ
リオフルパスからシナリオ名取得]を作成して直前に作成したノードの直下に配置
します。具体的には、ノードパレットの[アクション]-[スクリプト実行]を直前に
作成したノードの直下に配置後、スクリプトタブに下記の内容をテキストエディター
で作成後、転記します。

```
FileName=!ファイル名!
extension =!拡張子|あり,なし,拡張子のみ!

Dim objFileSys
Set objFileSys = CreateObject("Scripting.FileSystemObject")

if extension = "あり" then
  FName = objFileSys.getBaseName(FileName)
  Ext = objFileSys.GetExtensionName(FileName)
  SetUMSVariable $取得値$ , FName & "." & Ext

elseif extension = "なし" then
  FName = objFileSys.getBaseName(FileName)
  SetUMSVariable $取得値$ , FName

else
  Ext = objFileSys.GetExtensionName(FileName)
  SetUMSVariable $取得値$ , Ext

end if
```

　❷のとおりプロパティを設定します。
　ユーザ名を取得するため、ノードパレットの[ユーザ名取得]を直前に作成した
ノードの直下に配置した後、❸のとおりプロパティを設定します。
　ログファイル名を作成するため、[文字列の連結(4つ)]を直前に作成したノード
の直下に配置後、❹のとおりプロパティを設定します。

4-4 中・大規模シナリオ作成のためのサンプルコード

■図4-4-2-14：実行ログをファイルに出力

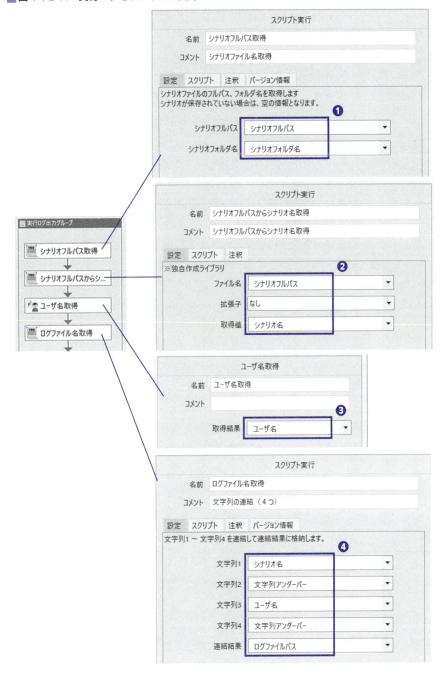

Chapter04 Case Study

　年月日時分秒を取得するため、ライブラリパレットの[年月日時分秒取得(yyyymmddhhmmss)]を直前に作成したノードの直下に配置後、❺のとおりプロパティを設定します。

　ログファイルパスを作成するため、ライブラリパレットの[文字列の連結(5つ)]を直前に作成したノードの直下に配置後、❻のとおりプロパティを設定します。

　次以降のノードで実行ログを指定したファイルに出力するため、ライブラリパレットの[ログ出力(ファイル指定)]を直前に作成したノードの直下に配置後、❼のとおりプロパティを設定します。

　次のノードで実行ログ開始メッセージをログ出力画面に表示する準備をするため、ライブラリパレットの[文字列の連結(3つ)]を直前に作成したノードの直下に配置後、❽のとおりプロパティを設定します。

　実行ログ開始メッセージをログ出力するため、ライブラリパレットの[文字列の連結(3つ)]を直前に作成したノードの直下に配置後、❾のとおりプロパティを設定します。

4-4 中・大規模シナリオ作成のためのサンプルコード

■ 図4-4-2-15：実行ログをファイルに出力

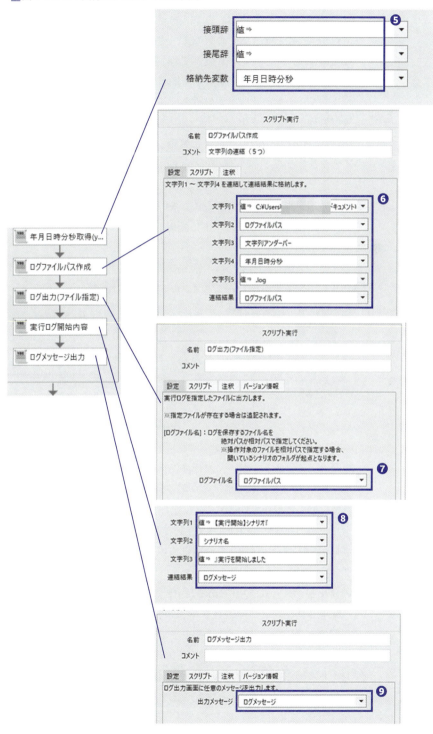

Chapter04 Case Study

●「初期処理グループ」実行と、完了メール送信を実行する

「初期処理グループ」とは、サブルーチン呼び出しノードの情報収集をしたり、変数情報が入ったExcelファイル「変数一覧.xlsx」を開く処理です。

最初に、ノードパレットの[例外処理]をフローチャートに配置した後、[例外処理]の正常系と異常系に下記のノードを順番に配置します。正常系には初期処理グループのサブルーチンを呼び出す処理と完了メール送信処理、異常系には、エラーメール送信処理を配置します。

[例外処理]ノードの中に正常系処理を記述すると、異常が発生してもシナリオを中断することなく、[例外処理]ノードの異常系処理を実行後、次のノードの処理を実行できます。

初期処理グループのサブルーチンを呼び出すために、ノードパレットの[サブルーチン呼び出し]をフローチャートに配置した後、下図囲み部分のとおりプロパティを設定します。

図4-4-2-16：初期処理グループのサブルーチンを呼び出す

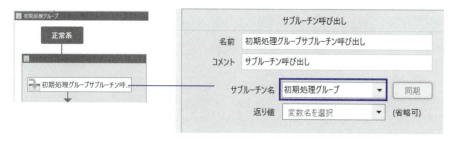

完了メールタイトルが入ったテキストファイルを変数に格納するために、ライブラリパレットの[テキストファイル読み込み]を直前に作成したノードの直下に配置した後、❶のとおりプロパティを設定します。

ダミー文字列|ノードID|を変数「呼び出しノードID」と置換するために、ライブラリパレットの[文字列置換]を直前に作成したノードの直下に配置した後、❷のとおりプロパティを設定します。

呼び出しノードIDの値である301を文字列「初期処理グループ」に置換するために、ライブラリパレットの[文字列置換]を直前に作成したノードの直下に配置した後、❸のとおりプロパティを設定します。

完了メール本文が入ったテキストファイルを変数に格納するために、ライブラリパレットの[テキストファイル読み込み]を直前に作成したノードの直下に配置した後、❹のとおりプロパティを設定します。

4-4 中・大規模シナリオ作成のためのサンプルコード

■図 4-4-2-17：完了メール送信グループ

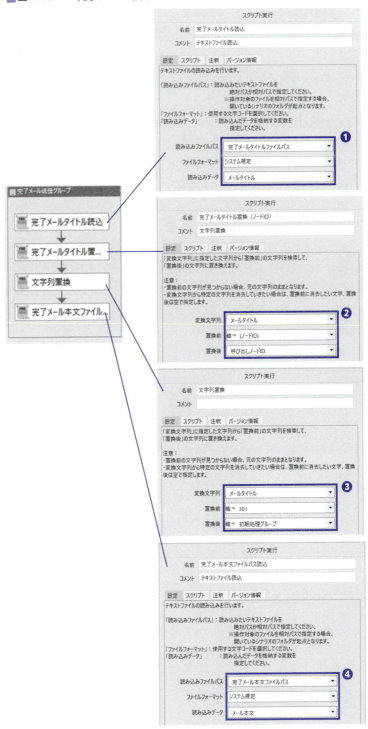

Chapter04 Case Study

●「初期処理グループ」でエラーが発生した場合のエラーメッセージ送信処理を実行する

　直前にフローチャートに配置した[例外処理]の異常系に下記のノードを順番に配置します。

　エラーメールタイトルが入ったテキストファイルを変数に格納するために、ライブラリパレットの[テキストファイル読み込み]を直前に作成したノードの直下に配置した後、図4-4-2-18❶のとおりプロパティを設定します。

　エラーメール本文が入ったテキストファイルを変数に格納するために、ライブラリパレットの[テキストファイル読み込み]を直前に作成したノードの直下に配置した後、❷のとおりプロパティを設定します。

　エラー情報収集するために、ライブラリパレットの[エラー情報収集]を直前に作成したノードの直下に配置した後、❸のとおりプロパティを設定します。

　エラーメッセージを作成するために、独自ライブラリ[エラーメッセージ作成]を作成して直前に作成したノードの直下に配置します。

　具体的には、ノードパレットの[アクション]−[スクリプト実行]を直前に作成したノードの直下に配置後、スクリプトタブに下記の内容をテキストエディターで作成後、転記します。

```
result = "・エラー発出ノード名:" & !エラー発出ノード名! & vbCrLf & "・エラー発出ノードID:" & !エラー発出ノードID! & vbCrLf & "・エラーメッセージ:" & !エラーメッセージ!
vm_result = $作成メッセージ$

SetUmsVariable vm_result, result
```

　❹のとおりプロパティを設定します。

　ダミー文字列¦ERROR_MSG¦を変数「ERROR_MSG」と置換するために、ライブラリパレットの[文字列置換]を直前に作成したノードの直下に配置した後、❺のとおりプロパティを設定します。

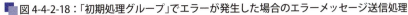

4-4 中・大規模シナリオ作成のためのサンプルコード

■ 図4-4-2-18：「初期処理グループ」でエラーが発生した場合のエラーメッセージ送信処理

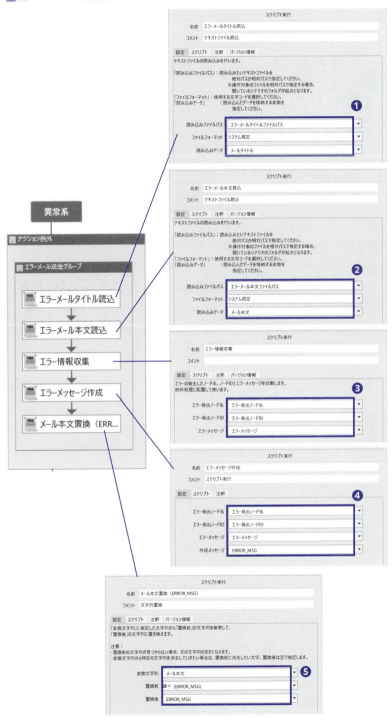

● Gmail送信グループサブルーチンを呼び出す

　Gmail送信グループのサブルーチンを呼び出すために、ノードパレットの[サブルーチン呼び出し]をフローチャートに配置した後、下図囲み部分のとおりプロパティを設定します。

■ 図4-4-1-19：Gmail送信グループのサブルーチンを呼び出す

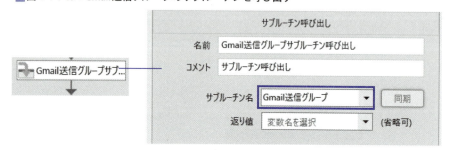

●「データ転記グループ」の実行と、完了メール送信を実行

　基本的には、既に説明した「●「初期処理グループ」実行と、完了メール送信を実行する」と同じですので、画像だけ貼って、プロパティの説明は省略します。

4-4 中・大規模シナリオ作成のためのサンプルコード

■ 図4-4-2-20：「データ転記グループ」の実行と、完了メール送信を実行

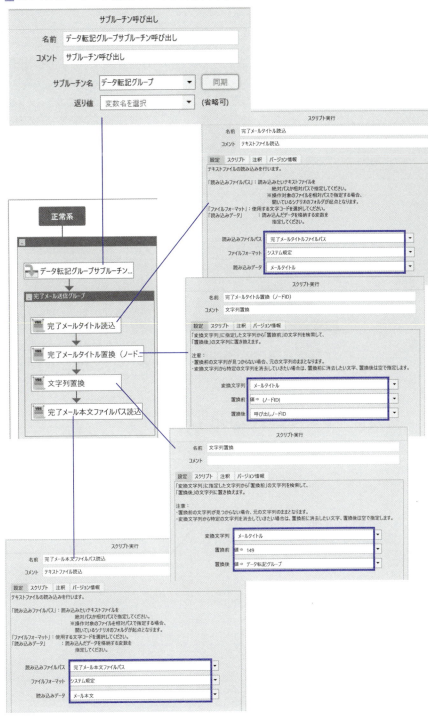

Chapter04 Case Study

●「データ転記グループ」でエラーが発生した場合のエラーメッセージ送信処理を実行

ここも「初期処理グループ」でエラーが発生した場合のエラーメッセージ送信処理を実行する。と同じですので、画像だけ貼って、プロパティの説明は省略します。

図 4-4-2-21：「データ転記グループ」でエラーが発生した場合のエラーメッセージ送信処理

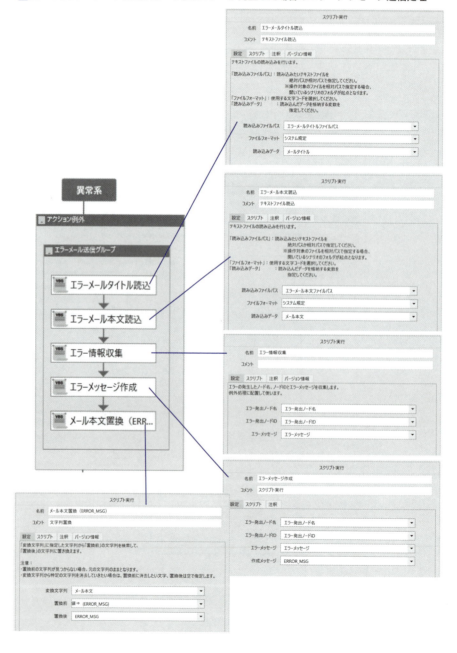

● Gmail送信グループサブルーチンを呼び出す

既に説明した「●Gmail送信グループサブルーチンを呼び出す」と同じですので、画像だけ貼って、プロパティの説明は省略します。

■ 図4-4-2-22：Gmail送信グループサブルーチンを呼び出す

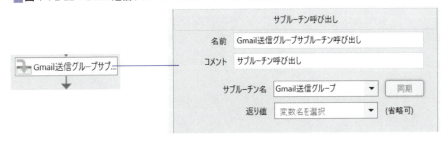

● Excelファイルを保存しないで全て閉じ、WinActorウィンドウをタスクトレイから元に戻す

メインタブの処理の最後に、後始末処理として、Excelファイルを保存しないで全て閉じる処理と、WinActorウィンドウをタスクトレイから元に戻す処理を実行します（初期処理グループサブルーチンの最初でWinActorウィンドウを最小化したので、最後に元のサイズに戻しています）。

開いているExcelファイルを保存しないですべて閉じるために、ライブラリパレットの［Excel操作（全て閉じる）］を直前に作成したノードの直下に配置します。

WinActorウィンドウをタスクトレイから元に戻すために、［WinActorウィンドウを元に戻す］を直前に作成したノードの直下に配置します。

■ 図4-4-2-23：Excelファイルを保存しないで全て閉じ、WinActorウィンドウをタスクトレイから元に戻す

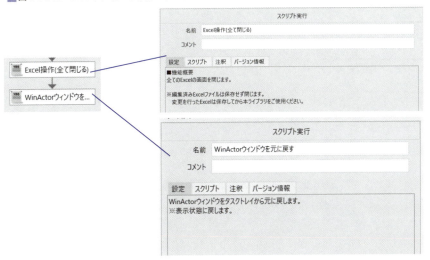

Chapter04　Case Study

●「初期処理グループ」サブルーチンの説明

「初期処理グループ」サブルーチンを説明します。

最初に、外部ファイルを読み込んで変数の初期値設定を実行します。

Excelファイル［変数一覧.xlsx］から変数情報を読み込むために、独自ライブラリ［変数一覧ファイル情報取得］を作成します。

具体的には、ノードパレットの［アクション］－［スクリプト実行］を直前に作成したノードの直下に配置後、スクリプトタブに下記の内容をテキストエディターで作成後、転記します。

```
' ====指定されたファイルを開く====================================
=================

' ファイルのパスをフルパスに変換する
Set fso = CreateObject("Scripting.FileSystemObject")
filePath = fso.GeTabsolutePathName(!ファイル名!)

' workbookオブジェクトを取得する
Set workbook = Nothing
On Error Resume Next
 ' 既存のエクセルが起動されていれば警告を抑制する
 Set existingXlsApp = Nothing
 Set existingXlsApp = GetObject(, "Excel.Application")
 existingXlsApp.DisplayAlerts = False

 ' 一先ずWorkbookオブジェクトをGetObjectしてみる
 Set workbook = GetObject(filePath)
 Set xlsApp = workbook.Parent

 ' GetObjectによって新規に開かれたWorkbookなら
 ' 変数にNothingを代入することで参照が0になるため
 ' 自動的に閉じられる。
 Set workbook = Nothing

 ' Workbookがまだ存在するか確認する
 For Each book In xlsApp.Workbooks
  If StrComp(book.FullName, filePath, 1) = 0 Then
    ' Workbookがまだ存在するので、このWorkbookは既に開かれていたもの
    Set workbook = book
    xlsApp.Visible = True
  End If
 Next
```

4-4 中・大規模シナリオ作成のためのサンプルコード

```
' Workbook が存在しない場合は、新たに開く。
If workbook Is Nothing Then
  Set xlsApp = Nothing

  ' Excel が既に開かれていたならそれを再利用する
  If Not existingXlsApp Is Nothing Then
    Set xlsApp = existingXlsApp
    xlsApp.Visible = True
  Else
    Set xlsApp = CreateObject("Excel.Application")
    xlsApp.Visible = True
  End If

  Set workbook = xlsApp.Workbooks.Open(filePath)
End If

' 警告の抑制を元に戻す
existingXlsApp.DisplayAlerts = True
Set existingXlsApp = Nothing
On Error Goto 0

If workbook Is Nothing Then
  Err.Raise 1, "", "指定されたファイルを開くことができません。"
End If

' ====指定されたシートを取得する ===================================
===============

sheetName = ! シート名 !
Set worksheet = Nothing
On Error Resume Next
  ' シート名が指定されていない場合は、アクティブシートを対象とする
  If sheetName = "" Then
    Set worksheet = workbook.ActiveSheet
  Else
    Set worksheet = workbook.Worksheets(sheetName)
  End If
On Error Goto 0

If worksheet Is Nothing Then
  Err.Raise 1, "", "指定されたシートが見つかりません。"
End If
```

04

517

```
worksheet.Activate

' ====指定されたセルを取得する======================================
==============

i = !開始行!

vc = !初期値列!
hc = !変数名列!

vc = worksheet.Range(vc & i).column
hc = worksheet.Range(hc & i).column

Do Until worksheet.cells(i , hc)=""

  value = worksheet.cells(i , vc)

  hnm = worksheet.cells(i , hc)

  SetUMSVariable hnm , value

  i = i + 1

Loop

' ====ハイライトを表示する======================================
=================

' HwndプロパティはExcel2002以降のみ対応
On Error Resume Next
  ShowUMSHighlight(xlsApp.Hwnd)
On Error Goto 0

' ====変数に書き込む======================================
==================

Set objRe = Nothing
Set xlsApp = Nothing
Set worksheet = Nothing
Set workbook = Nothing
Set fso = Nothing
```

囲み部分のとおりプロパティを設定します。

■ 図4-4-2-24：Excelファイル[変数一覧.xlsx]から変数初期値を読み込む

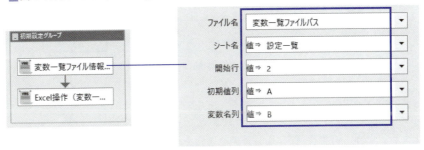

呼び出しノード情報を収集するために、独自ライブラリ[呼び出しノード情報収集]を作成して直前に作成したノードの直下に配置します。

後で完了メールを送信する際に、どの処理が完了したかを完了メールタイトルに記入します。処理を実行するノード名称はライブラリで情報収集できないため、代わりに、サブルーチン呼び出しノードID情報を収集して、後で、このノードID情報を完了した処理名称に置換します。最初はこのノードは、Excelファイル[変数一覧.xlsx]から変数初期値を読み込むノードの前に配置していましたが、そうすると変数「呼び出しノードID」の値が空文字になってしまうため、前出ノードの後に配置しました。

ノードパレットの[アクション]－[スクリプト実行]を直前に作成したノードの直下に配置後、スクリプトタブに下記の内容をテキストエディターで作成後、転記します。

```
var_call_id = GetUmsVariable ( "$SUBROUTINE-INVOKE_ACTION_ID" )
vn_call_id = $呼び出しノードID$
if IsNull(var_call_id) then
  SetUmsVariable vn_call_id ,""
else
  SetUmsVariable vn_call_id ,var_call_id
end if
```

囲み部分のとおりプロパティを設定します。

■ 図4-4-2-25：呼び出しノード情報を収集

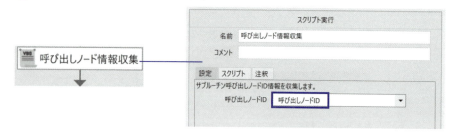

　Excelファイル[変数一覧.xlsx]を保存なしで閉じるため、ライブラリパレットの[Excel操作(保存なしで閉じる)]を直前に作成したノードの直下に配置後、囲み部分のとおりプロパティを設定します。

■ 図4-4-2-26：Excelファイル[変数一覧.xlsx]を保存なしで閉じる

●「データ転記グループ」サブルーチンの説明

　「データ転記グループ」サブルーチンを説明します。

　シンプルなExcelファイル間データ転記シナリオですが、本シナリオのメインとなる処理です。

　本サブルーチンを呼び出したノードの情報を収集するため、独自ライブラリ[呼び出しノード情報収集]を直前に作成したノードの直下に配置した後、❶のとおりプロパティを設定します。

　Fukuoka.xlsxの指定シートのC2セルの値を変数に取得するため、ライブラリパレットの[Excel操作(値の取得)]を直前に作成したノードの直下に配置した後、❷のとおりプロパティを設定します。

　Sendai.xlsxの指定シートのC2セルに変数の値を書き込むため、ライブラリパレットの[Excel操作(値の設定)]を直前に作成したノードの直下に配置した後、❸のとおりプロパティを設定します。

　Sendai.xlsxを上書き保存するため、ライブラリパレットの[Excel操作(上書き保存)]を直前に作成したノードの直下に配置した後、❹のとおりプロパティを設定します。

4-4 中・大規模シナリオ作成のためのサンプルコード

■ 図4-4-2-27：「データ転記グループ」サブルーチン

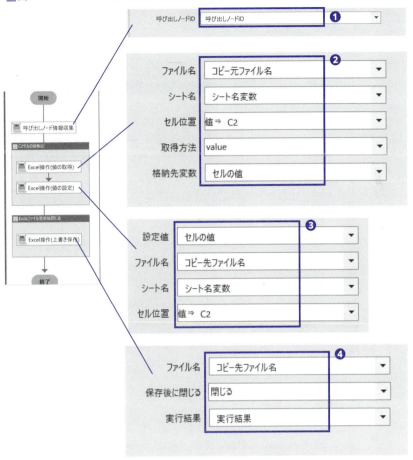

● 「Gmail送信グループ」サブルーチンの説明

「Gmail送信グループ」サブルーチンを説明します。

変数「TO」が空文字列以外の場合に、変数「TO」の初期値に設定されたメールアドレス宛に、完了メールや、エラーメールを送信します。宛先が複数ある場合は、;で区切って複数のメールアドレスを記入します。

ノードパレットの[分岐]を直前に作成したノードの直下に配置した後、下図囲み部分のとおりプロパティを設定します。

■ 図4-4-2-28:「Gmail送信」分岐処理

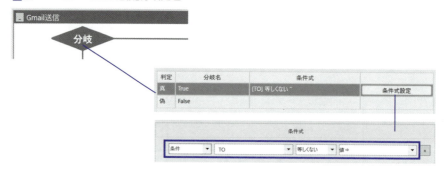

ライブラリパレットの[Gmail送信設定]と[Gmail送信]を直前に作成したノードの直下に配置した後、下図囲み部分のとおりプロパティを設定します。

■ 図4-4-2-29:「Gmail送信」メール送信

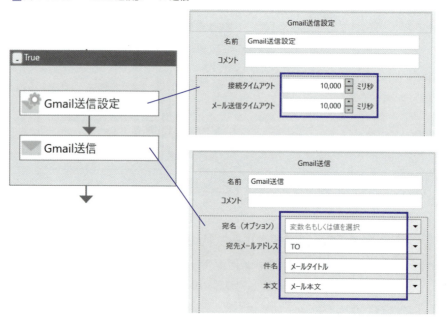

④正常系と異常系の単体テスト結果

ご参考までに、正常系と異常系の単体テスト結果をシナリオが送信した送信メール内容と、ログ出力結果でお示しします。

● 正常系

■ 図 4-4-2-30：正常系送信メール内容

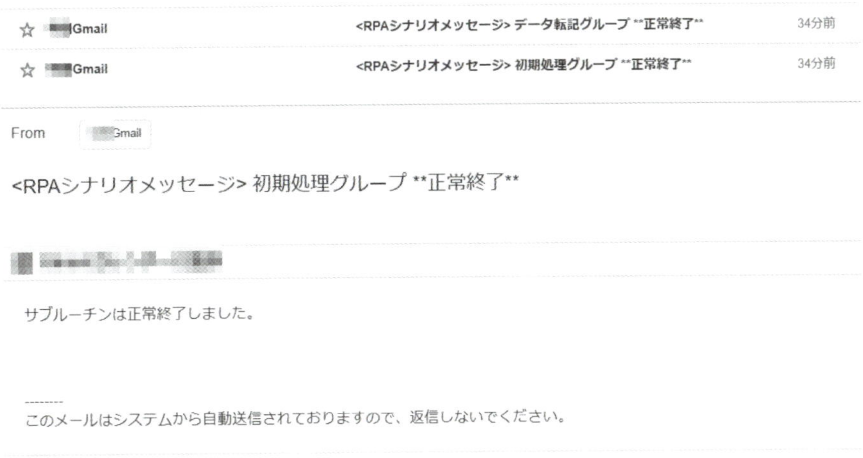

| ☆ ▓▓Gmail | <RPAシナリオメッセージ> データ転記グループ **正常終了** | 34分前 |
| ☆ ▓▓Gmail | <RPAシナリオメッセージ> 初期処理グループ **正常終了** | 34分前 |

From　▓▓Gmail

<RPAシナリオメッセージ> 初期処理グループ **正常終了**

サブルーチンは正常終了しました。

このメールはシステムから自動送信されておりますので、返信しないでください。

■ 正常系ログ出力結果

```
2023-10-15 15:15:02.043+09:00 INFO【アクション】「実行ログ開始内容」を実行。
ノードID：338
2023-10-15 15:15:02.165+09:00 INFO【アクション】「ログメッセージ出力」を実行。
ノードID：339

～省略～

2023-10-15 15:15:22.008+09:00 INFO【実行終了】シナリオ「Case Study9_複数サ
ブルーチン連続実行.ums7」の実行を終了しました。経過時間：00:00:27.6490000
```

● 異常系

　今回はデータ転記先のセル位置に存在しないセル位置を設定してエラーを発生させました。

　エラー発出ノード名や発生理由が送信メールやログに記入されています。また、ログを見ると、エラーが発生してもシナリオ実行を中断することなく、最後までシナリオが実行されていることがわかります。

■ 図 4-4-2-31：異常系送信メール内容

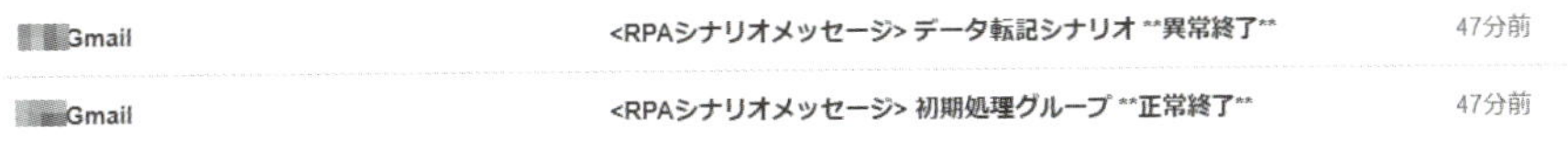

| ▓▓Gmail | <RPAシナリオメッセージ> データ転記シナリオ **異常終了** | 47分前 |
| ▓▓Gmail | <RPAシナリオメッセージ> 初期処理グループ **正常終了** | 47分前 |

Chapter04　Case Study

From　　　████Gmail

<RPAシナリオメッセージ> データ転記シナリオ **異常終了**

████████████ ██

異常終了発生。

　・エラー発出ノード名:Excel操作(値の設定)
　・エラー発出ノードID:154
　・エラーメッセージ:スクリプトの実行に失敗しました。
　エラー番号: 0x00000001
　内容: 指定されたセルが見つかりません。

このメールはシステムから自動送信されておりますので、返信しないでください。

エラーが発生した箇所以降の実行ログは以下のとおりです。

🔲異常系ログ出力結果

2023-10-15 15:27:27.968+09:00 ERROR【エラー】「Excel操作(値の設定)」でエラーが発生しました。「スクリプトの実行に失敗しました。
エラー番号: 0x00000001
内容: 指定されたセルが見つかりません。」アクション例外の処理を実行します。ノードID : 154

～省略～

2023-10-15 15:27:37.516+09:00 INFO【アクション】「WinActorウィンドウを元に戻す」を実行。ノードID : 63
2023-10-15 15:27:37.768+09:00 INFO【実行終了】シナリオ「Case Study9_複数サブルーチン連続実行.ums7」の実行を終了しました。経過時間 : 00:00:27.4680000

🔲ログ出力結果

2023-10-15 15:27:15.011+09:00 INFO【アクション】「実行ログ開始内容」を実行。ノードID : 338
2023-10-15 15:27:15.143+09:00 INFO【アクション】「ログメッセージ出力」を実行。ノードID : 339
2023-10-15 15:27:15.261+09:00 INFO【実行開始】シナリオ『Case Study9_複数サブルーチン連続実行』実行を開始しました

～省略～

2023-10-15 15:27:31.279+09:00 INFO【アクション】「Excel操作(全て閉じる)」を

実行。ノードID：62
2023-10-15 15:27:37.516+09:00 INFO【アクション】「WinActorウィンドウを元に戻す」を実行。ノードID：63
2023-10-15 15:27:37.768+09:00 INFO【実行終了】シナリオ「Case Study9_複数サブルーチン連続実行.ums7」の実行を終了しました。経過時間：00:00:27.4680000

4-4-3 中・大規模環境でWinActorを運用するための技術的なポイント

　中・大規模環境でWinActorを運用するためには、シナリオ作成時に下記の配慮が必要になると前項でご説明し、1.～3.まではCase Study9で説明をしました。

1. 変数一覧情報は、エンドユーザが自分で修正できるよう、外部ファイル(Excelファイル)で持つ
2. シナリオ実行結果は、完了メール／エラーメールで関係者に連絡
3. ログ出力結果は、エンドユーザも見ることができるよう共有フォルダに出力
4. シナリオを自動実行させるための技術的なポイントを理解

　4.については、既に2-4-5で説明済みですので、そちらを参照ください。

COLUMN

WinActor Manager on Cloud

今までのChapterではシナリオ作成者の方を念頭に、シナリオ作成テクニックを様々な観点から解説してきました。

一方で、複数のWinActorをクラウド上で一元管理するためのサービスWinActor Manager on Cloud（以下WMCと略します）というものも存在します。

WinActor関連マニュアルのWebページ内にある「WinActor Manager on Cloud」の項目にガイドやマニュアルがありますので、仕事でWMCを使われる方は参考にしてみてください。

また、WinActorには、オンプレミス（情報システムを使用者の設備内に設置するタイプ）やプライベートクラウドで、複数のWinActorを一元管理できる、WinDirector poweredby NTT-AT」という別の製品もあります。

・ WinActor 関連マニュアルのWebページ（ページ下部にWinActor Manager on Cloudのマニュアルがある）
  https://winactor.biz/use/manual.html

・ WinDirector poweredby NTT-AT
  https://winactor.biz/product/windirector.html

おわりに

　世の中には既にWinActor解説本が数冊世の中に出ています。その中で本書をお手に取りいただきありがとうございました。

　本書で紹介したシナリオは秀和システムのWebサイトに掲載されていますので実際にダウンロードして試してみてください。そして修正して皆さんの実務で積極的に活用してください。そして皆さんの業務の効率化に役立った！　などの効果が出ましたら、例えばAmazonのレビューなどを通してその効果や成果を教えて頂けましたら幸いです。読者の皆さんのレビューが他の読者の方にも参考になります。

　Chapter04のCase Study6では、プレゼン資料内の全情報削除マクロを説明しました。
　しかし、実務には「図形は残したいが、テキストボックスは削除したい。」「全ページのテキストボックスの削除は困る。指定ページ番号のテキストボックスは残したい。」「指定テキストを含むテキストボックスだけ狙って削除したい。」など様々なご要望があるかと思います。ページ数の制約でこれらは説明を割愛しましたが、PowerPointマクロの追加情報は期間限定で開催中のWinActorシナリオ作成のオンライン研修コースや本書のサンプル・ダウンロードサイトで配布しています。

　最後に各種URLをご紹介します。

　本書ではシナリオ作成技法を文章だけで長々と説明しました。中には「つまらない」「難しい」と感じた方もいらっしゃるかもしれません。
　筆者が開催するWinActorシナリオ作成オンライン研修コースでは、拙書とほぼ同じ内容を、説明を耳で聞きながら自ら手を動かして学習することができます。

- WinActorシナリオ作成オンライン研修コースの概要はこちら

おわりに

- WinActorシナリオ作成オンライン研修コースのお申込みフォームはこちら

※WinActor企業向け研修やシナリオ開発に関する個別のご相談があれば、上記のお申込みフォームでご相談にのっています。

- 溝口健二のFacebookページはこちら

　数日前に、ある方と今後の日本のRPA市場について意見交換する場がありました。
　その方のご意見では、グローバルではA社がナンバーワンだから、いずれ日本でも、A社がマーケットシェアを伸ばして行き、WinActorの国内市場シェアはじりじり減っていくのではないかという予想でした。
　個人的な予想ですが、私の回答は"NO"です。
　先日、人からもらった約100ページのPowerPointファイルの全ページに不要なテキストボックスが貼ってあったことから、WinActorのシナリオを作成して、自動削除することにしました。

　WinActor起動後、ノードパレットから［繰り返し］ノードをフローチャートに配置後、PowerPointスライドのテキストボックスを1個削除して改ページするマウス操作エミュレーション・ノードを1個作成し、［繰り返し］ノードの配下に配置すると、15分もかからないで、シナリオができてしまいました。
　そして、このシナリオを実行させると、約30分で約100ページのPowerPointファイルの全ページに貼ってあった不要なテキストボックスを全て削除することができました。
　このように、フローチャートにソフトウェア部品をマウスで並べていけば、素早くシナリオができてしまうのが、WinActorの強みです。特にPowerPoint操作に強みを発揮します。

　このわかりやすいユーザーインターフェースに、筆者は単なる道具を超えた愛着を感じます。WinActorは今後とも、日本のRPA市場で末永く支持されていくのではないでしょうか。

　最後に、数年にわたり、本書執筆をご支援いただいた関係者の皆様に感謝を申し上げます。皆様のご支援無しには本書は上梓できませんでした。

索引

記号

$SCENARIO-FOLDER 170, 359, 427

数字

1 次元配列操作（情報取得）................................. 478

C

Chrome 起動グループ 115
Chrome 拡張機能 22
Cloud Library... 163

E

Excel 操作（AutoFill）.. 211
Excel 操作（値の取得）.. 83
Excel 操作（値の取得 2）..................................... 77
Excel 操作（上書き保存）........................... 121, 232
Excel 操作（全て閉じる）.................................... 121
Excel 操作（保存なしで閉じる）........................ 121
Excel 開く（前面化）................................... 120, 183
Explorer でファイル開く.................................... 183

G

GetUMSVariable 138

P

PowerPoint.. 344, 379

R

R1C1 形式... 82

U

UI.. 86
UI 識別型.. 33

URL

URL 278

V

Variant 型 46
VBScript... 46

W

WebDriver 22, 28
WinActor... 2
WinActor7 Browser Agent................................... 23
WinActor ノート 199
WinActor ノート操作（状態読み取り（項目選択））
.... 297

X

XPath.. 252

あ

アクセスキー 134
値の取得 276, 291
後判定繰返.. 87

い

一時停止... 188
インストール.. 6

う

ウィンドウ識別ルール................................... 142, 143
ウィンドウ状態待機...................................... 85, 183
ウィンドウの表示変更... 117

え

エミュレーション 117, 122, 167

索引

エミュレーションモード 2, 33, 129

お

オンラインアップデート 30

か

カウンター 43
カウントアップ 79, 84, 286
画像キャプチャをする 166
画像マッチング 2, 33, 87, 89, 127, 176
型宣言 47
画面状態確認機能 158

き

キーボード操作エミュレーション一覧 132
機能編集エリア 21
記録 166
記録対象アプリケーション選択 112

く

クリック（WIN32） 253
クリップボード 45, 247, 281
クリップボードから読み込み 219
グループ化 49
クローリング 198

こ

コマンド実行 124
コメント欄 173

さ

サブルーチン 307, 330
サブルーチン化 73, 102
サブルーチン構成 107
サブルーチン呼び出し 106

し

実行抑止状態を保存 187
指定時間待機 127, 159, 338
自動記録 113
自動操作インタフェース 129
自動操作手段 129
自動操作手段一覧 131
シナリオ 32
シナリオ goto 100
シナリオ構築規約 73
シナリオ設計書 68
シナリオデバッグ 52
シナリオ不具合 65
シナリオ分割 102
シナリオ編集エリア 21
状態変化待機（要素） 86, 162
ショートカットキー 134, 171
新規テキストとして読み込み 247

す

スイートライブラリ 297
数値のオートフィル 228
スクリーン 145
スクリーンセーバー起動抑止機能 155
スクリプト実行 137
スクリプト内変数 137
スクレイピング 198
ステータスバー 21
ステップ実行 53, 61
スロー実行 53, 61

せ

正規表現 181
絶対パス 359
選択クリア 188

索引

そ
ソフトウェア・ロボット..............................32

た
ターゲット選択時に WinActor の画面を消す...114
待機ボックス...53, 56
タイムアウト設定................................127, 159
タイムアウトの設定....................................65
タスクスケジューラ..................................146

つ
ツールバー...21

て
停止...188
テーブルスクレイピング...........................202
デバッグ...52, 61
デベロッパーツール..................................253

と
動作モード変更...219
特殊変数...170

に
認証ボタンをクリック.................................86

の
ノード..35, 41
ノードのプロパティ.....................................37
ノードロックライセンス................................5
ノードを配置...36

は
配列...470
バックアップ...195
パレットエリア...21

ふ
ファイル検索..84
ファイル操作..33
ファイルパス.............................44, 187, 359
ファンクションキー..................................134
フォルダーパス...44
部分実行...53, 62
ブラウザ起動（プロキシ設定）...............125
ブラウザクローズ....................................119
プリンタドライバ....................................179
ブレイクポイント設定..........................53, 58
フロー..32
フローチャート...70
フローティングライセンス...........................5
ブロック検索ツール............228, 248, 294
ブロック抽出ツール..................228, 294
プロパティエリア.......................................21
ぶんかつ..100
分岐...109, 192
分岐処理..108

へ
ヘッダ情報...247
変数..39, 174
変数一覧..41, 190
変数値コピー...193
変数値コピー...76
変数の現在値を取得............................79, 364
変数の命名規則...73
変数名...46
変数を自動生成する.................................166

ま
マウスクリック位置.................................175
マニュアル...186

531

索引

み

右クリック 434
未使用イメージ名削除 195

む

無限ループ 248

め

メニューバー 21

も

文字列の連結（2つ）............................. 79
文字列の連結（3つ）...................83, 172, 211
文字列の連結（4つ）............................ 315
文字列を送信 174

ゆ

ユーザーアカウント制御........................... 8
ユーザーライブラリ........................... 2, 171

よ

ようこそ画面.................................... 20

ら

ライセンス種別 5
ライブラリ 71

り

リボン 401, 404, 457
リボン表示.................................... 429
リモートデスクトップ........................... 185
輪郭マッチング..............176, 345, 376, 391

わ

ワークフロー 32
ワイルドカード 258
ワンタイム PWD 入力........................... 86

【著者紹介】

溝口　健二 （みぞぐち・けんじ）

- 2018年6月以降、大手通信会社にて業務上の必要性からWinActorシナリオ開発を開始
- 今まで、WinActorの約20本のシナリオを作成し合計月50時間の業務時間削減を実現。また社内の業務改革PJのメンバとして活動し、WinActor社内普及のための社内勉強会の講師を2回務め、延べ約80名に教えた。
- 大手通信会社定年退職後は、損保会社や建設コンサルタント会社、人材派遣会社でRPAエンジニアとして勤務。建設コンサルタント会社にて、中・大規模でWinActorシナリオを開発するノウハウを習得。
- 現在ストアカにて、オンラインでのWinActorシナリオ作成研修講座を開設中（ストアカ内検索で溝口健二で検索）。
- 溝口健二のFacebookページはFacebook内検索でRPA Boot Campで検索。

WinActorシナリオ作成テクニック
徹底解説

| 発行日 | 2024年 11月18日 | 第1版第1刷 |

著 者　溝口　健二

発行者　斉藤　和邦
発行所　株式会社 秀和システム
　　　　〒135-0016
　　　　東京都江東区東陽2-4-2　新宮ビル2F
　　　　Tel 03-6264-3105（販売）Fax 03-6264-3094

印刷所　三松堂印刷株式会社　　　Printed in Japan

ISBN978-4-7980-6962-3 C3055

定価はカバーに表示してあります。
乱丁本・落丁本はお取りかえいたします。
本書に関するご質問については、ご質問の内容と住所、氏名、
電話番号を明記のうえ、当社編集部宛FAXまたは書面にてお送
りください。お電話によるご質問は受け付けておりませんので
あらかじめご了承ください。